近代農地の
価格形成理論と評価

地代と地価の関係である$Po=\dfrac{r}{i}$が
近代の農地では不成立の解明

不動産鑑定士 **山本一清** 著

住宅新報社

はしがき

　これまでの現況農地の価格形成要因に関する分析は、一部の農地を除き、農地本来の性質である収益性、生産性、費用性等に着目して行われてきた。しかし、近年における農地市場での取引価格は、これらの要因のほかに「宅地化要因部分」の影響を大きく受け複雑に形成されていることから、これまでの農地の価格形成に係る考え方からだけでは、市場価格のメカニズムの解明が困難となっている。

　このことは、私たち不動産鑑定士が行う現況農地の鑑定評価の実務においても同様であり、早急に現況農地の価格構造を分析し評価する方法の確立が必要となっていることから、本書の執筆を行った次第である。

　さて、本書の特徴としては、次の点が挙げられる。

　第一は、近年における現況農地の価格形成要因の構造を実際の農地市場に着目して、客観的かつ合理的に分析し、解説を行ったことである。「農業本場純農地」等の一部の現況農地の価格形成要因については、従来から分析が行われているが、本書では、「農業本場純農地」から「宅地地域内農地」に至るすべての各農地の価格形成要因について、初めて体系的に分析し、解説を行った。

　第二は、サブタイトルとして挙げているように、「地代と地価の関係である $Po = \frac{r}{i}$ が近代の農地では不成立であることの解明」を行ったことである。

　一般的に、土地については、$Po(土地価格) = \frac{r(地代)}{i(利率)}$ が成立すると考えられ、また、現実の不動産市場においても、商業地等については、ある一定の条件下においてこの関係が成立しているが、現況農地のうち「宅地化要因部分」を有する農地においては成立しないことを客観的に証明した。

　第三は、本書全般にわたって不動産鑑定の実務上の観点から分析し、執筆を行ったことである。

　特に、土地価格比準表等の作成に当たっては、実際の不動産鑑定作業

の中で得た知識及び経験を通じて、現実の農地市場に即した内容で行ったほか、公共用地の取得等に係る農地評価及び固定資産税農地評価についても、実務に沿って詳細に述べた。
　近年における農地価格は、「宅地化要因部分」が増加しつつある都市近郊の農地では上昇傾向が、逆に減少しつつある地方都市近郊農地及びその周辺部では下落傾向が続くといったような価格変動が見られる状況となっている。また、農作物の価格変動や農業後継者不足といった要因も影響を与えていることから、農地価格は複雑に形成され、その把握が困難となっている。
　このような意味からも、本書が農地の評価を行うことの多い公共用地の取得に携わる用地職員、固定資産税土地評価担当者、不動産鑑定士等の方々にとって少しでもお役に立つことを望むほか、農地の価格を研究されている経済学に係わる方々の資料となれば幸いである。

平成20年10月

　　　　　　　　　　　　　　　　　　　　不動産鑑定士　山本　一清

目　　次

第1章　近代農地の意義
　第1節　農地の意義 …………………………………………………2
　　1　農地の意義　2
　第2節　近代農地の区分 ……………………………………………5
　　1　近代農地の意義　5
　　2　地方都市周辺における例　6
　　3　近代農地の価格形成要因の概要　9
　　4　近代農地の価格の概要　15
　　5　現況農地の評価上の区分　16

第2章　農地の価格形成要因
　第1節　現況農地の価格構造 ………………………………………22
　　1　現況農地の価格形成要因の概要　22
　　2　収益性部分　24
　　3　収益の未達成部分　34
　　4　宅地化要因部分　37
　第2節　各農地における価格形成要因 ……………………………50
　　1　農業本場純農地の価格形成要因　50
　　2　純農地の価格形成要因　59
　　3　宅地化の影響を受けた農地の価格形成要因　61
　　4　宅地見込地の価格形成要因　63
　　5　宅地地域内農地　66
　第3節　農地の地代と価格の関係 …………………………………69
　　1　地代と地価との関係　69
　　2　フォン・チューネンによる差額地代論と実際の地代　86
　　3　「地価に対応する想定地代」と地価とにおける $Po=\frac{r}{i}$ の関係及び差額地代論　90
　第4節　農地価格と経済政策 ………………………………………93
　　1　農業を推進するための政策　93
　　2　宅地の供給を促進させる政策　94

第 3 章　価格形成要因の詳細な分析
　第 1 節　宅地化の影響を受けた農地の価格形成要因……………98
　　1　価格形成要因の概要　99
　　2　想定する近隣地域の概要　101
　　3　交通・接近条件　106
　　4　自然的条件　113
　　5　画地条件　122
　　6　保守管理の状態等　129
　　7　宅地化条件　133
　　8　その他　142
　第 2 節　宅地見込地の個別的要因……………………………143
　　1　宅地見込地　144
　　2　熟成度がやや高い宅地見込地　159
　　3　街路条件　164
　　4　交通・接近条件　166
　　5　環境条件　169
　　6　画地条件　174
　　7　行政的条件　179
　　8　収益性条件　181
　第 3 節　その他の農地の個別的要因比準表……………………184
　　1　農業本場純農地地域（田地地域）の価格形成要因　184
　　2　純農地の個別的要因　187
　　3　宅地地域内農地の価格形成要因　189

第 4 章　農地の鑑定評価
　第 1 節　宅地化の影響を受けた農地の鑑定評価………………196
　　1　宅地化の影響を受けた農地の意義　196
　　2　鑑定評価書　198
　　3　価格形成要因の分析　208
　　4　試算価格の調整と鑑定評価額の決定　217
　　5　取引事例比較法の適用　220
　　6　原価法　232
　　7　収益還元法　232

        8　地域要因格差率表　235
        9　個別的要因の比較　241
    第2節　宅地見込地の鑑定評価 …………………………………243
        1　宅地見込地の意義　243
        2　価格形成要因の分析　244
        3　鑑定評価額の決定　251
        4　取引事例比較法の適用　253
        5　転換後・造成後の更地価格からの試算　267
        6　公示価格等を規準とした価格　277
        7　時点修正　277
    第3節　宅地地域内農地の鑑定評価 ………………………………278
        1　宅地地域内農地の意義　278
        2　価格形成要因の分析　279
        3　鑑定評価額の決定　285
        4　取引事例比較法の適用　288
        5　原価法の適用　298
        6　収益還元法の適用　298
    第4節　その他の農地の鑑定評価 …………………………………301
        1　農業本場純農地　301
        2　純農地　303

第5章　公共用地の取得に係る農地の評価
    第1節　公共用地の取得に係る農地評価の意義 …………………308
        1　公共用地の取得に係る農地の意義　308
        2　現況農地の評価区分　309
        3　公共用地の取得に係る農地評価の手順　311
    第2節　同一状況地域の区分 ………………………………………317
        1　地域分析の意義　317
        2　農地地域の成立　318
        3　価格水準の成立　320
        4　不動産の鑑定評価における地域の意義　321
        5　地域分析の実務　322
        6　公共用地の取得等に係る農地の評価における地域分析　323

第3節　標準画地の選定及び価格の決定 ……………………325
　　　1　標準画地の選定の意義　325
　　　2　標準画地の評価　327
　　第4節　標準画地からの比準の意義 ………………………330
　　　1　比準　330
　　　2　公共用地の取得に係る比準の原則　336
　　　3　比準の原則　339
　　　4　比準表運用上の原則　341
　　　5　農地の比準例　343

第6章　固定資産税に係る近代農地の評価
　　第1節　農地の評価に当たっての基本的事項 ……………352
　　　1　固定資産税土地評価における農地の区分の意義　352
　　　2　固定資産税土地評価における田　354
　　　3　固定資産税土地評価における畑　359
　　　4　固定資産税評価基準による農地の評価方法　365
　　第2節　宅地等介在農地及び市街化区域内農地の評価 …366
　　　1　市街化区域農地等の意義　366
　　　2　評価の概要　369
　　第3節　一般農地の評価方法 ………………………………383
　　　1　一般農地の評価方法の概要　383
　　　2　状況類似地区の区分　385
　　　3　標準田又は標準畑の選定　385
　　　4　標準田又は標準畑の評点数の付設　386
　　　5　各画地の評点数の付設　396
　　　6　各画地の評点数の付設例　404

第1章

近代農地の意義

第1節　農地の意義

1　農地の意義

(1)　農地の意義

　農地とは、一般的に農作物を生産するための耕作の用に供される土地をいう。具体的には、耕うん、かんがい、排水、除草等の肥培管理を行って、稲、野菜等の農作物を栽培することを目的とする土地をいい、農地法第2条においても、「農地とは耕作の目的に供される土地」と規定されている。

　他方、不動産鑑定評価上の農地とは、「農地地域のうちにある土地」をいい、「農地地域とは農業生産活動のうち、耕作の用に供されることが、自然的、社会的、経済的及び行政的観点からみて合理的と判断される地域をいう。」と不動産鑑定評価基準において定められている。これを社会通念上より分析すれば、農地として利用することが標準的であると判断される地域内に存する土地をいうものであると解釈される。

　このように、農地とは、通常的に耕作が行われている土地をいうものである。なお、農地は、一般的に田又は畑に区分される。

(2)　田

　田とは、農地のうち用水を利用して耕作する土地をいう。農林統計上では、かんがい設備を有し、たん水を必要とする作物を栽培することを常態とする耕地をいうものとされている。

　具体的には、農地のうちたん水設備（畦畔等）、用水を供給する設備（用水路等）等のかんがい設備を有し、常にかんがいがなし得る状態に

ある耕地をいう。また、農地の利用状態についても、たん水を必要とする水稲、れんこん等を栽培することを通常とする耕地をいうものである。

なお、しょうが畑、野菜畑等として一時的に利用されている状態であっても、かんがい設備を有し田として利用可能な場合は、田とされる。

水稲を中心として耕作されている

(3) 畑

畑とは、農地のうち用水を利用しないで耕作する土地をいい、一般的には、田以外の耕地をいうものである。野菜畑が一般的であるが、果樹園等も畑に含められる。

野菜畑や果樹園として利用されている

第2節　近代農地の区分

1　近代農地の意義

　農地は農作物を生産するための土地であることから、それぞれの農地が有する土壌等の性質、農作物の消費市場の動向等を反映して生産すべき農作物の種類が決定され、耕作が行われている。

　近年では、土地を耕作するという点においては基本的に同じであるが、日本の農業は、従来の中心的な耕作方法である稲作から、より収益性の高い施設園芸栽培、礫耕栽培等へ移行しつつあるのが現状である。

　このような現象は、主として耕作手段の進歩及び農薬、肥料等の品質向上によるものであり、諸外国においても同様の傾向が見られる状況となっている。また、運搬手段の発達により、それぞれの中心都市（消費地）への農作物の運搬が容易となったことから、鮮度に左右される農作物も各地域で多く栽培される状況となっている。

　このように、農地においては、より収益性の高い利用方法が採用されるものであり、収益性の高い品種の選択、栽培方法への変更等が徐々に進んでいる。

　しかし、一方で近年の農地においては、産業構造の変化等により全く別の利用方法が選択されることがある。具体的には、宅地としての利用方法の選択であり、前記のような農作物の生産客体としてだけでなく、宅地という利用方法の選択の余地を含むことを前提として市場価格が形成されるようになってきている。^(注1)

　例えば、都市部周辺における現況農地は人口の増加、核家族化等に伴う市街化の進行、交通網の発達による住宅地の拡大拡散等によって、農

地地域から宅地地域へと転換されているほか、それらの外延的な周辺地域でも将来における宅地転換の期待性、可能性等の宅地化の影響を全般的に受けている。

したがって、近代における現況農地は、農作物を生産するという農地が本来有する収益性や宅地化の影響といった諸要因を反映して価格形成要因が形成されるものであり、このような近代における現況農地を、本書では総称して「近代農地」と呼ぶものとする。

（注1） 経済学上では、価格は地代と地価とに区分されるが、本書では、不動産鑑定評価の実務上の見地から第2章第1節の一部及び第3節を除き、価格とは地価をいうものとする。

（注2） 本節3（1）宅地化の影響を参照。

2　地方都市周辺における例

図1は高知市及びその周辺部の地図であり、西端に高知市中心部が存し、東に行くに従って高知市中心部からの距離は遠くなる。実線で囲んだA〜G地域内は、ほとんどが現況田として利用されているが、いずれも農業振興地域の整備に関する法律に定められた農用地区域である。また、A〜D地域は、都市計画法に規定される市街化調整区域に指定されているため、容易には宅地転用ができない。このような状況の中で、高知市中心部から離れるに従って現況農地の価格水準がどのように変化するのかを、実際の取引市場を調査し分析するものとする。

まず、A〜G地域に存する現況田の実際の価格水準を見てみよう。

なお、農地の価格は平成19年1月1日時点での価格、距離は都市（県庁所在地）からの道路距離、カッコ内の時間は朝の平均的な通勤時間とする。

図1　高知市近郊の現況農地

A地域……都市の中心から地域の中心まで約4 km（20分）に位置する。都市に隣接していることから宅地化の影響を強く受けており、価格水準については、高知市近郊の市街化調整区域に存する現況農地としては高く、1 m²当たり15,000円〜30,000円程度となっている。

B地域……都市の中心から地域の中心まで約6 km（30分）に位置する。価格水準については、A地域よりもやや低めに推移するものの現況農地の価格としては高い水準で推移し、1 m²当たり12,000円〜18,000円程度となっている。

C地域……都市の中心から地域の中心まで約10km（40分）に位置する。価格水準についてはやや低めに推移し、1㎡当たり7,000円～12,000円程度となっている。

D地域……都市の中心から地域の中心まで約14km（50分）に位置する。価格水準については低めに推移し、1㎡当たり5,000円～8,000円程度となっている。

E地域……都市の中心から地域の中心まで約20km（55分）に位置する。都市中心部からの距離が離れていることから宅地化の影響が弱く、価格水準についてはかなり低めに推移し、1㎡当たり3,500円～4,500円程度となっている。

F地域……都市の中心から地域の中心まで約25km（60分）に位置する。都市中心部からは遠距離にあり、一般的に通勤圏には該当しないこともあって宅地化の影響は弱く、価格水準についてはかなり低めに推移し、1㎡当たり2,500円～3,500円程度となっている。

G地域……都市の中心から地域の中心まで約30km（70分）に位置する。F地域よりさらに遠距離にあり、また、周辺は農業を主とした生活を営んでいるため、宅地化の影響はかなり弱い。価格水準についてはこれらを反映し、1㎡当たり2,000円～3,000円程度となっている。

その他の地域……この図面上には存しないが、G地域より東方に位置する農地では、宅地化の影響が極めて弱いことが多いため、1㎡当たり1,500円～3,000円程度となっている。

現況農地の価格水準の推移について、地方都市の一つである高知市及びその周辺部を例に挙げたが、現況農地の価格は、一般的にはこのように都市から離れるに従って段階的に低下している。

3 近代農地の価格形成要因の概要

近代農地は、後述する農業本場純農地地域で見られるような農作物の生産手段としてだけの価格形成要因を反映した農地から、農作物の生産手段としてよりも宅地として利用するための価格形成要因を反映した宅地地域内に存する現況農地に至るまで様々である。本項では、これら近代農地の価格形成要因について、地方都市を例に挙げ分析するものとする。

ここで想定する都市とは、宅地として利用することが自然的、社会的、経済的及び行政的観点から見て合理的であると判断される土地の存する範囲とするものとし、分析する農地とは、都市計画法に規定される市街化区域内の土地とする。また、この場合における都市の形態は、官公庁等の公共施設、教育施設、交通施設、商業施設等の生活に必要なすべての公共公益施設が都市に集中して存しているほか、農作物の消費もすべて都市の内部で行われるものとする。

市街地は、人口の増加、社会構造の変化等に伴い順次段階的に周囲へと広がることが通常であるため、図2のようにAからB、BからC……というように拡大し成立することが一般的である。この中で、住宅地に限って見れば、公共公益施設が都市に存することから、生活利便性は、CよりはB、BよりはAというように高くなり、住宅地の価格もこれらを反映して、都市に近づくに従って高くなる。

なお、農作物の生産に大きく影響を与える農地の性質については、一般的には都市に近づくほど良好な場合が多いとされるが、本例では理解を容易にするため、A～G地点では同一であると仮定する。

図2

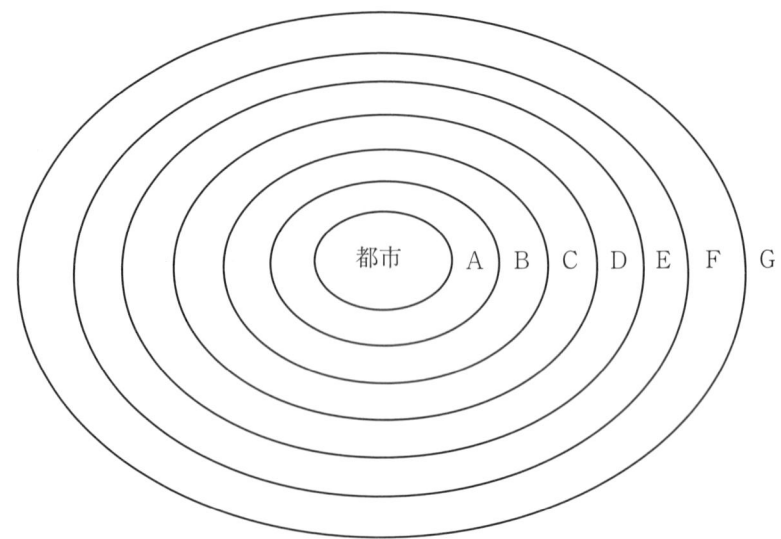

　このような都市の概要を基に近代農地の価格を分析するものとするが、近代農地の価格形成要因は、大きく分けて「宅地化の影響」と「農地としての収益性」とから形成されるため、それぞれに区分して分析するものとする。

（1）　宅地化の影響

　本章における「宅地化の影響」とは、現況農地の価格形成要因のうちで農地が本来有する収益性に係る部分を除いた要因をいうものとする。現況農地における宅地化の影響を分析するためには、現在宅地として利用されている土地の価格形成要因を分析する必要がある。したがって、まず図2のA～G地域内に点在する宅地の価格の推移を分析し、次に農地を仮に宅地として利用する場合の素地的な価格形成要因について述べるものとする。

ア　宅地の価格

　宅地の価格の推移を図式化すれば、次のとおりである。

　図3の前提条件として、A～G地点に存する各宅地は、交通・接近条件(注)を除くすべての価格形成要因が同一であるとする。

　仮に、A～G地点に存する住宅地が同一の価格であるとすれば、需要者のほとんどは、G地点よりもF地点、F地点よりもE地点、E地点よりもD地点というように、都市に近い地点の土地を選択するはずである。これは、生活の利便性及び都市への通勤費の大小により立証することができる。

　このことから分かるように一般的に需要者は、その経済事情が許す限り、より都市に近い地点を望むことから、住宅地の市場では、A地点→B地点→C地点→という価格順位が形成されることとなる。

図3

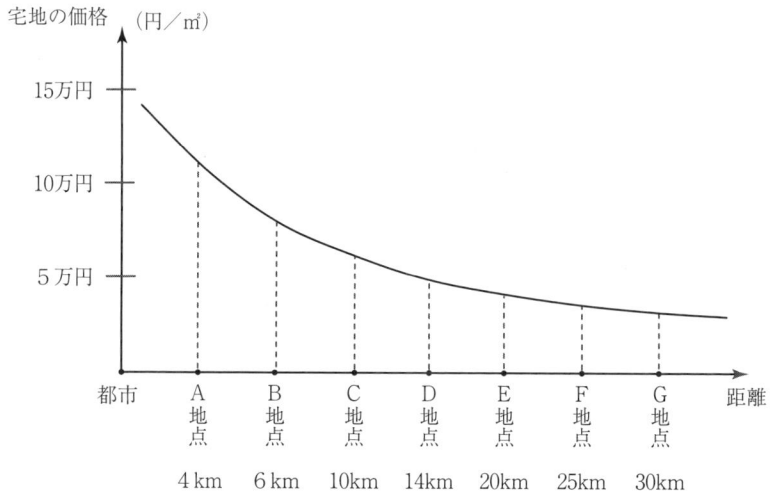

（注）宅地の価格は、後述するように、道路の状態、周辺の環境等、多くの価格
　　形成要因から構成されるが、この中で交通・接近条件は、学校、商店街、

交通施設、公共公益施設等の接近性に関する要因をいい、主にその距離によって格差が生じる。

このように、宅地の価格は、交通・接近条件以外の前提条件が同じであれば、都市からの距離が離れるに従って価格は低下することとなる。

イ　宅地の素地としての農地の価格
　都市に近郊する農地は、宅地開発によって宅地化される可能性が高く、宅地としての素地的な要因を潜在的に有している。このことは一般的に知られているところであるが、次にこの前提を基に、開発行為によって宅地化される以前の素地とした場合における現況農地の価格形成要因を分析してみよう。
　なお、開発行為を行うに当たっての公法規制は、一般的に都市から離れるに従って厳しくなるものであるが、いずれも容易に行うことができるものと仮定する。

図4

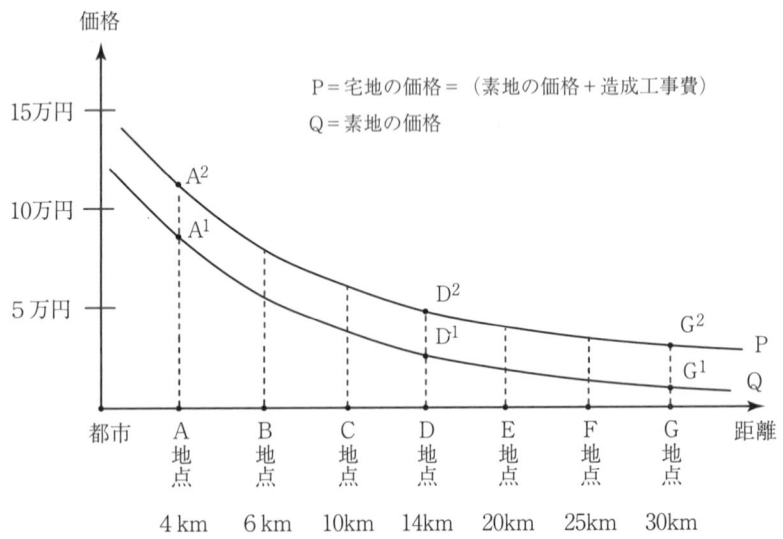

現況農地について、A地点、D地点及びG地点で同時に宅地開発を行うものとする。この場合、造成工事費等は地域によって多少の開差があるが解説を容易にするため同一とし、かつ、造成工事の難易度、有効宅地化率等も同じであると仮定すれば、現況農地を造成し宅地にすることを想定した場合における素地としての価格は、図4で表されたQ線に見られるようにA地点が最も高く、都市から離れるに従って低くなり、G地点が最も低くなる。

（注）同一地域では造成工事費に開差はないが、地域が異なれば、若干の開差が見られることが一般的である。

　これを各地点における算式で表せば、次のとおりである。

　A地点での素地価格＝宅地の価格（A^2）－造成工事費（$A^1 \sim A^2$）
　D地点での素地価格＝宅地の価格（D^2）－造成工事費（$D^1 \sim D^2$）
　G地点での素地価格＝宅地の価格（G^2）－造成工事費（$G^1 \sim G^2$）

　この現況農地の価格の格差は、農業収益とは関係なく形成されるものであり、農地が本来有している収益性とは別の価格形成要因の影響によるものである。このような例から見ても、近代農地に係る宅地化の影響は、都市に近づくに従って大きくなり、都市から離れるに従って小さくなっている。

（2）農地としての収益性

　本書における「農地としての収益性」とは、農地本来の姿である土地を耕作し、農作物を生産することによる農地の収益性をいうものとする。

　農地としての収益性については、第2章第1節1（7）及び第3節2（2）で述べているような問題点があるにしろ、論理的には前項で述べ

た内容と同様に、都市から離れるに従って減少する傾向が見られる。

ア　農作物の運搬費
　仮に図4A～G地点において、土壌の状態等の自然的条件が同じで生産される農作物の品質、生産量等が同一であり、かつ、各農地間での価格形成要因の格差が消費地である都市までの距離だけであると仮定すると、A～G地点における農地としての収益性に係る部分の農地の価格形成要因の格差は、農作物の運搬費のみとなる。
　この場合、農作物を市場に出荷する場合における運搬費は、A地点よりもB地点、B地点よりもC地点というように都市から離れるに従って高くなる。但し、近年における日本の農地では、農地から市場までの距離が短いこと並びに交通手段及び交通網の発達により運搬費が相対的に安くなっていることから、従来と比べて、運搬費が農業収入全体の中に占める割合は極めて小さくなっており、運搬費が農地の収益性に与える影響は小さい。

イ　農作物の生産性
　第2章第1節2（7）イで述べるように、マクロ的には都市に接近するに従って農地の生産性は高く、離れるに従って低くなる傾向がある。
　近年においては、農業技術の向上及び農薬、肥料等の高品質化に伴い、各農地間における農作物の生産性の格差は小さくなっているが、依然としてこの傾向は認められる。

　したがって、前記ア及びイを総合的に分析すれば、図5のように、農地としての収益性は、A～G地点へと離れるに従って、徐々にではあるが低下することとなる。

図5

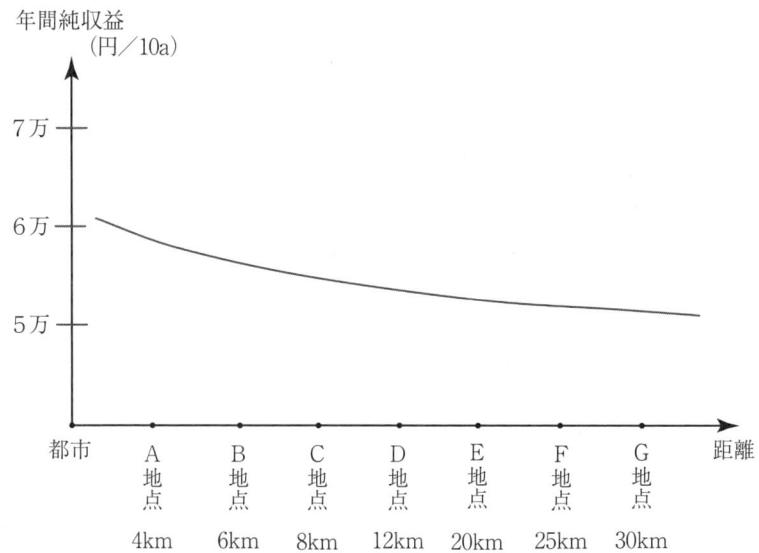

4 近代農地の価格の概要

　現況農地の価格は、宅地化の影響を全く受けていない農地を除き、農地としての収益性に係る価格形成要因及び宅地化の影響に係る価格形成要因が複雑に関連し決定されるため、単純に述べることは難しい。

　しかし、実際の現況農地の取引市場を見れば、上記解説のとおり、現況農地の価格は都市に近づくに従って高く、離れるに従って低いことが一般的であるといえよう。

　このことを図3〜5に基づいて総括的に解説すれば、次のとおりである。

　A地点は都市に隣接するため宅地に転換した場合の利便性が高いことから、現況農地であっても宅地化の影響を強く受けており、現時点においても都市計画法、農地法等の公法規制をクリアすれば開発が可能であることから、A地点の現況農地の市場価格は宅地との関連性が強い。ま

た、農地としての収益性についても、都市に近いことにより運搬費等の費用が相対的に少なくてすむほか、通作等も比較的容易であることから、他の地点と比べればやや高い。

　次に、D地点は、都市までの距離がやや離れていることから、A地点と比べれば宅地化の影響は弱い。宅地化されるには、周辺の道路、学校、交通施設等の公共施設の整備が必要となるため、宅地となる蓋然性はやや低く、宅地開発が行われるためには、ある一定の期間又は条件が必要となる。農地としての収益性については、都市からの距離がA地点よりも離れていることから必要経費が増加し、A地点よりもやや低くなる。このため、D地点の農地の価格はA地点より低くなる。

　また、G地点でも同じようなことがいえるが、D地点より宅地化の影響が更に弱くなるため、宅地となる蓋然性は一段と弱くなる。また、農地としての収益性についても、都市からさらに離れることから必要経費が増加し、D地点よりも低くなる。この結果、現況農地の価格はますます下落し、A地点よりもD地点、D地点よりもG地点と都市から離れるに従って低くなる。

5　現況農地の評価上の区分

　現況農地は、都市からの距離だけをとってみても価格形成要因が大きく異なり、一般的に都市から離れるに従って価格水準は低下することとなるが、現況農地の種類を不動産鑑定評価上及び本書の解説上の観点から価格形成要因及び価格水準に関連付けて区分すれば、次のとおりである。

(1)　農業本場純農地

　農業本場純農地とは、宅地化の影響を全く受けておらず、農地としての収益性である農作物の生産性、費用性等によって価格形成要因が構成されている農地である。農地の市場価格は、宅地化の影響を全く受けな

いため、主として農地としての収益性を基礎に形成される。なお、先の高知市及びその周辺部の例では農業本場純農地は存しない。
　具体例としては、アメリカ、オーストラリア、ブラジル等で見られる広大な農地地域、また、日本では北海道、東北地方等（市町の周辺部を除く）の多くの農地がこれに該当する。
　日本の農地の価格水準としては、1 ㎡当たり300円～1,500円程度である。

　（注）他の地方における山間集落等にも小規模であるが存している。

（2）　純農地
　純農地とは、主に農地としての収益性によって価格形成要因が構成されている農地であり、先の高知市及びその周辺部の例では該当する農地は存しないが、G地点より東方に位置する一部の農地が該当する。農地の価格形成要因の中に宅地化の影響は若干含まれるが、農地の実際の取引に当たっての動機として表面に出てくることはほとんどない。このため、農地市場での取引も、主に農地の生産性及び費用性に着目して取り引きされる。
　具体例としては、郡部で稲作を中心として耕作されているほ場整備済の農地等であり、面積的に見れば、日本では最も多く見られる農地である。価格水準としては、1 ㎡当たり1,000円～3,000円程度が一般的である。
　なお、純農地における宅地化の影響とは、宅地地域に転換するというような具体的な要因をいうのではなく、例えば集落に近接している、国道に比較的近接している等といったような漠然とした要因をいう。

（3）　宅地化の影響を受けた農地
　宅地化の影響を受けた農地とは、価格形成要因が農地としての収益性に宅地化の影響を加味して構成されている現況農地である。このため、

農地市場では農地としての収益性に係る部分を重視して取り引きされるが、将来における宅地化の期待性及び可能性も若干加味して市場価格の形成がなされることとなる。先の高知市及びその周辺部の例では、図1D地域～G地域付近に存する農地である。また、これを面積的に見れば日本では純農地に次ぐ多さとなっているが、地方都市の外延的な場所では最も多く見られる農地であるといえる。

　価格水準としては、1㎡当たり3,000円～10,000円程度とやや幅の広い水準となっている。

図1のE地域を、南西上方より撮影している

（4）宅地見込地

　宅地見込地とは、宅地化の影響を強く受けて農地地域から宅地地域に転換しつつある地域内に存する現況農地である。宅地見込地地域の取引

市場では、現況での利用方法である農地としての収益性が若干は反映されるが、現況農地の価格形成要因の中では将来における宅地化のための要因が大きく占め、これらを反映して価格が決定される。先の高知市及びその周辺部の例では、図1A地域〜C地域付近に存する農地である。

価格水準は地域によって異なるが、高知市周辺の例では概ね1㎡当たり10,000円〜35,000円程度となっている。

図1のA地域を、南側から撮影している

（5） 宅地地域内農地

　宅地地域内農地とは、鑑定評価上の宅地地域内に存する現況農地であり、現況で耕作が行われていても、自然的、社会的、経済的及び行政的観点から見て、本来宅地として利用することが合理的であると判断される現況農地をいう。先の高知市及びその周辺部の例では都市の内部に存する農地であり、市場での取引は、造成工事費、有効宅地化率、宅地と

して造成した後の価格形成要因等を重視して行われる。
　価格水準は、周辺の宅地の価格から造成工事費等を除いた程度の水準であるが、高知市では概ね50,000円～100,000円程度となっている。

市街化区域に指定されていることから、隣接地は分譲住宅地となっており、市街化が進んでいる

第2章

農地の価格形成要因

本章では、第1章で区分した農業本場純農地から宅地地域内農地に至るまでの現況農地の価格形成要因について、詳細に分析するものとする。

第1節　現況農地の価格構造

1　現況農地の価格形成要因の概要

図1は、現況農地の価格形成要因の概要とその構造の変化を表したものである。縦軸は現況農地の価格を、横軸は都市からの距離を表している。第1章で述べたとおり、農地の価格は一般的に都市に近づくに従って高くなるのであるから、価格を表すJ地点〜A^1を結ぶ実線は、右上がりの上昇曲線（土地の価格は、一般的に都市に近づくに従って急激に上昇する傾向を有する。）を描くこととなる。

農地の価格について、第1章では解説を容易にするために単純に都市からの距離によって述べたが、本章では「宅地化の影響に係る価格形成要因」、「農地としての収益性を反映した価格形成要因」及び「収益性の未達成に係る価格形成要因」とに区分したうえで述べるものとする。

既に述べたように、現況農地が宅地化の影響を受ける要因としては、都市からの距離による影響が大きいが、細目的には、街路条件、交通・接近条件、環境条件、画地条件、行政的条件等が相互に関連することによる影響を受けている。このため、農地の価格形成要因は、図1で表したようにA^4地点のみに都市が存し、離れるに従って宅地化の影響が弱くなるというような単純な構造ではない。例えば、C^4、D^4地点付近には中規模の市、E^4、F^4地点付近には小規模な町村が存し、それぞれ「宅地化の影響に係る価格形成要因」に影響を与えていることが通常である。

しかし、本章の解説に当たっては、C^4〜F^4地点付近の価格形成要因をある程度簡略しなければ解説が複雑になることから、都市からの距離による「宅地化の影響に係る価格形成要因」は一定の割合をもって変化するものと仮定し、C^4〜F^4地点付近に存する市町村による宅地化の影響は価格形成要因に影響を与えないものと単純化して述べるものとする。

　まず、「宅地化の影響に係る価格形成要因」を「宅地化要因部分」と定義して（本章以下同じ）、図１の上部分のH^1、A^1、A^2を結ぶ実線及び点線で囲まれた部分で表した。この「宅地化要因部分」は、本書の農地区分である農業本場純農地以外の区分から発生するものであるが、近代農地の価格形成要因の中で占める割合が大きく、また、変化も大きい。

　次に、農地を耕作して収入を得るという「農地としての収益性を反映した価格形成要因」を「収益性部分」と定義し（本章以下同じ）、J、A^2、A^3を結ぶ実線及び点線で囲まれた部分で表した。この「収益性部分」については、農業本場純農地、純農地、宅地化の影響を受けた農地、宅地見込地と都市に近づくに従ってそれぞれ若干逓増するにすぎないため、緩やかな右上がりとなる。

　さらに、上記２つ以外の価格形成要因を「収益の未達成部分」と定義し（本章以下同じ）、I^4、A^3、A^4地点を結ぶ実線及び点線で囲まれた部分で表した。この部分については、本質的には「農地の収益性を反映した価格形成要因」と考えるべきであるが、一般的な農地の収益価格から論理的に解明することが困難であるため、本書では、農地の「収益性部分」とは区分したうえで表すものとする。

　本節では、これらの３要因を分析することによって、現況農地の価格形成要因を明らかにするものとする。

　なお、本章で分析している現況農地の価格形成要因は日本における現況農地であり、世界的に見れば、「収益性部分」及び「収益の未達成部分」はかなり小さくなることに留意すべきである。

(注) 農作物の生産手段としての日本の農地の1㎡当たりの価格は、一般的に300円〜2,500円程度であるが、アメリカ、フランス、ドイツ等では30円〜150円程度であり、このため、「収益性部分」は、日本の現況農地と比較すれば極めて小さい。

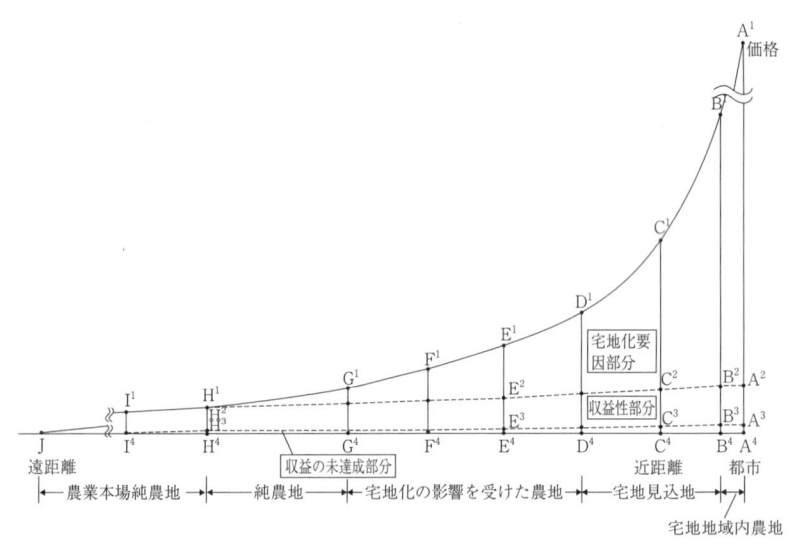

図1　現況農地の価格構造図

なお、現況農地の価格形成要因の分析に当たっては、まず比較的解説の容易な「収益性部分」から行い、次に「収益の未達成部分」、「宅地化要因部分」と順を追って行うものとする。

2　収益性部分

「収益性部分」は、農地の価格形成要因の構成要素の中で、田又は畑として利用することにより生ずる収益性を反映した部分の元本価値である。

「収益性部分」は、農作物の生産に係る純収益と地価との相関関係及

び農地の地代と地価との相関関係によって説明が可能であり、それぞれの農地の純収益を求め、これを還元利回り(注)で還元することで求めることができる。この具体的な方法としては、鑑定評価の手法の一つである収益還元法によって算定することとなるため、まず収益還元法について解説を行い、次に実際にそれぞれの収益価格を算定し、さらに近代農地の中の「収益性部分」の変化等を分析するものとする。

(注) 還元利回りは、収益価格の算定において、一期間の純収益から対象不動産の価格を求める際に使用される率をいう。

(1) 収益還元法の意義

不動産鑑定評価基準によると、「収益還元法は、対象不動産が将来生み出すであろうと期待される純収益の現在価値の総和を求めることにより対象不動産の試算価格を求める手法である」と定められている。

この手法により求められた価格を収益価格というが、この価格を求める具体的な方法の一つとして直接還元法がある。直接還元法は、還元対象となる一期間の純収益を求め、この純収益に対応した還元利回りによって当該純収益を還元することにより対象地の収益価格を求める方法である。

収益価格は、対象地が将来生み出すであろうと期待される純収益の現在価値の総和とされており、次の式で表すことができる。

$$収益価格 = \frac{a_1}{(1+Y)^1} + \frac{a_2}{(1+Y)^2} + \frac{a_3}{(1+Y)^3} + \cdots\cdots + \frac{a_n}{(1+Y)^n}$$

$a_1\cdots\cdots a_n$：毎期の純収益、Y：割引率

期間 n については、有期の場合と無期の場合とがある。

この式について、純収益（a_k）を一定値 a とした場合は、次式となる。

$$収益価格 = a \times \frac{(1+Y)^n - 1}{Y(1+Y)^n}$$

このとき、nを無期とする場合、次式となる。

$$収益価格 = \frac{a}{Y}$$

（本書で述べる収益価格は、すべてこの方法により算定された価格とする。）

この式は、割引率（Y）を還元利回り（R）とした直接還元法の式と一致する。

農地の「収益性部分」をその収益性に着目して求めようとする場合には、将来において得られると期待される毎期の純収益を合計することにより、純収益の全体を把握する必要がある。これらの純収益は、その収益が得られる時点がそれぞれ異なるため、価格時点における現在価値に割り引いて合計しなければならない。すなわち、複数の期にわたって純収益を生み出す農地の収益性を反映した部分は、これらの時点の異なる各期の純収益を現在価値に割り引いたものの総和ということとなる。

農地の評価における収益還元法の具体的な適用方法は、農作物を生産することによる収益と費用とを分析して純収益を求めることにより農地の収益価格を求める方法及び農地を賃貸借に供することによって得られる地代から収益価格を求める方法がある。

（2）農作物の生産に係る収益還元法

ア　年間の純収益の算定

図1「現況農地の価格構造図」のG地点における標準的農地について、ナスの施設園芸栽培を想定して収益還元法を適用するものとする。

例を挙げて収入と支出とを算定すれば、次のとおりである。

第2章 農地の価格形成要因

農業収益算定表

農業収支調査票（25a 当たり）

総収益					総費用				
種　別	単位	数量	単価(円)	金額(円)	種　別	内　訳	金額（円）	摘要	
主産物	ナス	kg	37500	228	8,550,000	種　苗　費		462,000	
						肥　料　費		542,000	
						農業薬剤費		447,000	
						動力光熱費		884,000	
						雇　用　費		169,000	
	計				8,550,000	修　繕　費		138,000	
						諸　材　料　費		1,186,000	
						その他資材費		0	
						そ　の　他		101,000	
						土地改良 及び水利費		5,000	
	計								
備考						償　却　費	施設	1,037,000	
							機械、装置	727,000	
						自家労働費		2,707,000	
						計		8,405,000	

　G^4地点における標準的農地について年間純収益を求めれば、次のとおりである。

（ア）　総収益　　　　　　8,550,000円
（イ）　総費用　　　　　　8,405,000円
（ウ）　差引純収益　　　　　145,000円

　なお、総収益については、生産する作物により異なる。また、総費用については、農業経営規模、対象となる農地の自然的条件、周辺の地域要因等により大幅に変動する可能性があるため一様ではないが、本書では、この数値を標準として採用するものとする。

イ 「収益性部分」の算定（純収益の現在価値の総和）

　農地を永久に所有し、農作物による純収益を無限に得るとすれば、次式が成立する。

$$P_0 = \frac{r}{i}$$

　P_0＝農地の純収益の現在価値の総和（収益価格）
　r＝1年間の農作物による純収益
　i＝農地として本来得られるべき収益率

　仮に、農地として本来得られるべき収益率を3％と仮定すれば、純収益の現在価値の総和は次のとおりとなり、これが本書における農作物の生産に係る「収益価格」となる。

145,000円 ÷ 0.03 ＝ 4,833,333円／25アール
　　　　　　　　　≒ 1,933,333円／10アール
　　　　　　　　　≒ 1,930,000円／10アール

　（注）収益還元法を適用し元本価格を求める場合の利回りを還元利回りというが、還元利回りは、最も一般的と思われる投資の利回りを標準とし、投資対象となる資産としての安全性、流動性、安定性等を考慮して決定される。農地の場合は、生産する農作物により異なるほか、災害の危険性、価格の安定性等によっても異なるが、本書では、この数値を採用するものとする。

（3）農地の地代に係る収益還元法
　日本の農業においては自作農が農業経営の基本となっていることから、農地の賃貸借が行なわれるケースは比較的少なく、このため地代水

準も一定ではない。しかし、近年における施設園芸栽培、連作が困難である生姜栽培等では農地の賃貸借契約が見られるため、これらを前提に収益還元法を適用して収益価格を求めるものとする。

ア　年間純収益の算定

　日本における農地の地代は、宅地建物の賃料とは異なり賃貸借が一般的ではないことや契約当事者の個別的事情に大きく左右されることから一定ではない。このため、農地法第23条第1項では、各市町村ごとに農地の賃貸借に係る地代の指標の作成を義務づけている。したがって、本例の地代収入の査定に当たっては、各市町村で作成している「標準小作料」を基本に、対象となる図1「現況農地の価格構造図」のG^4地点付近における地代を調査したうえで、地代の標準的な数値を決定することとした。

　高知県、徳島県における標準小作料は、第3節1（4）で表示しているとおりであるが、収益性の高いトマト、ナス、キュウリ等の施設園芸栽培に係る地代が10アール当たり60,000円～90,000円程度であること（注）、また、実際の地代も同程度に推移していることから、農地の地代に係る年間総収益を中庸値に当たる10アール当たり75,000円と査定した。

　　（注）近年における水稲は、米価格の低迷により収益性が低いことから農地の最有効使用の状態とはいいがたいため、水稲に係る収益還元法の適用はしなかった。

イ　年間総費用の算定

　管理費、貸倒準備費、固定資産税等の総費用を、賃貸収入の20％と査定した。

　　75,000円 × 0.2 ＝ 15,000円

ウ　差引純収益

75,000円 － 15,000円 ＝ 60,000円

エ 「収益性部分」の算定
　還元利回りは、管理の困難性、収益の安定性等が農作物の生産に係る収益性と比較して優ると判断されるため、農作物の生産に係る収益還元法で適用した還元利回りより低めの2.5％と査定した(注)。よって、農地の地代に係る収益価格を求めれば、次のとおりである。
　60,000円 ÷ 0.025 ≒ 2,400,000円

> （注）借地借家法に規定されている定期借地権に係る実際の賃貸利回りも、近年では2.0～3.0％程度が標準的となっている。

(4) 「農地の鑑定評価についての研究」

　社団法人日本不動産鑑定協会研究指導委員会が平成11年10月に発表した「農地の鑑定評価についての研究」によると、純農地の10アール当たりの価格を2,000,000円以下と考えている。

(5) 純農地の収益価格の水準

　以上により、純農地の収益性を反映した10アール当たりの各試算価格は、次のとおり得られた。

ア　農作物の生産に係る収益価格
　　　　　　　　　　1,930,000円
イ　農地の地代に係る収益価格
　　　　　　　　　　2,400,000円
ウ　農地の鑑定評価についての研究
　　　　　　　　　　2,000,000円以下

　以上の価格を分析すれば、図1「現況農地の価格構造図」G^4地点の純

第2章　農地の価格形成要因

農地における「収益性部分」の各価格は、概ね2,000,000円前後と判断される。したがって、G^{4}地点における「収益性部分」の価格を、ほぼ中庸地に当たる10アール当たり2,000,000円と査定した。

（6）収益価格と市場価格

　収益還元法は、鑑定評価における正常価格への接近方法として用いられる鑑定評価方式の一つであり、市場価格の三面性のうち収益性に着目して農地の価格を試算するものである。この収益還元法の適用により求められた収益価格は、農地の中でも農業本場純農地の鑑定評価の場合において、比較的有効な評価方法である。

　しかし、農地の鑑定評価における収益価格は、農地の価格形成要因の中の「収益の未達成部分」及び「宅地化要因部分」が反映されていないため、農業本場純農地の一部を除き、市場価格と比較すれば必ず低めに算定されることとなる。また、このことは、農業本場純農地の一部を除く農地の取引市場において、取引価格がその地点ごとに算定される収益価格よりも高く取引されているという実態を見ても明らかである。

　したがって、鑑定評価方式の適用の一つである収益価格は、現況農地の市場価格の価格形成要因のうち「収益性部分」のみを反映した価格であるといえる。

（注1）不動産の合理的市場における価格決定は、費用性、収益性及び市場性によって決定されるため、鑑定評価の手法としては、それぞれ原価法、収益還元法及び取引事例比較法が定められている。

（注2）生産される農作物の種類、生産方法等が地点ごとに異なり、総収益及び総費用が変化するため、収益価格もそれぞれ異なることとなる。

（7）収益性部分の変化

　農地の「収益性部分」は、主としてそれぞれの農地と都市との接近性、農作物の生産性及び労働費により異なる。

ア　都市との接近性

　農地の収益性は、前述のとおり都市から離れるに従って農作物の運搬費、通作費、管理費等が増大するため、農作物の栽培が同じ条件で行われ農地が同じ生産性を有するならば、都市から離れるに従って収益性は減少し、逆に都市に近づくに従って増大する。このため、農地の価格形成要因の中の「収益性部分」についても同様に変化する。

　この「収益性部分」については、農業本場純農地であっても、アメリカ、オーストラリア等のように農地と市場との距離が長い地域で、かつ、生産される種類が小麦、大豆、トウモロコシのような農作物であれば、総収入に対して運搬費の占める割合が比較的高くなり、農地価格にかなりの影響を与えることとなる。しかし、日本の農地では、総費用の中に運搬費の占める割合は比較的小さいため、「収益性部分」は若干増加するのみであり、農地価格に与える影響は小さい。

イ　農作物の生産性

　農作物の種類としては、地代(注1)との関係において、収益性の高い作物を栽培することが一般的である。この場合、優良な農地は一般的に都市の周辺部に存することが多く、都市から離れるに従って少なくなることから、農地の収益性は、都市から離れるに従って逓減することとなる。これは、日本では農業に適した地域を中心に集落が発生し、次第に村、町、市へと拡大し発展してきたことからも分かるように、旧来都市そのものが第一次産業を主体に発達してきたこと(注2)によるものである。

　したがって、一般的に都市に近づくほど栽培される農作物の種類が多いこと、鮮度に左右される農作物も都市に隣接する地域で生産される等農地の生産性は高く、都市から離れるに従って低くなる傾向が見られる。

　しかし、近年における農業においては、農業技術の向上及び農薬、肥料等の高品質化に伴い、各農地地域間における生産性の格差は、位置関

係が大きく異なることがない限り、従来と比較して小さくなっている。したがって、近年では、農作物の生産性に係る部分の各農地間における格差は小さくなっている。^(注3)

- （注1）地代は、土地が一定期間に提供するサービスの対価である。この地代には、市場地代と帰属地代とがあるが市場地代とは土地を借用した際に支払う地代であり、帰属地代とは地主が自分自身に擬制的に支払う地代をいう。

- （注2）近年急速に発達した新興の都市では、このようなことが少ないため、収益性が増加しないこともある。

- （注3）京都市周辺で栽培される「京野菜」、「魚沼産コシヒカリ」等特別な収益を生む農地は除く。

ウ　労働費の変化

　農作物の生産に当たって必要となる費用の中で、労働費（自家労働費も含む）占める割合が大きくなっており、前記農業収支査定表では、収入に対して自家労働費の占める割合が約32％となっている。一般的に、労働賃金は都市に近いほど高く、離れるに従って低くなっている。このことは、農業経営に係る労働費についても同様であることから、農地の純収益に影響を与えることとなる。したがって、労働費だけに限って見てみると、総収入が一定であるとすれば、都市に近づくほど収益性部分は減少することとなり、総合的には各農地間の「収益性部分」の格差はますます小さくなっている。

エ　「収益性部分」の変化

　以上のことから分かるように、農地の「収益性部分」は、都市から離れるに従って減少することとなるが、その変化を総合的に分析すれば、図1「現況農地の価格構造図」が示したように若干逓減するにすぎない。

3 収益の未達成部分

(1)「収益の未達成部分」の意義

　通常、生産者が農地を耕作する場合は、農業収益が最大となるような農作物を選択し、栽培することとなる。この場合の農地の使用方法を最有効使用というが、この最有効使用に基づいて算定された純収益を還元した収益価格が「収益性部分」であり、「宅地化要因部分」を有しない農地であれば、農地の収益性を反映した価格となるはずである。しかし、現実の農地市場においては、この「宅地化要因部分」を有しない農地であっても「収益性部分」と市場価格とを比較すれば、「収益性部分」より市場価格の方が高くなっている場合が極めて多い。この場合に発生する「収益性部分」と市場価格との差額部分を、本書では「収益の未達成部分」と呼ぶものとする。この部分を図1「現況農地の価格構造図」の拡大図である図2のH^4地点で示せばH^3〜H^4の部分であり、E^4地点で示せばE^3〜E^4の部分である。

　この「収益の未達成部分」は、本質的には農地の収益性を反映した価格形成要因の一部と考えられる。このため、本章でいう「収益の未達成部分」を何らかの形で考慮することにより、「収益性部分」に含めて考えることも可能である。

　しかし、本書では農地の価格構造をより明確に分析するため、「収益の未達成部分」として区分し、述べるものとした。

第2章　農地の価格形成要因

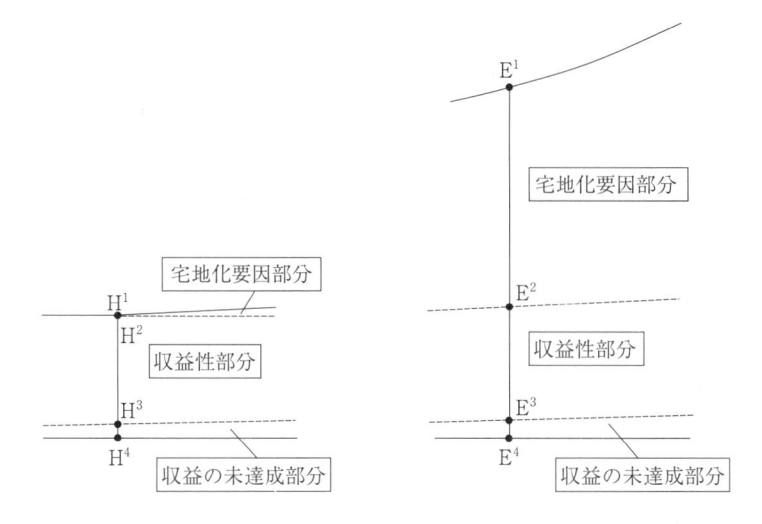

図2

```
                                              E¹
                                              ●
                                              │
                                              │ 宅地化要因部分
                                              │
              宅地化要因部分                    │
         H¹ ●―――――――――――              E² ●―――――――――――
         H² ●                                 │
              収益性部分                        │ 収益性部分
                                              │
         H³ ●―――――――――――              E³ ●―――――――――――
         H⁴ ●                          E⁴ ●
              収益の未達成部分                   収益の未達成部分
```

（注）最有効使用
　不動産鑑定評価基準によると、「不動産の価格は、その不動産の効用が、最高度に発揮される可能性に最も富む使用（以下「最有効使用」という。）を前提として把握される価格を標準として形成される。」と定められ、また、「この場合の最有効使用とは、客観的にみて、現実の社会経済情勢の下で良識と通常の使用能力を持つ人による合理的かつ合法的な最高最善の使用方法に基づくものである。」と説明されている。
　したがって、非常に大きな利益を上げる使用方法であっても、それが特別な能力を持つ人のみによる使用方法、各種法令に抵触する使用方法等である場合は、この最有効使用には該当しないこととなる。

（2）「収益の未達成部分」の発生原因

　一般的に、農業生産者は、各土地の最有効使用に沿って農作物の栽培を行うが、この場合においては、いくつかの選択肢がある。
　例えば、田地について見てみれば、次のような選択肢が考えられる。
・稲作を行う。
・土地を改良してれんこん畑として利用する。
・かんがい設備を休止したうえで、野菜畑として利用する。

・柿、ミカン等の果樹園として利用する。
・ナス、トマト、キュウリ、メロン等の施設園芸栽培を行う。

　農業生産者は、これらの選択肢の中で個別にそれぞれの売上高、生産量の安定性、栽培の困難性、価格の安定性、収益の継続性等を分析したうえで、最も収益性が高いと判断される作物を栽培することとなる。

　ここで得られた純収益は、農地の価格と密接な関係を有し、後述する $P_o=\frac{r}{i}$（第3節1.地代と地価の関係参照。）のように、「宅地化要因部分」を有しない農地であれば、収益性のみを反映して価格が決定されるべきである。しかし、実際の農地市場では、農地の収益性を反映した元本価格である「収益性部分」を上回る価格で取引されることが通常となっている。

　この原因については明確ではなく、様々な要因が考えられるが、農地が有する用途の多様性も一つの大きな要因といえる。例えば、現在は特定された農作物を栽培しているが将来的にはそれ以上の収益性が期待される農作物への変更の可能性、何らかの要因により現在栽培している農作物の価格が下落することによる他の農作物への代替の可能性等である。実際の農地市場では、これらの期待性、代替性等を含んで農地が取り引きされるため、農地市場での取引価格が「収益性部分」を上回ると考えられる。

　このことを例を挙げて見てみよう。

　次図のように、水稲の栽培には適するがその他の作物は栽培できないA農地と水稲の栽培に適するほかにしょうが、ホウレン草等の栽培も可能であるB農地とが隣接しているものと仮定する。

　この場合において、A、B農地共に現在は水稲を栽培しているとすると、農地の「収益性部分」を反映した収益価格は

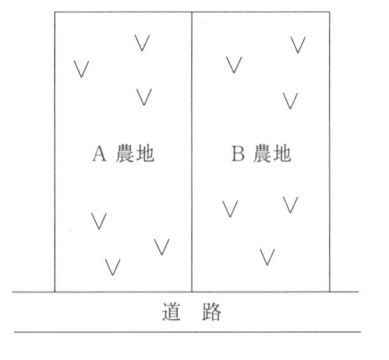

同額である。しかし、農地を合理的な市場で購入しようとする者は、価格が同額であればＢ農地を必ず選択すると考えられることから、市場での取引価格は、Ａ農地よりもＢ農地の方が必ず高くなる。

これは、農地の「収益性部分」を算定する場合の収益価格が、その特定された農作物の収益性に基づいて算定されるため、一般的にはＢ農地の用途の多様性は収益価格に加味されないはずであるが、実際の農地市場においてはこの部分が加味されて取引が行われるからである。このため、農地市場における農地の取引価格と特定の農作物の収益性に基づく農地の「収益性部分」との間に開差が生じることとなるのである。

（注）後述するように、農地の実際の地代も、特定された農作物の収益性に着目して決定されている。

（３）「収益の未達成部分」の発生する農地

アメリカ等に存する一部の農業本場純農地では、地域全体の用途が小麦又はトウモロコシのみの栽培に限定され、他の用途が農業経営の観点から合理的に行えないと判断されるケースが見られる。このような地域では、小麦又はトウモロコシを栽培することによる収益性のみに着目して取引が行われ、市場価格も小麦又はトウモロコシを栽培することを前提とした「収益性部分」のみを反映して決定されている。

しかし、近代農地を全体的に見れば、農業本場純農地の一部を除き用途の単一性というケースは少なく、用途の多様性が認められるケースがほとんどとなっており、「収益の未達成部分」が多くの場合で発生することとなる。

4　宅地化要因部分

都市に近接する農地では、価格形成要因に大きな影響を与えることとなる「宅地化要因部分」について分析する必要がある。

（1）「宅地化要因部分」の意義

　地方都市の郊外で大規模な地域が農地地域から宅地地域に転換する場合には、人口の増加、市街地の拡大等に伴う地域要因の大きな変化が必要である。この地域要因が変化するためには、幹線道路の整備、学校・公園等の公共施設の整備、バス停・鉄道等の交通施設の新設、住宅・店舗等として利用するための宅地開発等が行われることが必要である。このような施設の整備は、短期間で行われることは少なく、ほとんどの場合、相当の期間を必要とする。この期間における地域要因の変化の過程においては、農地の「収益性部分」及び「収益の未達成部分」についての変化は少ないが、「宅地化要因部分」については大きく変化することとなる。

　この「宅地化要因部分」については、都市の形成を時系列的に分析することで理解が可能となる。

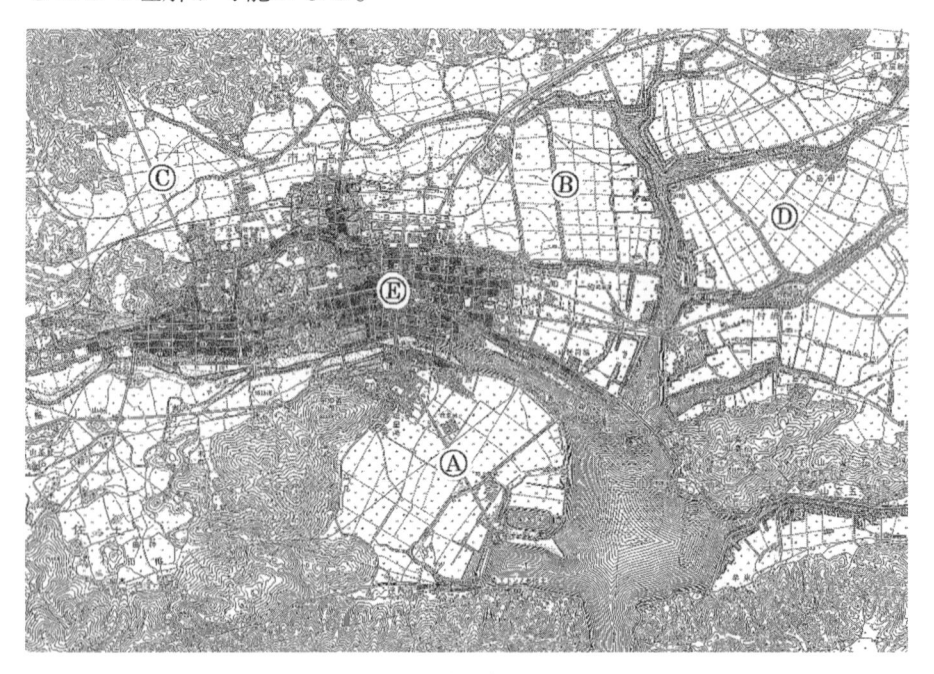

図3　昭和11年4月頃

例を挙げて説明すれば、次のとおりである。

　図3は、約70年前の高知市周辺の地図である。市街地は、高知城を中心とする旧城下町付近に存するのみで、周辺のほとんどの土地は、稲作を中心とする田が多く見られる状況である。現在では市街化しているⒶ桟橋地区、Ⓑ御座地区及びⒸ万々地区においても、街路が整備されていないほか学校等の公共施設も存しないため、宅地そのものが存せず、ほとんどが農地となっている。

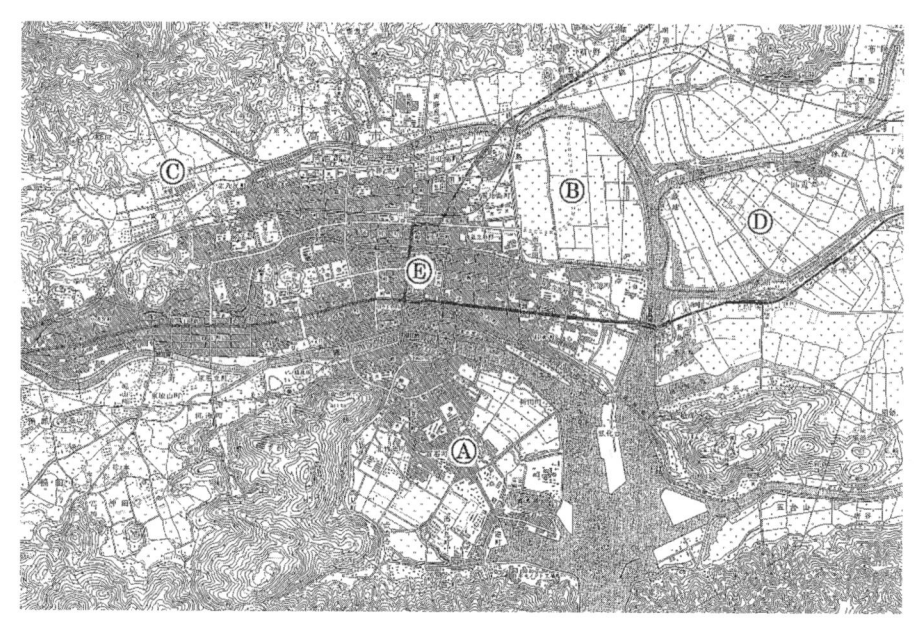

図4　昭和40年7月頃

　図4は、約40年前の同じ地域の地図である。図3と比べ、市街地に隣接するⒶ桟橋地区及びⒸ万々地区では宅地化がかなり進み、特にⒺ都心に近い部分から順に市街化が外延的に進んでいることが分かる。また、街路の状態についても徐々に整備されているほか、公共施設も点在するようになっている。

これに対し、Ⓑ御座地区はⒺ都心に隣接するにも関わらず、Ⓐ桟橋地区と比較すれば宅地化が遅れていることが分かる。これは、道路整備が行われていないこと、公共施設が存しないこと等の総合的な要因によるものである。

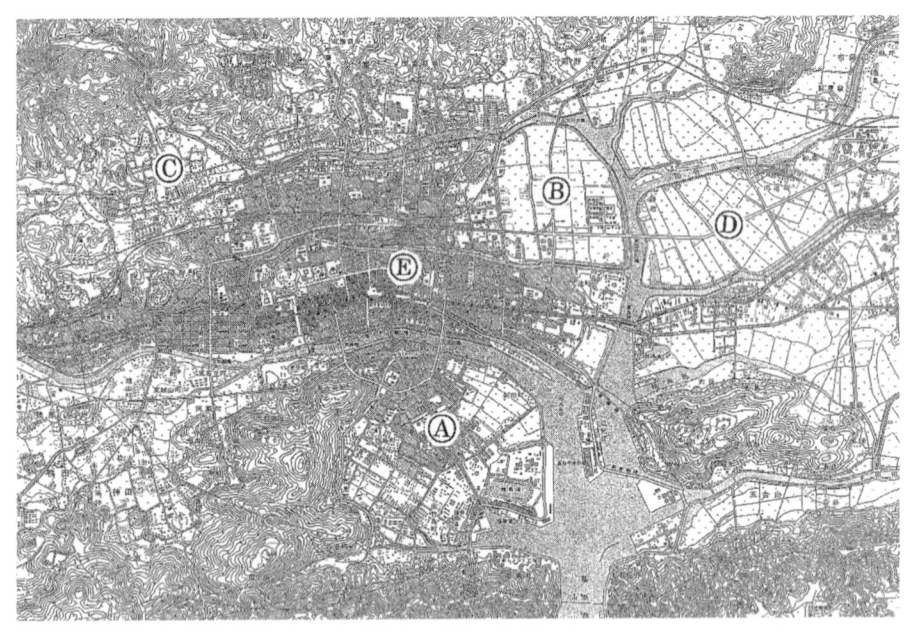

図5　昭和51年頃

　図5は、約30年前の同じ地域の地図である。図4と比べ、Ⓐ桟橋地区及びⒸ万々地区のほとんどの区域にわたって宅地が多く見られるようになり、Ⓑ御座地区においても、道路の整備が行われたことから、宅地が点在する様子が分かる。しかし、Ⓓ布師田地区では、東西に幹線道路が通過したものの都心からやや遠距離にあるため、開発が遅れている。

図6　平成13年頃

　図6は、近年における同じ地域の地図である。Ⓐ桟橋地区及びⒸ万々地区では多くの部分で市街化が進み、現況農地を見ることはほとんどない。また、Ⓑ御座地区でも東西南北に道路が付設され市街化が進んでいる様子が分かるほか、Ⓓ布師田地区においても徐々に宅地化が進んでいるのが分かる。

　このように、都市は、幹線街路の整備等に係る街路条件、公共公益施設の整備等に係る交通・接近条件、宅地開発や住宅の建築等に係る環境条件等の諸要因が複雑に関連しながら、期間をかけて概ね都心に近い部分から徐々に市街地を形成することとなる。したがって、都市が発達する過程においては、それぞれの時期及び都心からの距離により、現況農地が受ける宅地化の影響の強弱は異なることとなる。

　なお、ここでは市街地が拡大した場合をもとに解説したが、市街化の進行が停止している場合、また、人口の減少等により逆に市街地が衰退

する場合もある。しかし、いずれの場合においても、都市又は市街地に近い場所では「宅地化要因部分」の影響を強く受け、離れるに従って弱くなっていることは事実である。

　「宅地化要因部分」については、図１「現況農地の価格構造図」で表されている宅地見込地地域であれば、公共公益施設の整備、宅地開発等が少しは見られることが通常であるから、現在の地域の状況から価格形成要因を分析することはある程度可能であるが、現況農地がほとんどである宅地化の影響を受けた農地地域では、「宅地化要因部分」が現況での利用状況に具体的に現れることが少ないため価格形成要因が不明確であり、現況のみで地域分析を行うことは困難な場合が多い。しかし、この具体的に現れていない「宅地化要因部分」を解明することは、その農地地域が宅地地域に転換した場合に想定される価格形成要因と、既に類似する過程を経て転換した宅地地域の価格形成要因とを比較し、更に転換した過程を期間を遡りながら分析することで可能である。

　このため、現況農地に係る「宅地化要因部分」を分析するためには、まず転換後に想定される宅地地域の価格形成要因を分析することが必要となる。

（２）宅地地域の価格形成要因

　不動産鑑定評価上の宅地とは、建物等の敷地の用に供することが自然的、社会的、経済的及び行政的な観点から分析し合理的と判断される地域内に存する土地をいうものである。

　宅地の価格形成要因は、宅地の細区分である住宅地、商業地、工業地等によってそれぞれ異なり、住宅地であれば居住環境の快適性、生活の利便性等の要因から、商業地であれば収益性、費用性等の要因から形成されている。住宅地の例を挙げて分析すれば、次のとおりである。

　この価格形成要因の中で、街路条件は対象となる土地に接面する道路に関する要因を、交通・接近条件は生活を行うに当たって必要となる公共施設等への距離、交通施設の状態等に関する要因を、環境条件はそこ

で生活を営むための自然的・社会的な環境に関する要因を、画地条件は対象となる土地に係る個別の物理的な要因を、行政的条件は都市計画法、建築基準法等の公法規制の状態をいうものである。

標準住宅地の価格形成要因

項　目		細項目
A	街路条件	系統及び連続性
		幅員
		舗装
		歩道
		側溝
		行き止まり
		一方通行
		勾配
		構造
		電柱等の障害物
		その他
B	交通・接近条件	最寄駅（バス停）への接近性
		商店街等への接近性
		公共施設への接近性
		中心地への接近性
		その他
C	環境条件	日照・温度・通風・乾湿等
		地質・地盤等
		隣接地の利用状況
		上・下水道、都市ガス等
		危険施設等
		高圧線下地
		悪臭、騒音、振動
		浸水の危険性
		その他
D	画地条件	地積過大、過小
		間口狭小、広大
		奥行逓減
		奥行短小
		奥行長大
		形状
		画地内段差
		方位
		高低
		角地、準角地
		二方路、三方路、四方路
		袋地
		無道路地
		私道減価
		傾斜地
		法地
		画地内介在水路
		宅地介在水路
		私道価値率
		その他
E	行政的条件	用途地域等
		都市計画予定地
		建ぺい率
		容積率
		その他
F	その他	市場性
		商業性
		その他

(3)「宅地化要因部分」の構成要素

　本書における「宅地化要因部分」とは、宅地地域に転換する前の現況農地が有する素地的な要素をいい、宅地造成という付加価値を加える以前に現況農地が有する「収益性部分」及び「収益の未達成部分」を除く価格形成要因である。

　これを解説すれば、次のとおりである。

　図7は、図1「現況農地の価格構造図」から「宅地化要因部分」のみを抜粋して作成した図であるが、A地点における現況農地と転換後の宅地との価格及び価格形成要因の関係には、次式が成立する。

　対象宅地の価格＝現況農地の価格＋宅地転用のための開発費等

　現況農地の価格＝対象宅地の価格－宅地転用のための開発費等

　現況農地の価格形成要因＝対象宅地の価格形成要因－宅地転用のための開発費等に係る価格形成要因

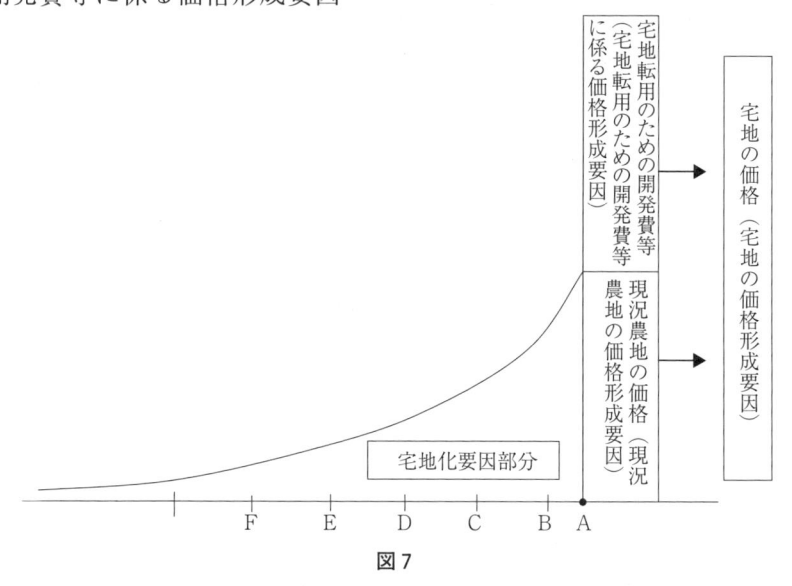

図7

この関係に基づき、宅地の価格形成要因の中から宅地造成という付加価値を加える以前において現況農地が有する要因を選択し、前述の標準住宅地の価格形成要因に沿って個別に分析すれば、現況農地が有する「宅地化要因部分」は、概ね次のとおりである。

街　路　条　件……街路条件とは、対象地に進入するために必要である幹線道路の幅員、系統及び連続性等の要因、対象地そのものの接面する道路の状態等をいう。なお、ここでは宅地開発に伴って付加される街路条件は除かれる。例えば、分譲地内に存する開発道路の幅員の良否等の価格形成要因は、開発により付加されることとなるため、現況農地が有する「宅地化要因部分」からは除かれることとなる。

交通・接近条件……交通・接近条件とは、学校、公園等の公共施設及びバス停等の交通施設への接近性をいう。この要因は、宅地開発の有無に関わらず有している要因であり（開発により新たに設置される要因は除く）、ほとんどの現況農地が有する「宅地化要因部分」である。

　（注）大規模開発では、公園、集会場等のほか小学校等の施設が義務付けられることがあるが、この場合の施設に関する要因は、開発により付加されるのであるから、現況農地が有する「宅地化要因部分」から除かれることとなる。

環　境　条　件……環境条件とは、宅地地域に転換した場合に影響を与える日照の状態等の自然的な環境、周辺地域における社会的な環境の良否等に係る要因をいう。この要

因については、開発によって付加される一部の要因を除き、ほとんどの要因が現況農地が有する「宅地化要因部分」である。

画　地　条　件……画地条件とは、対象地に係る物理的な要因であり、価格形成要因の中で最も個別性を有する要因である。この要因は、開発行為によって現況農地が物理的に変化することで付加されることが多いため、「宅地化要因部分」から除かれることが多い。しかし、道路との高低差、地積、形状等の一部の要因は、現況農地が有する「宅地化要因部分」として形成される。

行　政　的　条　件……行政的条件とは、都市計画法、建築基準法、農地法等の規制に係る要因をいう。例えば、市街化区域であれば、建ぺい率、容積率等の対象地に係る公法規制をいう。行政的条件は、ほとんどの現況農地が有する「宅地化要因部分」である。

そ　の　他……上記の要因に該当しない宅地としての用途の多様性等の特殊な要因をいう。この要因もほとんどの現況農地が有する「宅地化要因部分」である。

このように、現況農地が有する「宅地化要因部分」は、現況農地が宅地開発等により宅地となった場合に有する価格形成要因のうちで、宅地造成という付加価値により加えられた価格形成要因のすべてを除いた部分をいうものである。住宅地で例えれば、先に挙げた標準住宅地の価格形成要因のうちで、現況農地が宅地開発される以前から有していた価格形成要因である。

（４）「宅地化要因部分」の距離性向

「宅地化要因部分」は、宅地化の影響を強く受けている場合には、街路条件、交通・接近条件、環境条件等の各細項目の価格形成要因として具体的に現れるが、宅地化の影響が弱い場合には、単に宅地地域に近いといった交通・接近条件、宅地化の蓋然性に係る環境条件等が漠然として表れるのみで、価格形成要因の細項目として具体的に現れることは少ない。

この関係を距離ごとに区分し、A～F地点で表せば、次図のとおりとなる。

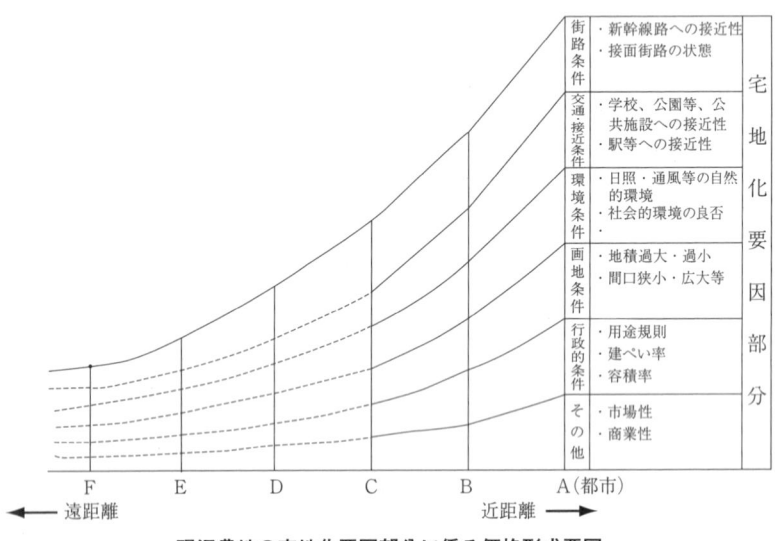

街路条件	・新幹線路への接近性 ・接面街路の状態	宅地化要因部分
交通接近条件	・学校、公園等、公共施設への接近性 ・駅等への接近性	
環境条件	・日照・通風等の自然的環境 ・社会的環境の良否	
画地条件	・地積過大・過小 ・間口狭小・広大等	
行政的条件	・用途規則 ・建ぺい率 ・容積率	
その他	・市場性 ・商業性	

F　E　D　C　B　A（都市）
←遠距離　　　　　近距離→

現況農地の宅地化要因部分に係る価格形成要因

（注）C地点から左部分は、「宅地化要因部分」が明確に区分して現れないため、点線で表示した。

「宅地化要因部分」は、A地点では「宅地化要因部分」の構成要素である街路条件、交通・接近条件、環境条件、行政的条件等が細項目にま

で現れ、各項目の価格形成要因が明確である。しかし、都市であるA地点からB地点、C地点と離れるに従って「宅地化要因部分」が全体的に小さくなり、また、街路条件、交通・接近条件、環境条件等の価格形成要因の細項目として熟成することが少ないため、具体的には現れにくくなる。C地点を離れれば、「宅地化要因部分」に係る価格形成要因が更に小さくなることから、より漠然としたものとなる。F地点ではこの傾向がより強く見られることとなり、「宅地化要因部分」は、集落に近い、国道に近接している等という程度にますます漠然とした形となり、単に宅地化の影響の強弱として現される程度となる。

第2節　各農地における価格形成要因

　第2章第1節で述べたように、現況農地については、「現況農地の価格構造図」J〜A^4地点における価格形成要因の相違によって農業本場純農地から宅地地域内農地にその種類を区分したが、これらの各現況農地の価格形成要因の概要をもとに、J〜A^4各地点における価格形成要因を詳細に分析すれば、次のとおりである。

　（注）本節以降では、第1節1で表した図1「現況農地の価格構造図」を単に「現況農地の価格構造図」と呼ぶものとする。

1　農業本場純農地の価格形成要因

　農業本場純農地とは、日本では北海道、東北地方等で見られる農地、外国ではアメリカ、オーストラリア等に代表される穀倉地帯をいい、世界的に見れば最も多く見られる農地である。
　「現況農地の価格構造図」で述べれば、H^4地点から左側部分のうちで、農業収益の最小限界点であるJ地点に至るまでの間に存する現況農地をいう。これを各国の農地に当てはめてみると、日本の農地ではL〜H^4間に存することが多く、外国では農地の価格水準が日本と比べれば極めて低いことからL〜J間に多く見られる。

（1）価格形成要因の概要

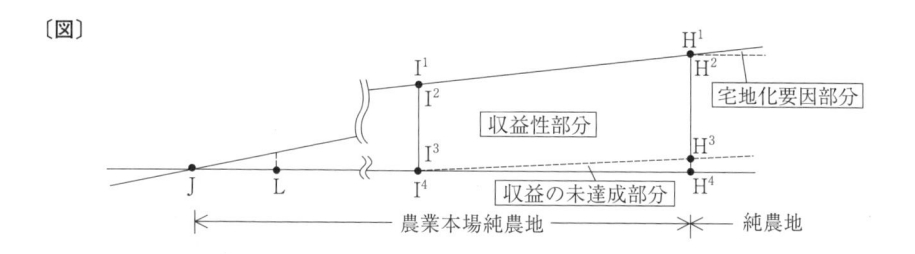

〔図〕

```
                                    H¹
                        I¹              H²
                        I²      ┌─────────┐
                                │宅地化要因部分│
                                └─────────┘
                        ┌─────────┐
                        │ 収益性部分 │    H³
                        └─────────┘
                        I³
        J    L           I⁴  ┌──────────┐ H⁴
                            │収益の未達成部分│
                            └──────────┘
        ├──── 農業本場純農地 ────┤──── 純農地 ────
```

　上図は、「現況農地の価格構造図」の J～H⁴地点間における価格形成要因を拡大し表している。農業本場純農地の価格は、農地が本来有している「収益性部分」のみ又は「収益性部分」及び「収益の未達成部分」で形成される。

　農業本場純農地と純農地との境界点である H⁴地点では「宅地化要因部分」が発生しないため、図において H¹と H²とは同一となる。

　既に述べたように、農作物の生産性は都市から離れるに従ってやや減少することが通常であり、農作物を市場に運搬するための輸送費等も都市から離れるに従って増加する。したがって、H⁴地点から I⁴地点へと都市から離れるに従って、「収益性部分」は徐々に減少する。

　「収益の未達成部分」（上図 I³、H³、H⁴点で囲まれた部分）については、「収益性部分」が減少するに伴って小さくなるほか、農作物の生産に係る用途の多様性が少なくなることから、H⁴地点から I⁴地点へと都市から離れるに従って、その占める割合は徐々に小さくなる。

　したがって、農業本場純農地の価格は、都市から離れるに従って農地本来の収益性が適切に反映された価格に極めて近くなる。

（注）この理由は、農地における単位当たりの収入が少なくなることから大規模な農業経営が必要となり、比較的簡易な農作業により生産が可能である小麦、ジャガイモ、トウモロコシ等の限られた農作物の生産が選択されるためである。

次に、I⁴地点から農業収益の最小限界点であるJ地点にかけては、用途の多様性等が極めて少なくなることから「収益の未達成部分」はほとんどなくなり、「収益性部分」により形成されることとなる。

このことは、アメリカの穀草地帯のように用途の多様性が少ない農業本場純農地の市場での取引価格のほとんどが、当該農地の最有効使用を前提として特定される農作物の生産に係る収益性のみに着目して決定されることからも理解できよう。

なお、農業本場純農地の市場での取引価格は農地本来の収益性が反映されるため、農地の鑑定評価をするに当たり、第1節2（1）で述べた農地の収益還元法を適用し求められた収益価格は、取引事例比較法を適用し求められた比準価格に極めて近い価格が算定されることとなる。

このことは、上図においても表されており、H⁴地点からI⁴地点においては「収益の未達成部分」が含まれているため、比準価格に比べて収益価格は若干低めに算定されるが、I⁴地点からJ地点においては「収益性部分」のみにより価格が形成されるため、比準価格と収益価格とは論理的には同じ価格が算定されることとなる。

（2）農業経営の限界点

農業本場純農地においては、都市から離れるに従って農作物の生産に伴う総収入が減少するほか、農作物の輸送費、管理費等の経費が相対的に増大することから、農作物の生産に伴う純収益は減少し続け、これらを反映して農地の市場価格は低下し続けることとなる。

農作物を生産する場合において、どの程度まで純収益が減少すればその土地を農地として利用することの合理性に欠けることになるか、また、農地市場ではどの辺りまでが農地としての価値が認められ取引が行われるのかを分析する必要がある。この場合における農作物を生産する経済合理性のある限界点を「農業経営の限界点」と呼ぶものとする。

この限界点がどのような状態で発生するかは、帰属地代の発生の有無から分析される。なお、経済学上の視点からは、この要因のみで解説が

可能であるが、後述する「(3) 短期的な農業経営の限界点」及び第3節3 (2)「宅地の供給を促進させる政策」における解説において必要となるため、本書では次のアとイとに区分して解説するものとする。

ア　農地の所有者の所得
　本項における農地の所有者の所得とは、農地の所有者が農作物を生産することで得られる所得をいう。この場合の所得は、農業収入から原材料費等の直接経費及び減価償却費等の間接経費を除いた純収益をいい、論理的には自家労働費と帰属地代とによって形成される。^(注)

　(注)　農業経営に係る利潤等も農業収入の中で考慮すべきであるが、解説を容易にするために、本項では考慮しないものとする。

イ　農業労働者の平均的賃金
　対象である農地の周辺に存する農業労働者及びそれと類似する労働者の平均的な賃金をいう。
　合理的な市場における農地の所有者の自家労働費は、農業労働者の賃金と均衡し、さらに他の業種において類似する労働者の賃金とも相互に均衡を保ちながら決定されるため、周辺に存する多くの労働者の賃金と均衡することとなる。

ウ　農業経営の限界点
　長期的に見ると、アがイより多い場合は、農地の所有者は、自家労働費以外にも帰属地代を受け取ることができるため、農作物の生産を行うであろう。しかし、「現況農地の価格構造図」のI^4地点からJ地点へと都市から離れるに従って、農作物の総収入の減少及び農産物の輸送費、管理費等の増加により収益力が徐々に低下し、J地点においては「収益性部分」が0となるため、帰属地代が発生することはなく、J地点よりさらに都市から離れれば、イがアを上回ることとなる。このような場

合、論理的には自らが農業経営を行うことによる合理性に欠けることから、農業労働者となるか類似する他の労働に従事した方が有利となるため、農業経営を休止又は放棄することとなる。

ただし、J地点より左側のような場合においても、日本の農地は一般的には林地への用途の変更が可能であるから、林地として利用する場合の収益性を前提とした市場価値は残ることとなる。また、林地としての「収益性部分」が農地の「収益性部分」の次図K^4地点におけるK^1〜K^4点と同じ収益性を有すると仮定すれば、K^4地点からJ地点間に存する農地は、林地として利用される可能性も有することとなる。

なお、J地点から左においては、農地又は林地としての利用が困難な土地であるとしても、土地そのものの価値は有している。すなわち、全く利用価値を有しない土地であっても、市場価格が0円ということはなく、一般的にいわれる潜在的資産価値は認められるものであり、価格としては極めて低いにしろ、若干の価値は有している。

しかし、その価格は、農地価格の中に占める割合が極めて少ないことから、本書では考慮しないものとする。

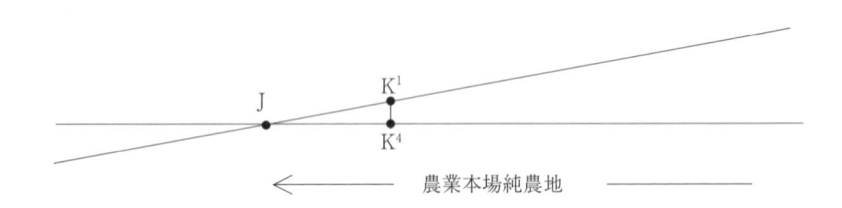

```
                        K¹
           J            ●
           ●            K⁴
                        

        ←――――― 農業本場純農地 ―――――
```

エ　宅地化の影響を受けた農地等の場合

長期的に見た場合における農地経営の放棄は、ウで述べた農業本場純農地のJ地点のほかに、「宅地化要因部分」を有する純農地、宅地化の影響を受けた農地等においても論理的には発生することがある。

一般的に、労働者の賃金は都市に近づくに従って上昇するため農業労働者の賃金も同様に上昇するが、農作物の生産に係る農業収入が労働者の賃金に伴って上昇しない場合は、農地の所有者への帰属地代が発生す

ることが最終的にはなくなり、そのため、論理上では耕作そのものを廃止することとなる。ただし、このような農地では、後述（４）で述べるような理由により、実際には耕作が続けられることとなる。

（３）短期的な農業経営の限界点
（２）は長期的に見た場合における農業経営の限界点であり、20年又は30年というような農業経営を前提とした場合には、上記の理論が成立する。

しかし、数年〜10年といった短期的な農業経営を前提とした場合には、上記とは異なる結論となる。この場合、農作物の収入が稲苗費、肥料代等の直接経費（原材料費等）を下回らない限り農作物の生産は続き、農地として利用されることとなる。

これを解説すると次のとおりであるが、この場合における農業収入に対する費用の内訳は、解説を容易にするため、次のとおり簡略化するものとする。

- ・帰 属 地 代…農業経営によって得られる帰属地代
- ・自家労働費…自らが直接的に働いているため自家労働費となる
- ・間 接 経 費…農機具、建物等の減価償却費、公租公課、借入金利等の費用
- ・直 接 経 費…種苗費、肥料費、農業薬剤費等農業生産に直接的に係る
（原材料費）　費用

仮に、農業収入がＡ点まで減少し、帰属地代を得ることができなくなるものとする。この点が前述のＪ点と同じであるが、この場合においては、特に損失が発生する訳ではないので、短期的には農業経営を続けることとなる。しかし、前述のとおり、長期的な場合における農業経営

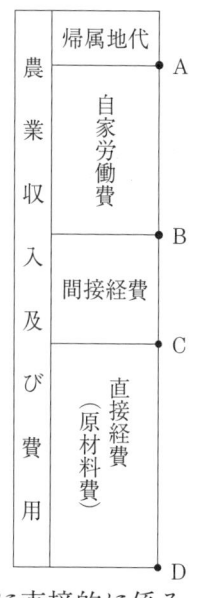

は、農業収入がA点を切れば合理性がなくなるので、論理的には廃止することとなる。

次に、農業収入の減少が大きくなり、A、B点間の水準まで低下するものとする。この場合においても、短期的には自家労働費が減少するのみであるから、経営は続けられる。

さらに、農業収入がB、C点間の水準まで低下するものとする。B、C点間の間接経費は、農業生産の有無にかかわらず必要な固定的経費であるから、農作物の生産を続けていれば、間接経費の一部は回収することが可能である。仮に、農業生産を休止しても、B、C点間の間接経費は支出されるのであるから、短期的には生産を続けられる。

そして、さらに農業収入がC点を下回るものとする。直接経費は間接経費とは異なり生産にほぼ比例して費用が発生するのであるから、農作物を生産すればするほど損失が発生することとなるので、このC点を下回れば短期間であっても農作物の生産を行うことは合理的でないこととなる。

したがって、短期的な農業経営は、理論上ではC点よりも農業収入が少なくなると農作物の生産は休止せざるを得ないこととなる。

（4）実際の農業経営

農業経営は、長期的観点から見れば帰属地代の発生しなくなるA点が、短期的観点からであってもC点が農業経営の休止点となるが、日本における実際の農業経営は、次のような理由により継続することが通常である。

ア　固定資産税対策

固定資産税は現況主義であることから、農地として耕作している土地と耕作を放棄し雑種地と認定される土地とでは、税額が大きく異なってくることが多い。このため、固定資産税対策から、C、D点間であっても耕作が行われることがある。

例を挙げれば、次のとおりである。
 対象となる農地は、合計地積：15000㎡、現況：田、正常価格：50,000円／㎡、地域：市街化調整区域内と想定する。

（ア）農地としての固定資産税額
 課税単価 　150円 × 15000㎡ × $\frac{14}{1000}$ ＝ 31,500円

 都市近郊における一般的な農地の課税単価は50円～200円／㎡程度となっているため、本例における課税単価を150円／㎡と想定した。ちなみに、高知県における標準田の評価額は、10アール当たり174,700円となっている。

（注）第6章第3節4（3）ウ参照。

（イ）雑種地としての固定資産税額
 仮に農地を廃止した場合、固定資産税評価では、地目は雑種地と認定される場合が多く、実務上では標準宅地から評価が行われ、宅地と同様の評価額となることが多い。このため、本例では、すべて宅地並課税額になるものと仮定する。したがって、固定資産税額は、上記正常価格である50,000円／㎡に70％（適正な時価）を乗じた額となり、以下のとおり求めた。
 課税標準額 　50,000円 × 0.7 × 15000㎡ × 0.6 × $\frac{14}{1000}$ ＝ 4,410,000円

（注）負担調整措置の特例は、0.6～0.7であるが、本例では0.6を採用した。

（ウ）農業経営の継続
 固定資産税額は、地目が田又は畑と認定される場合の税額と雑種地と認定される場合の税額とを比べれば、前者が極端に低いことから、帰属地代はもとより自家労働費もなくなり、さらに間接経費の回収が減少し

ても、農業経営を続けることが多い。一般的に、農業経営の状態がC点を下回る水準になると、農業経営を廃止し、駐車場、アパート、資材置場等の収益目的として利用されることが多くなるが、税額の開差が大きいと判断される場合は、農業経営を継続させることも例外的にはある。

イ 相続税対策
　農業経営は、相続税対策からもC、D点間において継続されることがある。
　例を挙げれば、次のとおりである。

(ア) 農地として相続する場合
　相続税の特例として、農業を継続して20年以上行う場合は、納税猶予の適用を受けることができるため、実質上課税されない。

(イ) 雑種地として相続する場合
　雑種地として相続する場合は、相続人の数等により異なるが、子二人で他に資産及び負債を有していないと仮定すれば、相続税額は次のとおりである。

・課税価格
　　50,000円 × 0.8 × 15000㎡ ＝ 600,000,000円

・課税遺産額
　　　　　　　　　遺産に係る基礎控除
　600,000,000円 － (50,000,000円 ＋ 20,000,000円)
　　　　　　　＝530,000,000円

・相続課税

$$(530,000,000円 \times \frac{1}{2}（法定相続分）$$
$$\times\ 0.4\ -\ 17,000,000円）\times\ 2名$$
$$=178,000,000円$$

（ウ）農業経営の継続

　農業を継続する場合は納税猶予となるが、雑種地と認定される場合の税額は高額となるため、C、D点間であっても、農業経営を続けることが多い。

ウ　将来の動向を考慮

　農地は、耕作を休止し放置すれば雑草が生い茂り、農地として再度利用する場合において復元することが困難となる。このため、収益低下が一時的と予想されるならば、耕作を続けることがある。

2　純農地の価格形成要因

　純農地は、日本では最も多く見られる農地であり、通常では稲作を中心とする田、畑、果樹園等として利用されている。また、世界的に見れば、都市の周辺のさらに外側に存する広域的な場所に位置し、主として畑、果樹、田等に利用されている。

　純農地の価格形成要因は、「収益性部分」を中心に、「収益の未達成部分」と若干の「宅地化要因部分」とから形成される。

　図で表せば、次のとおりである。

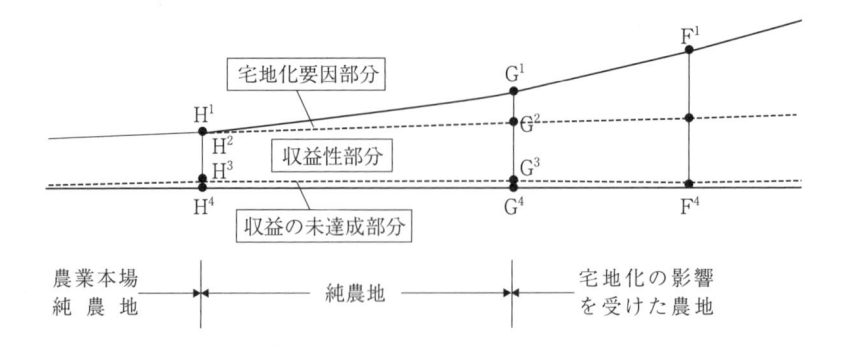

（1）「収益性部分」

　既に述べたように、一般的に農地の収益性は、都市に接近するほど高く、離れるに従って低くなる。純農地は、農業本場純農地よりも都市に接近するため、純農地の「収益性部分」は、農業本場純農地と比較し若干であるが増加することとなる。ただし、第1節2（7）「収益性部分の変化」で述べたように、「収益性部分」の大きな増加にはつながらず、上図の H^4、G^4 地点間では、「収益性部分」は、H^2—H^3 から G^2—G^3 へと若干増加するにすぎないこととなる。

（2）「収益の未達成部分」

　純農地では、農業本場純農地と比較して農作物の栽培に係る用途の多様性が増加するほか、農地の「収益性部分」が増加するため、これに伴い一定割合をもって「収益の未達成部分」が増加する。図では、「収益性部分」と同じように H^3—H^4 から G^3—G^4 へと若干増加することとなる。

（3）「宅地化要因部分」

　純農地では、農業本場純農地における価格形成要因の中では存しなかった「宅地化要因部分」が発生することとなるが、農地の「収益性部分」と比較して、価格の中に占める割合は小さい。このため、純農地の鑑定評価を行った場合には、収益還元法を適用して求めた収益価格は、

取引事例比較法を適用して求めた比準価格と比較して、やや下回る程度に算定されることとなる。

「宅地化要因部分」に係る価格形成要因については、価格の中で占める割合が小さく、また、宅地見込地のように宅地化の影響が顕著に現れていないため、市場では街路条件、交通・接近条件、環境条件等に細分されて具体的に現れるようなことはなく、集落に接近しているとか幹線街路が地域内を通過しているというように、漠然として現れる程度である。

3 宅地化の影響を受けた農地の価格形成要因

宅地化の影響を受けた農地は、地方都市の外延的な場所で多く見られ、通常では稲作を中心とする田及び野菜畑に利用されているが、通作、管理等が容易なことから施設園芸栽培にも利用されていることが多い。

宅地化の影響を受けた農地の価格形成要因は、「収益性部分」、「収益の未達成部分」及び「宅地化要因部分」から形成される。

図中ラベル:
- 宅地化要因部分
- 収益性部分
- 収益の未達成部分
- 純農地 ←→ 宅地化の影響を受けた農地 ←→ 宅地見込地

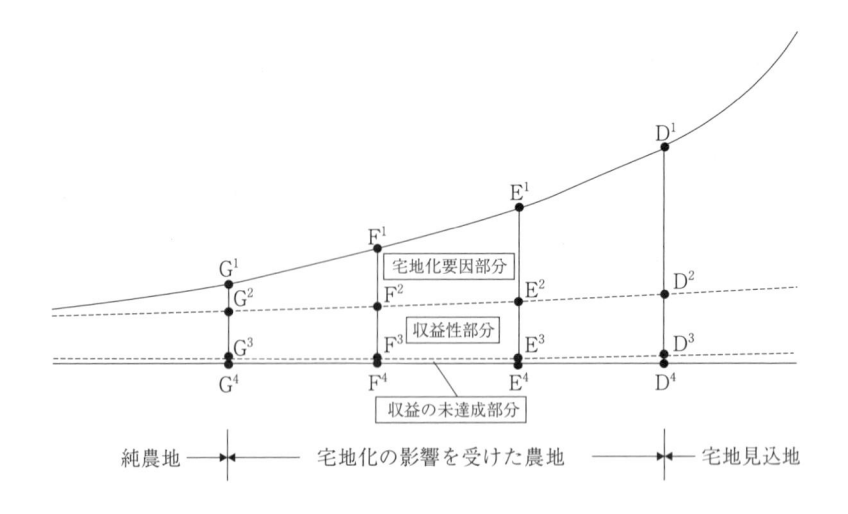

点: G^1, G^2, G^3, G^4、F^1, F^2, F^3, F^4、E^1, E^2, E^3, E^4、D^1, D^2, D^3, D^4

（1）「収益性部分」

　宅地化の影響を受けた農地の「収益性部分」は、純農地で述べた内容と同様の理由により、若干ではあるが都市に接近するに従って増加する。このほか、通作、管理等が容易となるため、付加価値のより高い農作物の生産が可能であり、施設園芸栽培、礫耕栽培等も見られるようになる。このため、純農地と比較して「収益性部分」は増加するが、それほど大幅な増収が見込めるわけではなく、「収益性部分」の大きな増加にはつながらない。上図の G^4〜D^4 地点間では、「収益性部分」は、G^2—G^3 から D^2—D^3 へと若干増加するにすぎないこととなる。

（2）「収益の未達成部分」

　宅地化の影響を受けた農地では、純農地と比較し、農作物の栽培に係る用途の多様性が増すほか、農地の「収益性部分」が若干増加するため、「収益の未達成部分」は、G^4 地点の価格の中で「収益性部分」が増加するのと同様に、D^4 地点にかけてしだいに増加する。しかし、純農地と同様に、「収益性部分」が大きく増加するわけではないので、「収益の

未達成部分」も G^3—G^4 から D^3—D^4 へと若干の増加に留まることとなる。

(3)「宅地化要因部分」

　純農地である「現況農地の価格構造図」H^4 地点から発生し始めた「宅地化要因部分」が、宅地化の影響を受けた農地に区分される G^4 地点から D^4 地点にかけては顕著に現れるようになり、その結果、農地の「収益性部分」と「市場価格」との開差が大きくなる。このため、宅地化の影響を受けた農地の鑑定評価を行った場合、農地の収益還元法を適用して求めた収益価格と取引事例比較法を適用して求めた比準価格とを比較すれば、開差は大きくなる。

　例えば、比準価格が 1 ㎡ 当たり 3,000 円から 5,000 円へと上昇しても、収益価格は 1 ㎡ 当たり 2,000 円から 2,100 円程度に推移するにすぎず、その開差は、「宅地化要因部分」が増加するに従って次第に大きくなる。

　ただし、「宅地化要因部分」のうち街路条件、交通・接近条件、環境条件等は、市場取引において価格形成要因には具体的には現れにくく、後述する宅地見込地と比較するとかなり漠然としており、細かく分析することは困難である。

　しかし、地域の全体的な状況を見れば、宅地地域への転換の可能性、期待性等を高める要因が認められる。例えば、比較的近接する地域に都市部又はその周辺に存する住宅地が比較的在している、周辺で幹線道路の新設が行われている、周辺地域を含む広域的な地域において公共施設が設置されているといったように、純農地と比較すればかなりの「宅地化要因部分」が認められることとなる。前図では、G^1—G^2、F^1—F^2、E^1—E^2、D^1—D^2 というように、農地価格の中で「宅地化要因部分」の占める割合は、農地の市場価格の上昇に伴い、急速に増加することとなる。

4　宅地見込地の価格形成要因

　宅地見込地とは、不動産鑑定評価上では農地地域（本書では農地であ

るが、林地の場合もある。）から宅地地域に転換しつつある地域内に存する土地である。

したがって、その価格形成要因は、現況農地であっても、「宅地化要因部分」が大きく反映されている。

宅地見込地は、都市の周辺部、市街地に隣接する地域等に多く見られる農地である。

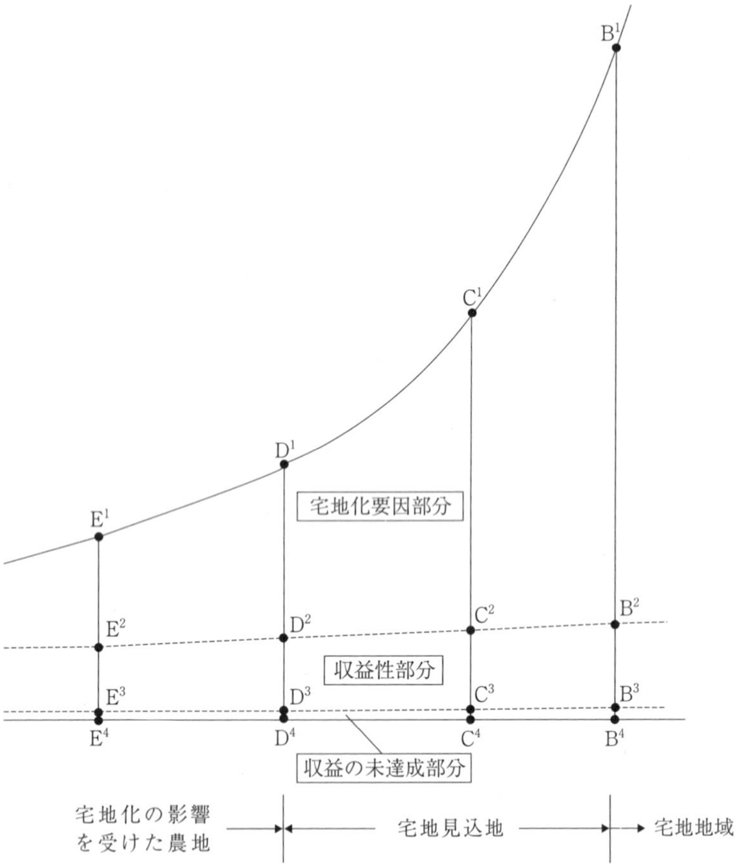

B¹
C¹
D¹
E¹
宅地化要因部分
E²
D²
C²
B²
収益性部分
E³
D³
C³
B³
E⁴
D⁴
C⁴
B⁴
収益の未達成部分
宅地化の影響を受けた農地
宅地見込地
宅地地域

（1）「収益性部分」

「収益性部分」は、宅地化の影響を受けた農地と比較すれば、都市に接近するに従って農業コストの低下が認められることから、「収益性部分」自体は若干であるが大きくなる。この部分は E^2―E^3、D^2―D^3、C^2―C^3、B^2―B^3とそれぞれ少しずつ増加し続けることとなる。しかし、宅地見込地の価格である E^1―E^4、D^1―D^4、C^1―C^4、B^1―B^4の中では、「宅地化要因部分」が大きく増大することから、農地の「収益性部分」の占める割合は小さくなる。このため、宅地見込地の取引市場においては、「収益性部分」を重視して取り引きされることが少なくなる。

（2）「収益の未達成部分」

「収益の未達成部分」についても、農地の「収益性部分」の若干の増加及び農作物の栽培に係る用途の多様性の増加に伴って、E^3―E^4、D^3―D^4、C^3―C^4、B^3―B^4と一定割合をもって若干増加することとなるが、宅地見込地価格の中で占める割合は、「収益性部分」と同様の理由により相対的に小さくなる。

（3）「宅地化要因部分」

宅地見込地が E^4地点、D^4地点、C^4地点、B^4地点と都市に接近するに従って、宅地見込地の価格の中で「宅地化要因部分」の占める割合は、E^1―E^2、D^1―D^2、C^1―C^2、B^1―B^2というようにどんどん大きくなる。このため、市場における取引形態は、転換後・造成後の宅地の価格形成要因、宅地開発の可能性、造成費等として具体的に現れる「宅地化要因部分」を重視して取り引きされるようになる。

したがって、宅地見込地の価格形成要因の分析に当たっては、都市の外延的発展を促進する要因の近隣地域に及ぼす影響の程度を重視すると共に、都市計画法による規制等の行政的要因、周辺地域における公共施設等の整備の動向、住宅、店舗、工場等の建設の動向等に重点を置いたうえで分析すべきこととなる。

5 宅地地域内農地

宅地地域内に存する現況農地の価格形成要因は、ほとんどが「宅地化要因部分」によって形成されることとなる。

(1)「収益性部分」

宅地地域内に存する農地であっても、通常では耕作が行われ、「収益性部分」については、宅地見込地と同様の理由により若干は増加するが、市場では、次の理由により農地の「収益性部分」が重視されることはほとんどない。

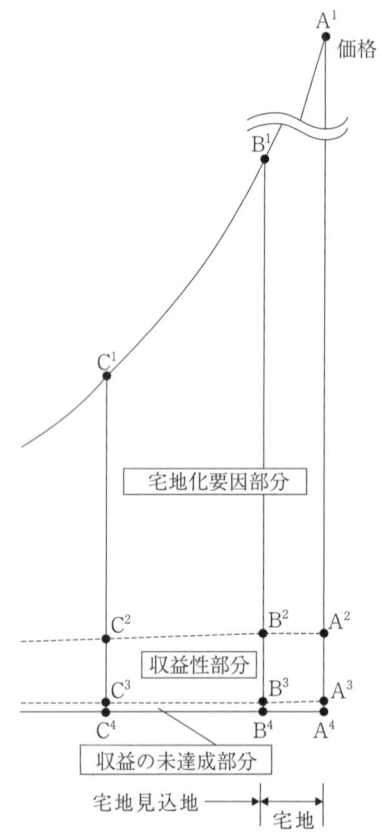

ア 「収益性部分」の占める割合

　一般的に、農地の価格は都市に接近するに従って高くなり、農地の収益力についても、農作物の運搬費、農地の管理費等の農業コストの低下が進むことで、若干は上昇する。しかし、宅地地域内に存する現況農地の市場価格の中で農地の「収益性部分」の占める割合は極めて小さくなり、特に価格水準が高いほど小さくなる。

　例を挙げれば、次のとおりである。

例1

　宅地地域内農地価格が1 ㎡当たり60,000円、農地の「収益性部分」の価格が2,000円とすれば、その占有率は3.3％となる。

例2

　宅地地域内農地価格が1 ㎡当たり100,000円、農地の「収益性部分」の価格が2,000円とすれば、その占有率は2％となる。

例3

　宅地地域内農地価格が1 ㎡当たり150,000円、農地の「収益性部分」の価格が2,000円とすれば、その占有率は1.3％となる。

　以上のように、農地価格が上昇するほど農地価格の中で「収益性部分」の占める割合が小さくなるため、市場では、農地の収益性に着目して取り引きされることはほとんどなくなる。

イ 　農業収益の不利益性等

　宅地地域内に存する農地は、周辺地域の影響を受けて具体的な利用方法が決定されるが、収益性の面から比較すれば、農地として耕作するよりも、造成工事を行い貸駐車場やマンション等として利用する方が収益性が高くなるため、用途の転換の可能性が高くなる。このため、収益を

目的とする利用方法は、農業経営を行うよりも宅地等として利用する方法が選択されることがほとんどである。また、将来的には宅地化される可能性が高いことから、仮に農業経営を行う場合においても短期的となるため、宅地地域における現況農地の取引に当たっては、「収益性部分」が反映されることはほとんどなくなる。

(2)「収益の未達成部分」
　「収益の未達成部分」も論理的には存するが、農業の収益性が重視されることがほとんどないため、農地の取引価格の中で反映されることはほとんどない。

(3)「宅地化要因部分」
　宅地地域内に存する農地は、社会的に見て、造成工事により宅地として利用することが妥当であると判断される土地であるから、宅地の素地的な要素が極めて強くなる。
　したがって、宅地地域内に存する農地は、いわば造成前宅地という性格の土地であり、その価格形成要因は、宅地としての要因から形成されることとなる。具体的には、第1節4 (3)「宅地化要因の構成要素」で述べている街路条件、交通・接近条件、環境条件、行政的条件及びその他のうちで、宅地造成という付加価値を加える以前から現況農地が有する固有の「宅地化要因部分」で形成されることとなる。

第2章　農地の価格形成要因

第3節　農地の地代と価格の関係

　既に述べたように、近代農地の地価は、「収益性部分」、「収益の未達成部分」及び「宅地化要因部分」の複雑な価格形成要因の相互作用によって決定され、従来から考えられている農地の価格形成理論とは必ずしも一致しない。このことは、農地の地代と地価との関係においても同様である。このため、本節では、まず一般的に述べられている農地の地代と地価との関係を解説し、次に本書における農地の地代と地価との関係を分析するものとする。

　（注）本節においては、次に引用する不動産学事典が土地の価格を地代と地価とに区分して述べているため、第2節までに述べている価格を地価に置き換えて述べるものとする。

1　地代と地価との関係

　まず、一般的に述べられている地代と地価との関係について分析するものとする。

（1）一般的な地代と地価との関係

　近代における経済理論では、地代と地価との関係について、一般的に次のように考えられている。

　土地には地代（land rent）と地価（land value）の2種類の価格がある。地代

は土地が一定期間に提供するサービスの対価であり、地価は土地の所有権の対価である。また地代には市場地代と帰属地代があり、市場地代は土地を借用したときに支払う地代であり、帰属地代は地主が自分に支払う地代である。地代と地価の関係は次のように説明される。(⇨14 - 1 「不動産市場」)

いま、P_0を現在の地価、P_1を1期後の地価、iを期首から期末までの利子率、rを期首から期末までの地代とすると、(1)式が成立する。

$$i = \frac{r + (P_1 - P_0)}{P_0} \tag{1}$$

(1)式において、左辺は金融資産として運用したときの利子率であり、右辺は土地資産として運用したときの地代収入と土地の値上がり益による収益率である。

土地市場における合理的行動を仮定すると、左辺が右辺より大であれば、土地を売却して金融資産を購入し続けるから、土地を購入する人はいなくなる。逆に右辺が左辺より大であれば、その金融資産を売却して土地を購入し続けるから、土地を売却する人はいなくなる。この結果、均衡状態では、金融資産による利子率と土地資産による収益率が等しくなり、(1)式が成立する。この式をP_0について解くと(2)式が得られ、この式を将来にわたって展開すると、(3)式が得られる。

$$P_0 = \frac{r}{(1+i)} + \frac{P_1}{(1+i)} \tag{2}$$

$$P_0 = \sum_{t=1}^{n} \frac{r^t}{(1+i^t)^t} + \frac{P_n}{(1+i_n)^n} \tag{3}$$

ここにr^tはt期の期首から期末までの地代、i_tはt期の利子率、P_nはn期の地価である。

右辺第1項はn期までの地代によるインカムゲインを表わし、第2項はn期に売却した場合に期待できるキャピタルムゲインを表している。またこの土地を永久に保有し、地代収入を無限に得るとすると、(3)式は(4)式のように

表わされる。

$$P_0 = \sum_{t=1}^{\infty} \frac{r_t}{(1+i^t)^t} \quad (4)$$

つまり、地価は現在から将来にわたって期待される地代収入の現在価値の和である。特に、各期の地代と利子率がそれぞれ一定値 r、i で仮定すると、地価は簡単に（5）式で表わされる。

$$P_0 = \frac{r}{i} \quad (5)$$

不動産学事典：社団法人日本不動産学会「編」

このように、地代と地価とは相互に密接な関係を有していると解釈されており、土地の利用形態の一つである農地に係る地代と地価とについても、一般的には上記と同様の関係にあるものと考えられている。

（2）都市部における商業地の地代と地価

（1）で述べた地代と地価との関係は、都市部における商業地においてこの理論と実際とが同様であることが多いことから、まず商業地を例に挙げて分析するものとする。

商業地における地代と地価との関係は、第1節2（1）で述べた鑑定評価方式の一つである収益還元法（土地残余法）により説明が可能である。これは、土地を有効的に利用することによる年間の総収益から純収益を算定し、これより元本価格である地価を求める方法である。

なお、この場合における純収益に相当する額については、日本では借地制度が一般的ではないこと及び地代が当事者間の事情により大きく左右されることから、地代から算定することが困難である。しかし、これに変わる方法として、賃貸用ビル等の家賃収入から地代相当額である土

地に帰属すべき純収益を算定することが可能であるため、本節では、地代から算定すべき純収益に相当する額を、賃貸用ビル及びその敷地から求めるものとする。

対象となる土地は、地方都市の準高度商業地区の標準画地である「地価公示地」^(注)に賃貸ビルを建設したと想定し、まずこれらに係る総収益を把握し、次に総費用等を分析したうえで収益価格を求めることとする。

(注) 地価公示法に基づく地価公示地をいい、その地域内の標準的な画地を採用している。二人以上の不動産鑑定士の鑑定評価により求めた価格を参考に国土交通省（土地鑑定委員会）が決定し、その価格を公示している。

第2章　農地の価格形成要因

収益価格算定表

(1)最有効使用の判定

①建物の利用状況

用途	建築面積 (㎡)	構造・階層	延床面積 (㎡)
(事務所)	(268.93)	(RC5)	(1,341.05)
事務所	413.7	SRC8F1B	3,221.95

②公法上の規制等

用途地域等	基準建ぺい率	指定容積率	基準容積率	地積	間口・奥行	前面道路、幅員等
商業 準防 駐車付置義務	80 %	600 %	600 %	581 ㎡	18.0m× 32.0m	前面道路：国道　36.0m 特定道路までの距離：　　m

③最有効使用の判定理由	事務所、店舗が連たんする商業地域であるため、地下駐車場、1～8階事務所と判定	④有効率の理由	72.2 %	屋内、屋外駐車場

(2)総収益算出内訳

階層	①床面積 (㎡)	②有効率 (%)	③有効面積 (㎡)	④1㎡当たり月額支払賃料 (円)	⑤月額支払賃料 (円)	⑥保証金等権利金等 (月数)	⑦保証金等 (円)	⑧権利金等 (円)
地下1～1	406.95							
1～1	348.75	83.4	290.86	3,505	1,019,464	6.0	6,116,784	
2～8	348.75	83.4	290.86	2,870	834,768	3.0	2,504,304	
塔屋～	25.00							
～								
～								
～								
計	3,221.95	72.2	2,326.88		6,862,840		23,646,912	

⑨年額支払賃料	6,862,840 × 12ヵ月	=	82,354,080 円
⑩保証金等の運用益	23,646,912 × 5.50 %	=	1,300,580 円
⑪権利金等の運用益及び償却額	償却年数（　　年）運用利回り（　　%）×	=	円
⑫その他の収入（屋外駐車場使用料等）	屋内、外駐車場20,000円×9台×12ヶ月		2,160,000 円
⑬総収益	⑨+⑩+⑪+⑫	85,814,660 円	(147,702 円／㎡)

(3) 1㎡当たりの月額支払賃料の算出根拠　（　）内は支払賃料

NO	①事例番号	②事例の実際実質賃料 (円／㎡)	③事情補正	④時点修正	⑤標準化補正	⑥建物格差修正	⑦地域要因の比較	⑧基準階格差修正	⑨試算実質賃料 (円／㎡)	⑩標準地基準階の賃料
a	山本-1	4,559 (4,447)	100 [115.0]	[100.0] 100	100 [100.0]	100 [97.0]	100 [115.0]	100 [100.0]	3,554	対象基準階の月額実質賃料 3,593 円／㎡ 月額支払賃料 3,505 円／㎡ 基準階　1F　B
b	山本-2	5,447 (5,314)	100 [135.0]	[100.0] 100	100 [95.0]	100 [118.0]	100 [100.0]	100 [100.0]	3,599	
c	山本-3	3,761 (3,669)	100 [105.0]	[100.0] 100	100 [100.0]	100 [95.0]	100 [104.0]	100 [100.0]	3,625	

(4)総費用算出内訳

項目	実額相当額		算出根拠
①修繕費	5,148,880 円		85,814,660 × 6.0 %
②維持管理費	2,470,622 円		82,354,080 × 3.0 %
③公租公課	土地	1,058,800 円	査定による
	建物	5,602,500 円	747,000,000 × 50.0 % × 15.00 /1000
④損害保険料	747,000 円		747,000,000 × 0.10 %
⑤貸倒れ準備費	円		敷金により十分担保されており計上不要
⑥空室等による損失相当額	7,151,222 円		85,814,660 × 1/ 12
⑦建物等の取壊費用の積立金	747,000 円		747,000,000 × 0.10 %
⑧その他費用	円		
⑨総費用 ①~⑧	22,926,024 円		(39,460 円／㎡) (経費率 26.7 %)

(5)基本利率等

①r：基本利率	5.5 %	⑤g：賃料の変動率	0.5 %
②a：躯体割合（躯体価格÷建物等価格）	75 %	⑥n_a：躯体の経済的耐用年数	40 年
③b：設備割合（設備価格÷建物等価格）	25 %	⑦n_b：設備の経済的耐用年数	15 年
④m：未収入期間	1.0 年	⑧α：未収入期間を考慮した修正率	0.9451

(6)建物等に帰属する純収益

項目	査定額	算出根拠
①建物等の初期投資額	747,000,000 円	設計監理料率 223,000 円／㎡× 3,221.95 ㎡×(100%＋ 4.00 %)
②元利逓増償還率	0.0680	躯体部分　　　　　設備部分 0.0584 × 75 %＋ 0.0967 × 25 %
③建物等に帰属する純収益 　①×②	50,796,000 円 (87,429 円／㎡)	

(7)土地に帰属する純収益

①総収益	85,814,660 円
②総費用	22,926,024 円
③純収益　①－②	62,888,636 円
④建物等に帰属する純収益	50,796,000 円
⑤土地に帰属する純収益　③－④	12,092,636 円
⑥未収入期間を考慮した土地に帰属する純収益 　　⑤×α	11,428,750 円 (19,671 円／㎡)
(8)土地の収益価格　　還元利回り（r-g） 5.0 % 228,575,000 円	393,000 円／㎡

地価公示地高知5-1に収益還元法を直接適用した結果、上記のとおり収益価格393,000円が算定され、平成19年1月1日時点での地価公示地価格405,000円と近似する地価を得ることができた。地価公示地高知5-1のほか、類似する地価公示地高知5-5及び高知5-16においても同様に収益還元法の適用を行ったが、いずれも地価公示価格と比較的近似した地価を得ることができた。

このように、宅地の細区分の一つである商業地では、地代（本例では土地に帰属する純収益）と地価との関連性は強く、上記理論である$P_0=\frac{r}{i}$の関係は、ある一定の条件下では証明されることとなる。

(注) 著者の「固定資産税宅地評価の理論と実務上・下巻」第5章第7節「収益還元法の適用」を参照

(3) 近代農地における地代と地価

次に、近代農地における地代と地価との関係について、分析するものとする。

ア 農地の地代と地価との関係

(ア) 一般的な理論による農地の地代と地価との関係

地代は、土地が一定期間に提供するサービスの対価として支払われるものであり、農地の場合は、耕作を行うための対価としての地代である。したがって、1 (1) で述べた理論によると、このような農地の地代と地価との関係について$P_0=\frac{r}{i}$が成り立つこととなり、論理的には利子率が一定とすれば、それぞれの農地の地価に対して、一定割合で地代は成立することとなる。

このため、価格形成要因の変化に基づき農地の地価が上昇すれば、地代もそれに伴って上昇し、農地の地価が下落すれば、地代もそれに伴って下落することとなる。

(イ) 本書における農地の地代と地価との関係

上記「（ア）一般的な理論による農地の地代と地価との関係」は、「宅地化要因部分」を有しない農業本場純農地では成立する。しかし、近代農地の中の「宅地化要因部分」を有する農地では、農地の地価が上昇しても、その要因が「宅地化要因部分」の拡大によるものであれば、実際には地代がそれに伴って上昇することはほとんど見られない。

　この理由は、農地の実際の地代が農地としての収益性、つまり本書で述べている「収益性部分」についてのみ着目して決定され、「宅地化要因部分」（本項では、解説を容易にするため、「収益の未達成部分」は「宅地化要因部分」に含んで表すこととする。）については、地代に反映されることがないからである。

　一般的に、耕作を目的とする新規の賃貸借契約は、農業本場純農地又は純農地で行われる。この場合、賃貸借契約時における実際の地代は、農地を耕作し農作物を生産することによる収益性を反映して決定されるため、農地の地代と地価との間には一定割合が保たれ、また、各農地間における地代も相互にバランスを保っている。

　例えば、ある農地の10アール当たりの米の収穫量を450kgとし、これに対応する地代を収穫量の20％とすれば、地代は90kgと決定され、物納又は現金に換算して支払われていることが通常である。しかし、その後の地代については、市街化の進行に伴う「宅地化要因部分」の拡大により農地の地価が上昇しても農地本来の収益力が上昇しない限り、上昇している例はほとんど見られない（ただし、農地から資材置場等に転換されるといったように、用途が変化する場合は上昇する）。これは、後記（4）で表示している高知市及びその周辺部A～G地区における地代の標準額制度の標準小作料から分析しても明らかである。

（注1）農業本場純農地の地価は「収益性部分」のみを、また、純農地の地価もほとんどが「収益性部分」を反映して決定されているからである。

（注2）標準額制度に表示された地代は、高知県のみならず全国的に見ても、地価水準の高低による影響を受けることはほとんどない。

イ　図式による地代と地価との関係の解説

アで述べた関係を図式により解説すれば、次のとおりである。

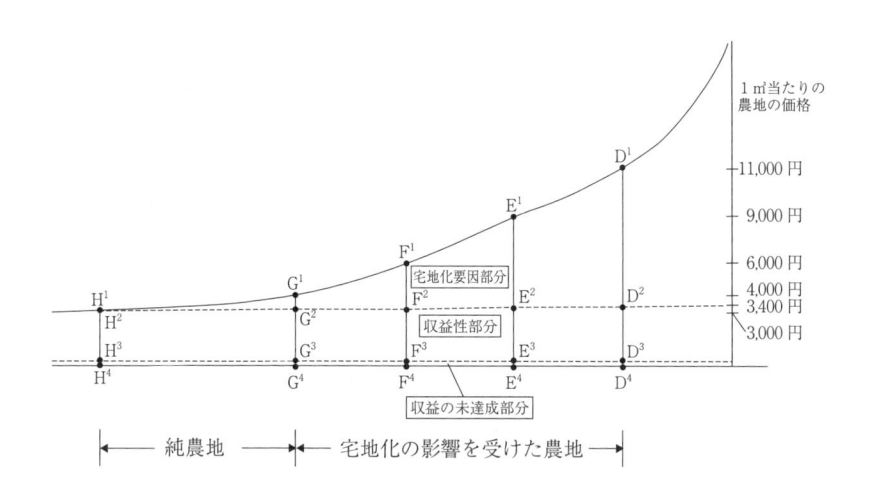

```
                                                          1㎡当たりの
                                                          農地の価格
                                            D¹
                                                        ─11,000円
                                      E¹
                                                        ─ 9,000円
                               F¹
                           宅地化要因部分                ─ 6,000円
            G¹         F²           E²        D²        ─ 4,000円
  H¹        G²          収益性部分                      ─ 3,400円
  H²        G³         F³           E³        D³        ─ 3,000円
  H³
  H⁴        G⁴         F⁴           E⁴        D⁴
                    収益の未達成部分
  ├── 純農地 ──┼── 宅地化の影響を受けた農地 ──┤
```

「（ア）一般的な理論による農地の地代と地価との関係」の理論によると、農地の地価が $H^1 \to G^1 \to F^1 \to E^1 \to D^1$ と上昇すれば、利子率が一定である限り、地代はそれぞれの農地の地価に対応し、一定の割合をもって上昇することとなる。仮に、農地の地価を上図右端に表した価格とし、利子率を１％、管理費等を地代の20％としたうえで、$H^4 \sim D^4$ 地点での「（ア）一般的な理論による農地の地代と地価との関係」で述べた理論に基づく農地の地代を算定すれば、次のとおりとなる。

（注）　地代は、純賃料相当額のほか、固定資産税、管理費、貸倒れ準備費等の諸経費を含んで形成されているため、本例では、管理費等として地代の20％を計上した。

H^4 地点の価格 H^1　　　3,000円 × 0.01 × 1.2 ＝ 36円
G^4 地点の価格 G^1　　　4,000円 × 0.01 × 1.2 ＝ 48円

F⁴地点の価格 F¹	6,000円 × 0.01 × 1.2 =	72円
E⁴地点の価格 E¹	9,000円 × 0.01 × 1.2 =	108円
D⁴地点の価格 D¹	11,000円 × 0.01 × 1.2 =	132円

　このように、「(ア) 一般的な理論による農地の地代と地価との関係」で述べた理論に基づく地代は、H¹からD¹へと地価が上昇すれば大幅に上昇することとなる。

　これに対して、「(イ) 本書における農地の地代と地価との関係」で述べた理論によると、農地の地価が $H^1 \to G^1 \to F^1 \to E^1$ と上昇しても、農地の「収益性部分」は H^2—H^3、G^2—G^3、F^2—F^3、E^2—E^3、D^2—D^3 で表されるように若干逓増するにすぎないため、「収益性部分」にのみ対応して一定割合で定まる実際の地代は、実質的には若干の上昇を示すのみである。

　仮に、H⁴地点の「収益性部分」を3,000円とし（注）、「収益性部分」の変化に合わせて以下のように3,000円から徐々に増加するものとしたうえで同様に算定すれば、地代は次のとおりである。

　（注）「現況農地の価格構造図」では「収益の未達成部分」が含まれるため、「収益性部分」は若干低めとなるが、解説を容易にするため、前例と同額とした。

H⁴地点での「収益性部分」H²–H³	3,000円 × 0.01 × 1.2 =	36円
G⁴地点での「収益性部分」G²–G³	3,100円 × 0.01 × 1.2 =	37円
F⁴地点での「収益性部分」F²–F³	3,200円 × 0.01 × 1.2 =	38円
E⁴地点での「収益性部分」E²–E³	3,300円 × 0.01 × 1.2 =	40円
D⁴地点での「収益性部分」D²–D³	3,400円 × 0.01 × 1.2 =	41円

　以上の関係をまとめたものが次表である。

地点	H⁴	G⁴	F⁴	E⁴	D⁴
「(ア) 一般的な理論による農地の地代と地価との関係」に基づく地代（農地価格からの対比）	36円	48円 (33%)	72円 (100%)	108円 (200%)	132円 (267%)
「(イ) 本書における農地の地代と地価との関係」に基づく地代（「収益性部分」からの対比）	36円	37円 (3%)	38円 (6%)	40円 (11%)	41円 (14%)

（注）カッコ内は、H¹地点を$\frac{100}{100}$とした場合における地代の上昇率である。

　この例とは逆に、農地の地価が下落した場合にも、その原因が宅地化の影響等が弱くなったことによる「宅地化要因部分」の減少であるならば、同様の結果となる。
　すなわち、「(ア) 一般的な理論による農地の地代と地価との関係」によると、地価の下落に伴い地代は下落するが、「(イ) 本書における農地の地代と地価との関係」によると、地価の下落に伴い地代が下落することはない。実際にも、農地の収益力が低下し地価の中の「収益性部分」が縮小しない限り、地代が下落するというようなことはほとんど見られない。

（4）実際の地代からの検証

　農地における地代と地価との関係を、第1章第2節2で述べた高知市郊外の地域を例に挙げ、実際の地代を調査したうえで分析し、検証するものとする。
　既に述べたように、日本では、農地についての賃貸借契約が比較的少なく、地代が取引当事者の個別の事情に左右されやすい一面を有している。このため、農地法第23条1項では農地における小作料の標準額制度が規定され、これに基づき各市町村の農業委員会では、標準小作料を公示している。また、現地調査を行った結果でも、賃貸借当事者がこれらを参考として地代を決定していることが多い。したがって、検証するに

当たっては、客観性を持たす意味においても、この標準額制度により公示された小作料を各地域の地代水準として採用するものとする。
　この標準額制度による小作料は、米作、施設園芸栽培等に区分されているが、米作について表示すれば、次のとおりである。

（注1）ナス、キュウリ、メロン等の施設園芸栽培も表示されているが、主要作物の種類が各地域によって異なっていることから、A～G地域で共通する種類の地代は存しない。このため、稲作は第2章第1節2（3）アで述べたように最有効使用とは言い難く、施設園芸栽培と比べ収益力及び地代は低いが、各地点共通で栽培されているという点を重視して、田の標準小作料を採用するものとした。

平成17年4月1日時点

	第1章第2節2で挙げた地域						
	A地域	B地域	C地域	D地域	E地域	F地域	G地域（注2）
田の標準小作料 （10a当たり）	22,000円 （平坦上田）	22,000円 （平坦上田）	26,000円 （上田）	26,000円 （上田）	25,000円 （上田）	20,000円 （上田）	32,000円 （ほ場整備地区）
価格水準（注3） （1㎡当たり）	25,000～ 35,000円	15,000～ 20,000円	10,000～ 13,000円	6,000～ 10,000円	5,000～ 6,000円	3,000～ 4,500円	2,000～ 4,000円

（注2）標準小作料がG地域において高い理由は、改定が平成7年から行われていないことによるものであり、実際の地代は、表示された標準小作料と比べ低めの水準となっている。

（注3）価格水準については、現地調査による取引事例等の分析により判定した。

　この標準額制度による小作料から見ても、「（ア）一般的な理論による農地の地代と地価との関係」により算定される地代と実際の地代とは整合せず、「（イ）本書における農地の地代と地価との関係」により算定される地代と実際の地代とが整合することが証明される。
　また、本例では高知県で算定したが、後記資料の徳島県における標準

第 2 章　農地の価格形成要因

小作料から算定した場合においても、ほぼ同様の結果が得られた。

　この標準小作料を基に、実際の農地の地代と地価との利率を分析すれば、次のとおりである。

　F地域における標準的な農地の地価を10アール当たり3,000,000円[注4]と判定し、地代を20,000円、諸経費率を地代の20%とすれば、利回りは次のとおりとなる。

$$20,000円 \times (1-0.2) \div 3,000,000円 = 0.0053$$
$$\fallingdotseq 0.53\%$$

（注4）　平成17年4月時点における農地の実際の地価水準である。以下同じ。

　D地域における標準的な農地の地価を10アール当たり6,500,000円と判定し、地代を26,000円、諸経費率を地代の20%とすれば、利回りは次のとおりとなる。

$$26,000円 \times (1-0.2) \div 6,500,000円 = 0.0032$$
$$= 0.32\%$$

　B地域における標準的な農地の地価を10アール当たり15,000,000円と推定し、地代を22,000円、諸経費率を地代の20%とすれば、利回りは次のとおりとなる。

$$22,000円 \times (1-0.2) \div 15,000,000円 = 0.0011$$
$$\fallingdotseq 0.11\%$$

　このように、農地の実際の地代については「宅地化要因部分」が反映されないため、地価の中で「宅地化要因部分」の占める割合が増加し、地価が上昇するに従って地代の利率は極めて低くなることとなる。例では、田の標準小作料から算定を行ったが、施設園芸栽培の実際の賃貸事

例に係る地代水準から分析しても、ほぼ同様の結果となる。
　この結果、現実の農地市場では、地価に対応した一定の利率では地代と地価との関係は成立せず、「(ア) 一般的な理論による農地と地代と地価との関係」である $P_0 = \frac{r}{i}$ のみをもって説明することは、「宅地化要因部分」を有する近代農地にはできないこととなる。

第2章 農地の価格形成要因

標準小作料の改定状況一覧表（平成16年度）

（注）田畑は登記簿上の地目と必ずしも一致しない。

①徳島県

市町村名	田畑	農地区分	主作物名	参考小作料	標準小作料 改定後A	標準小作料 改定前B	A－B	公示年月日	備考
徳島市	田	南部	水稲		15,000	17,000	-2,000	H16.1.26	
	田	西部	水稲		21,000	23,000	-2,000		
	田	北部	水稲		18,000	20,000	-2,000		
	畑	全域	カンショ		37,000	37,000	0		
	畑	全域	ハウスイチゴ	○	82,000	82,000	0		
鳴門市	田	全域	水稲		18,000	20,000	-2,000	H12.3.27	
	田	全域	レンコン		50,000	50,000	0		
	畑	全域	カンショ		40,000	40,000	0		
小松島市	田	上	水稲		16,000	17,000	-1,000	H17.2.7	
	田	中	水稲		14,000	15,000	-1,000		
阿南市	田	A	水稲		19,000	21,000	-2,000	H14.2.28	
	田	B	水稲		14,000	15,000	-1,000		
	田	C	水稲		11,000	12,000	-1,000		
	畑	全域	野菜		5,100	5,500	-400		
	畑	全域	促成イチゴ	○	80,000	80,000	0		
	畑	全域	洋ニンジン	○	20,000	20,000	0		
勝浦町	田	上	水稲		20,000	23,000	-3,000	H8.3.28	
	田	普通田	水稲		17,000	19,000	-2,000		
	畑	樹園地 全域	ミカン		20,000	20,000	0		
上勝町	田	上田	水稲		10,000	15,000	-5,000	H8.3.30	
	田	普通田	水稲		8,000	12,000	-4,000		
佐那河内村	田	全域	水稲		20,000	22,000	-2,000	H8.3.27	
	畑	全域	施設イチゴ		72,000	－	－		
	畑	全域	施設ネギ	○	55,000	－	－		
石井町	田	上	水稲		22,000	25,000	-3,000	H8.3.26	
	田	中	水稲		17,000	21,000	-4,000		
	畑	全域	野菜(ゴボウ)		20,000	23,000	-3,000		
神山町	田	上	水稲		20,000	23,000	-3,000	H8.3.25	
	田	中	水稲		17,000	19,000	-2,000		
	田	下	水稲		14,000	15,000	-1,000		
那賀川町	田	ほ場整備済地	水稲		18,000	－	－	H8.3.29	
	田	ほ場整備未済地	水稲		15,000	－	－		
羽ノ浦町	田	全域	水稲		15,000	15,000	0	H8.3.28	
那賀町 (旧鷲敷町)	田	ほ場整備済地	水稲		12,000	13,000	-1,000	H8.3.29	
	田	ほ場整備未済	水稲		10,000	11,000	-1,000		
	畑	全域	タバコ	○	28,000	28,000	0		
	畑	全域	ハウスイチゴ	○	80,000	80,000	0		
那賀町 (旧相生町)	田	A(区画整理田)	水稲		12,000	12,000	0	H8.3.28	
	田	B(延野)	水稲		10,000	10,000	0		
	田	C(桂・日真谷～般若)	水稲		9,000	9,000	0		
	畑	全域	タバコ	○	28,000	28,000	0		
那賀町 (旧上那賀町)	田	全域	水稲		11,000	12,000	-1,000	H8.2.28	
那賀町 (旧木沢村)	田	全域	水稲		11,000	12,000	-1,000	H8.3.15	
那賀町 (旧木頭村)	田	全域	水稲		11,000	12,000	-1,000	H8.3.19	

（10a 当たり）

②高知県

区分	市町村	田 A(上)	田 B	田 C(中)	田 D	畑 B(下)	畑 上(サ+サ)	畑 中(サ+サ)	畑 下(サ+サ)	施設園芸 キュウリ	施設園芸 ナス	施設園芸 ピーマン	参考小作料 オクラ(ハウス)	参考小作料 施設園芸(A)	参考小作料 施設園芸(B)	葉タバコ	早期甘藷	ニラ	生姜	イ草	イチゴ	花卉	ラッキョウ	裏作	改定公告
市部	高知市	20,000	12,000	6,000																					H17.3.15
	室戸市	13,000	11,000	8,000							70,000	70,000													H17.2.16
	安芸市	20,000	15,000	10,000							81,000				41,000										H16.3.31
	南国市	26,000	21,000	14,000																						10年度
	土佐市	15,000	10,000	8,000																						H16.3.27
	須崎市	15,000	12,000	5,000						100,000															H14.2.28
	宿毛市	30,000	20,000	11,000										75,000		55,000				58,000	68,000				19年度
	土佐清水市	17,000	14,000	11,000							60,000					38,000				37,000			3,000		7年度
	四万十市	22,000	12,000	10,000			30,000		22,000																10年度
安芸郡	東洋町	12,000	11,000	10,000	7,000	5,000					70,000	70,000													10年度
	奈半利町	20,000	19,000	14,000	10,000						67,000														
	田野町	20,000	18,000	13,000										50,000	80,000										H14.2.8
	安田町	19,000	15,000	9,000	8,000									90,080	72,500	50,000									H14.3.26
	北川村	10,000	5,000																						H14.3.1
	馬路村	10,000	7,000	4,000																					7年度
	芸西村	32,000	16,000	8,000							96,000	96,000													7年度
香美郡	赤岡町	26,000	24,000																						7年度
	香我美町	25,000	20,000	10,000											40,000		40,000								11年度
	土佐山田町	25,000	23,000	16,000									45,000												
	野市町	15,000	12,000	7,000												26,000	52,000								H16.3.1
	夜須町	20,000	15,000	5,000																					H15.3.25
	香北町	18,000	15,000	10,000																					7年度
	吉川村	28,000	22,000																						
	物部村	14,000	11,000	8,000																					10年度
長岡郡	本山町	16,000	10,000	10,000																					H16.3.31
	大豊町	18,000	13,000	9,000																					7年度
土佐郡	土佐町	18,000	13,000	9,000																					7年度
	大川村	11,000	7,000	4,000																					H16.3.30
	いの町(旧本川村)		12,000																						7年度
吾川郡	いの町(旧伊野町)	19,000	16,000	15,000	12,000																				11年度
	池川町					(茶→)	35,000	25,000	15,000																14年度
	春野町	20,000	15,000	10,000							95,000	95,000													
	吾川村	14,000	10,000																						7年度
	いの町(旧吾北村)	15,000	10,000	8,000																					
高岡郡	中土佐町	22,000	16,000	12,000	7,000	1,000																			7年度
	佐川町	20,000	10,000	5,000										50,000			39,000	50,000		75,000					
	越知町	16,000	9,000	3,000																					11年度
	葉山町	21,000	15,000	7,000																					H14.2.27
	檮原町	19,000	16,000	11,000																					19年度
	大野見村	20,000	13,000	6,000																					H17.3.30
	窪川町(旧窪川町)	16,000	10,000	5,000																					
	窪川町(旧大山町)	21,000	17,000	7,000														生姜A,B 55,000	43,000	黒軍A,B 36,000	16,000				H17.3.30
	仁淀村	11,000	7,000	4,000																					
	日高村	15,500	10,500	5,500																					H17.3.2
幡多郡	佐賀町	18,000	11,000	8,000																					7年度
	大正町	12,000	7,000	1,000																					14年度
	大方町	16,000	14,000	12,000							70,000				56,000					36,000	20,000				H16.3.8
	大月町	20,000	15,000	8,000											50,000										7年度
	十和村	15,000	11,000	6,000																					H16.3.30
	西土佐村	19,000	17,000	15,000			14,000	12,000	9,000																H14.6.27
	三原村	15,000	11,000	7,500																					11年度

（5）地価と地代との変化の態様

現況農地が宅地に転換する過程における地代と地価との変化の態様を図示すれば、次のとおりである。

第2章　農地の価格形成要因

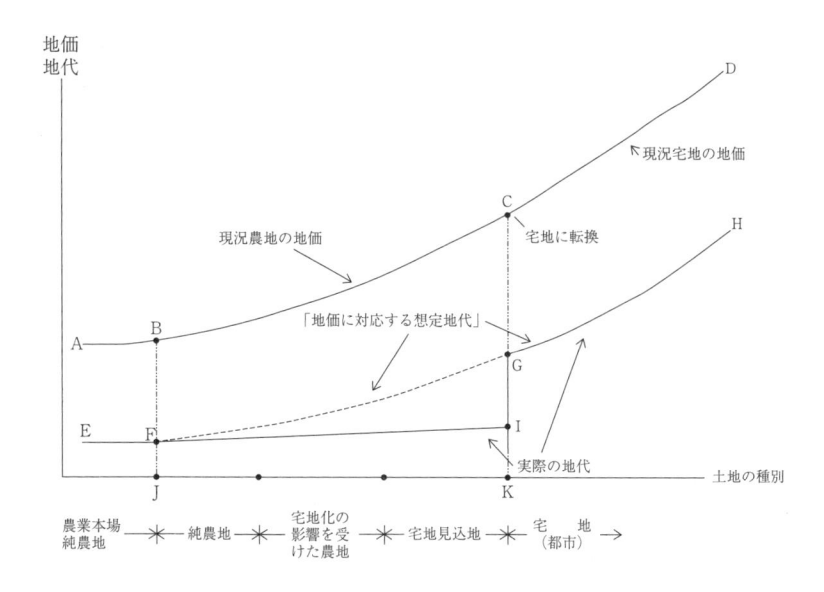

（図：縦軸「地価 地代」、横軸「土地の種別」。AD曲線は「現況農地の地価」（C、D間は「現況宅地の地価」）を表し、Cで「宅地に転換」。破線は「地価に対応する想定地代」。EFIGH線は「実際の地代」。横軸区分：農業本場純農地、純農地、宅地化の影響を受けた農地、宅地見込地、宅地（都市）。点：A、B、C、D、E、F、G、H、I、J、K）

　AD線は、現況農地（C、D間は現況宅地となる）の地価の推移を表したものであり、地価は、図のように都市に近づくにつれて上昇するものとする。次に、EFIGH線は実際の地代とする。地域については、K地点において農地から宅地に用途が転換されるものとするが、解説を容易にするために、K地点で本来必要とされる造成費等は考慮しないものとする。E、F、G、Hで結ばれる点線及び実線は、「（ア）一般的な理論による農地の地代と地価との関係」で述べた $P_0 = \dfrac{r}{i}$（注1）に対応する地代であり、かつ、AD線の地価に対して一定の利率を仮定した場合に得られると想定される地代（以下「地価に対応する想定地代」という。）とする。

　前図EFGH線が示すように「地価に対応する想定地代」は、都市に近づくほど地価の上昇に伴って一定の割合で上昇する。

　これに対して、実際の地代は、価格形成要因が「収益性部分」のみである農業本場純農地では、農地の地価に対応して地代が決定されることから、AB線とEF線に示すとおり一定割合をもって若干上昇する。しかし、「宅地化要因部分」が発生する農業本場純農地と純農地との境で

あるJ地点からは、地価の上昇にほとんど影響を受けることなくFからIへと推移することとなる。そして、K地点において用途が農地から宅地へと転換されることにより、再び地価に対して一定割合をもって得られるGへと移行することとなる。

つまり、「地価に対応する想定地代」と実際の地代とが一致するのは、価格形成要因が「収益性部分」のみである農業本場純農地EF間及び用途が農地から宅地へと転換されるK地点以降の宅地地域内農地GH間のみであり、「宅地化要因部分」の発生するJ地点から宅地に転換されるK地点までの間では、現況農地の地代と地価との間に$P_0 = \frac{r}{i}$の関係は成立しないということとなる。

(注1) $P_0 = \frac{r}{i}$は、iがいくら小さくても計算上は成立するが、通常ではiは市場金利と一定のバランスを有し、他の用途（例えば宅地）を前提とした場合の利率とも一定のバランスを有している。また、同一の用途である各農地間では大きく異なることはない。

(注2) ここで述べる宅地は、第3節1（2）で述べた都市部における商業地のように、「地価に対応する想定地代」と地価とにおける$P_0 = \frac{r}{i}$の関係が成立するものとする。

2 フォン・チューネンによる差額地代論と実際の地代

各農地間における地代の差が発生する原因を説明するものとして、フォン・チューネンによる「差額地代論」があるが、これについて検討するものとする。

（1）差額地代論の意義

農地における地代の差は、土地の肥沃度の差による収穫量の差額と市場への輸送費の差額の和によって説明される（図3）。作物の生産費用をOCとし、輸送費が市場までの距離とともに増加すると仮定すると、総費用は直線CC´で表される。作物の市場価格をORとすると、市場からOdの距離にある農地の作物による収益はrbであり、これがこの農地の地代として支払うことのできる最大額である。市場からONの距離にある土地Nでは付け値地代は0となり、ここがこの作物生産の限界地であり、このN以遠の土地はこの作物にとって価値がない。限界地より市場により近い地点では輸送費の減少に等しいだけの地代を付けることができる。

この理論を差額地代論といい、19世紀にフォン・チューネンによって確立された。作物によって、輸送費と市場価格が異なるから、作物ごとに輸送費に対して異なる付け値地代曲線がある。1地点では最高付け値地代を付ける作物が生産されることになるから、市場を中心として等輸送費を描く環状に作物分布が生じる。これをチューネン環という。

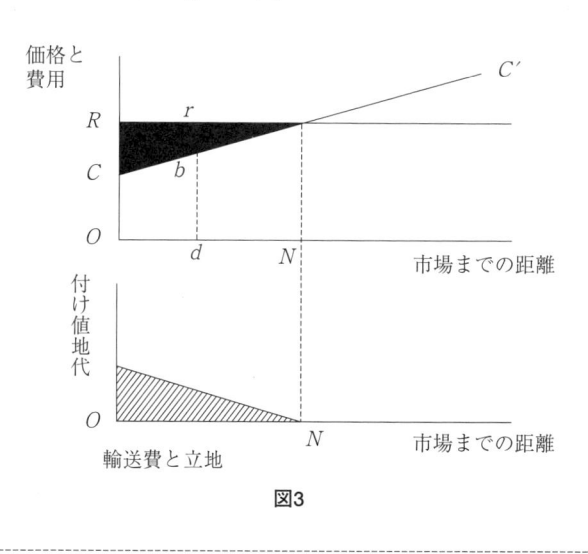

図3

（不動産学事典：社団法人日本不動産学会「編」）

(2) 差額地代論の問題点

フォン・チューネンによる差額地代論は、土地の肥沃度の差による収穫量の差額と農作物を市場に運ぶための輸送費の差額との和により、各農地間における地代の格差を説明している。

しかし、近代の農地は、次に述べるように、昔と比べてかなり事情が変化してきている。

ア 輸送費の差額

通常、農作物は、耕うん-整地-播種-施肥-農薬散布-除草-収穫-製品化-運搬という過程を経て生産され、市場で売却することにより収益を生むこととなるが、その過程においては、それぞれの材料、作業等に応じた費用が必要である。この中で農作物の輸送費とは、製品化された農作物を市場まで運ぶための費用のことである。

フォン・チューネンにより差額地代論が確立された時代には、交通網が整備されていなかったこと及び輸送手段の発達が遅れていたことにより、費用の中で農作物の運搬費の占める割合は大きかった。また、輸送に当たってもかなりの時間を必要としたため、栽培作物としては長期保存が可能なジャガイモ、トウモロコシ、小麦等が主であったが、これらの農作物は、比較的単価が低い割に輸送費が高かった。

しかし、近年における農作物の生産に係る費用の中で輸送費の占める割合は、交通網の発達及び輸送手段の向上により、相対的に小さくなってきている。

イ 土地の肥沃度による差

土地の肥沃度による差は、栽培される農作物の種類に制限を与えるほか、品質、生産量等にも大きく影響を与える。特に、フォン・チューネンにより差額地代論が確立された時代には、肥料、農薬等の開発が今程発達していなかった為、各農地間の土地の肥沃度による農作物の生産量の格差は大きかった。しかし、近年では、肥料、農薬等の品質が向上し

たことにより各農地間の収穫量はかなりの種類の農作物で平均化され、各農地間における肥沃度に係る農業収入の格差は、従来と比べ小さくなってきている。

ウ　生産費（特に労働費）の格差

　農作物の生産に当たって必要となる支出の中で占める割合が大きい要因として、労働費（自家労働費も含む）が挙げられる。一般的に、労働賃金は都市に近いほど高く、都市から離れるに従って低くなっており、高知県を例に見ても、高知市と郡部とでは10～20％程度の開差がある。

　農作物の生産に係る労働賃金も同様であり、各地点における農地の純収益にそれぞれ影響を与えるが、差額地代論では、この点による考慮がなされていない。第1節2（2）ア農業収益算定表で表しているように、総支出の中で労働費の占める割合は約32％であり、実際の純収益には、労働賃金の高低が大きく影響を与えている。このように労働費から分析すれば、農地としての収益性は、必ずしも都市に近い方が高いとはいえないこともある。

エ　近代の地代と差額地代論

　フォン・チューネンが差額地代論を確立した時代では、農作物の生産に係る費用の中で農作物の輸送費が占める割合は大きく、また、各農地間で土地の肥沃度の差も大きかったことから、市場における地代形成の基礎をこれら2つの要因を以て説明することは実態に適合したものであったといえよう。

　しかし、上記で述べたとおり、近代では農作物の輸送費は農作物の生産に係る費用に占める割合がその時代と比べて極めて小さくなっており、かつ、各農地間における土地の肥沃度の差も小さくなっている。また、その一方では、労働賃金の高低の影響が相対的に大きくなっている。このようなことから、フォン・チューネンの差額地代論によって近代の農地の市場における地代の形成を説明するのは、必ずしも十分とは

いえない状態となっている。

3 「地価に対応する想定地代」と地価とにおける $P_o=\frac{r}{i}$ の関係及び差額地代論

(1) 農地の価格形成要因から見た「地価に対応する想定地代」と地価とにおける $P_o=\frac{r}{i}$ の関係

既に述べたように、地代と地価との間には、一般的に「地価に対応する想定地代」と地価とにおける $P_o=\frac{r}{i}$ の関係が成立することから、農地の地代と地価もそれぞれを反映して決定されるべきである。

これを近代農地について考えてみよう。近代農地の地価は、農地の価格形成要因から見れば、農業本場純農地と一部の純農地を除くほとんどの農地で「収益性部分」、「収益の未達成部分」及び「宅地化要因部分」が反映されて決定されているのであるから、概念的には農地の地代も、これらの価格形成要因のすべてに対応して決定されるべきである。

しかし、実際の農地の地代は、農地の価格形成要因のうちの一つである「収益性部分」のみを反映して決定されている。

したがって、「1 地代と地価との関係」で述べたように、「宅地化要因部分」を有する地域では、農地の地代は地価との密接な関係を有さず、特に「宅地化要因部分」が大きく占める都市近郊の宅地見込地等では、農地の地代と地価とは、一方の変動に対してもう一方が影響を受けることはほとんどない。

また、実際の農地の地代を差額地代論によって説明しようとしても、結局は、本書で述べた農地の価格形成要因の中の「収益性部分」についてのみを分析しているにすぎない。

すなわち、差額地代論によって「宅地化要因部分」を有する農地の地代を説明しようとすれば、「地価に対応する想定地代」と地価との関係である $P_o=\frac{r}{i}$ が成立しないこととなる。

(2) 近代農地における地代と地価との関係

　以上のことから、近代農地における地価と地代との間には、次のような関係が得られる。

　近年における各農地の地価は、各農地間の「収益性部分」に大きな開差が見られないため、主として「宅地化要因部分」の強弱により影響を受け、「宅地化要因部分」の占める割合が大きくなる場合は高くなり、小さくなる場合は低くなる。

　これに対して、実際の地代は「収益性部分」のみが反映されて形成されているが、近代農地では各農地間の「収益性部分」には大きな開差が見られないため、各地域における実際の地代に大きな格差は生じない。

　これを本書で区分している各農地ごとに当てはめてみると、農業本場純農地及び純農地の一部では、農地の価格形成要因の中で「収益性部分」の占める割合が全部又はほとんどであることから、地代の地価に対する利率は、各農地間及び市場金利とも均衡し、「地価に対応する想定地代」と地価とにおける $P_0 = \frac{r}{i}$ の関係が成立する。

　しかし、宅地化の影響を強く受けた農地、宅地見込地等では農地の価格形成要因の中に「宅地化要因部分」が発生するため、「収益性部分」の占める割合が相対的に小さくなり、地代の地価に対する利率は極めて小さくなる。

　このため、市場金利と農地の実際の地代の利率とは大幅に乖離し、「地価に対応する想定地代」と地価とにおける $P_0 = \frac{r}{i}$ の関係が、「宅地化要因部分」を有する近代農地では成立しないこととなる。

　これは、農地の実際の地代には「宅地化要因部分」が反映されないことによるものであり、逆にいえば、「宅地化要因部分」は地代とは無関係に形成されるものであることを意味している。

　したがって、「宅地化要因部分」を t とすれば、近代農地の地価と地代とには、次の算式が成り立つこととなる。

　$P_0 = \frac{r}{i} + t$

　このように、近代農地の地代と地価との関係は、「収益性部分 $\left(\frac{r}{i}\right)$」

と「宅地化要因部分（t）」とによって説明される。

（3）「地価に対応する想定地代」と地価とにおける $P_o = \frac{r}{i}$ の関係及び差額地代論が整合する農地

　以上で述べた事項を総合的に分析すれば、「地価に対応する想定地代」と地価とにおける $P_o = \frac{r}{i}$ の関係において、フォン・チューネンによる差額地代論[注1]がある程度の整合性を有する農地の種類は、かなり限定される。

　すなわち、差額地代論が「地価に対応する想定地代」と地価との関係においてある程度の整合性が認められるケースとしては、農地の価格形成要因が「収益性部分」のみによって形成され、かつ、支出の中で運搬費の占める割合が大きい農地のみである。これは、本書における農地の区分のうちで、一部の農業本場純農地に限られることとなる。

　これらを実際の地域に当てはめてみると、農業本場純農地の中でも農作物の収入に対する輸送費の占める割合が比較的大きくなる[注2]アメリカ、オーストラリア、ブラジル等の穀草地帯、また、日本では北海道、東北地方の一部に見られる農地等が挙げられる。しかし、その他日本で多く見られる農地、世界でも都市に比較的近接する農地等のように、本書で述べている「宅地化要因部分」を有する農地は該当しないこととなる。

(注1)　前記2（2）「差額地代論の問題点」で述べたように、フォン・チューネンによる差額地代論では、近代農地における地代の形成要因の一部について整合性を有しないからである。

(注2)　農業本場純農地の中でも、消費市場との距離が比較的短く、農作物の収入に対する輸送費の占める割合が少ない農地は該当しない。

第4節　農地価格と経済政策

　近代農地は、「宅地化要因部分」が価格形成要因の中に占める割合が大きく、現況農地の取引市場においても、この「宅地化要因部分」の大小により地価の格差が発生していることが通常である。このような価格形成要因の分析の結果は、経済政策に応用することが可能である。
　これまでの理論をもとに、経済政策について考察してみよう。

1　農業を推進するための政策

　近年社会問題となっている日本の農業の衰退は、他の類似する労働者の所得と比較して、農家の所得が相対的に低下していることが大きな原因の一つとなっている。これは、輸入されている外国産の農作物との価格競争によるものであるが、日本で生産される農作物の価格が、諸外国からの輸入農作物と比べ、輸送費を加えても相対的に高いためである。その原因としては、主に日本と輸入対象となる諸外国との労働賃金の格差及び経営規模の違いに基づく生産費の格差が挙げられる(注)。このため、農業推進政策を行うには、このような原因を改善することが必要である。
　この中で、経営規模の違いに基づく生産費の格差を改善するためには、農業経営規模の拡大が挙げられる。このためには、諸外国と比べ地価水準の高い農地の地価の下落誘導が必要であると考えられるが、これには公法規制の強化に基づく「宅地化要因部分」の抑制が有効な方法であると考えられる。
　公法規制が「宅地化要因部分」に影響を及ぼす例として、市街地に近

接する河川区域内農地と河川区域外農地との地価水準の格差が挙げられる。河川法第6条3号によると、河川区域に指定された土地では宅地開発等を行うことができず、土地の実際の利用方法としては、農地を耕作する程度に限定される。このため、河川区域内の現況農地の市場での取引価格は、河川区域外で災害の危険性等が同程度の農地であっても、河川区域外の取引価格と比べて10％～30％程度低く推移するケースが多く見られる。この原因は、「宅地化要因部分」が河川法の規制により厳しく抑制されているからである。

　したがって、農地の地価を下落誘導して農業経営規模を拡大させる農業政策としては、公法規制により農地から宅地への転用を極めて困難にする等の「宅地化要因部分」を抑制することが有効的である。具体的には、都市計画法に規定される市街化調整区域の開発行為に係る制限をより厳しくすること、農業振興地域の整備に関する法律に基づく農用地区域を拡大すること及びその開発行為に係る制限を更に強化すること、農地法に基づく農地転用許可を厳しくすること等で可能となる。

　このような公法規制の強化によって近代農地の価格形成要因の中に大きく占める「宅地化要因部分」を減少させることにより、農地の地価の下落誘導とこれに伴う農業経営規模の拡大による農業の推進は、ある程度は可能となるであろう。

　　（注）農業経営は、農機具、運搬車両、倉庫、作業場等の減価償却費が一定であることから、一般的に規模が大きくなるほど、農業収益の中に生産費が占める割合は低くなる傾向を有している。

2　宅地の供給を促進させる政策

　日本の宅地（特に住宅地）の地価は、諸外国と比べ高水準にある。これは、人口密度に対する宅地の供給量が少ないことが大きな原因の一つとなっている。したがって、地価水準を長期的かつ安定的な低水準に誘

導するためには、市街化区域内農地を積極的に宅地に転用し、供給量を増加させることが必要である。この方法としては、相続税法、地方税法等の改正による政策により可能であると考えられる。

　既に述べたように、市街地及びその周辺部における農業経営は、農地の「地価に対応する想定地代」に該当する帰属地代を得ている場合が少なく、また、自家労働費(注1)も十分に確保できていないことが多い。

　しかし、耕作をやめ農業を廃止すれば、固定資産税、相続税等が大幅に増加することが一般的であるため、これらを反映して農業を継続している場合が多く、この要因が宅地の供給を阻害する大きな原因となっている。

　このため、市街地及びその周辺に存する農地の相続税の納税猶予を廃止したり、固定資産税(注2)を宅地と同様の評価方法により課税を行えば、農地の所有者にとっては固定資産税及び相続税が農業収入よりも大幅に高くなることから、地価水準の高い市街地における農地は、農業経営を行うことによる経済的合理性が失われる。すなわち、農地として耕作し農作物を生産するよりも、農地を転用し、アパート、貸駐車場、定期借地権による宅地等に利用し地代（賃料）を得る方が経済合理性を有するため、農地から宅地等への用途の転換が促進されることとなる。

　この結果、都市及びその周辺部における宅地の供給は総量的に促進され、宅地の地価水準を下落誘導することが、ある程度は可能となる。

（注1）自家労働費は、一般的に周辺における農業従事者又は類似する労働者との賃金と均衡するが、都市部に近づくほど労働の賃金は高くなるのに対し、農地の収入自体はそれに対応して増加しないため、自家労働費が十分確保できない場合が多い。

（注2）固定資産税は、市街化区域内農地であれば、同じ固定資産評価額を有する宅地と比較して格段に低い。さらに、一般農地については、農地の収益力のみに着目して課税しているため、評価額が極めて低く、高知県内でも1㎡当たり50円～170円程度となっている。

第3章

価格形成要因の詳細な分析

第2章で述べたように、近代農地の価格形成要因は、「収益性部分」、「収益の未達成部分」及び「宅地化要因部分」に区分され、それぞれが相互に関連しながら農地の価格を形成しており、農業本場純農地～宅地地域内農地の価格は、それぞれが存する地域で形成されるこれらの価格形成要因の割合によって決定される。このため、本章では、これらの各地域の価格形成要因を詳細に分析したうえで、農地の鑑定評価に際して指針となる土地価格比準表を作成するものとする。

第1節　宅地化の影響を受けた農地の価格形成要因

　各農地の中でも都市近郊及び外延部で最も多く見られる農地が、宅地化の影響を受けた農地である。
　したがって、本節では宅地化の影響を受けた農地について、それらの価格形成要因が具体的に市場価格にどのように影響を与えるのかをまず分析するものとする。本節で分析する宅地化の影響を受けた農地とは、「現況農地の価格構造図」におけるE^4地点とする。

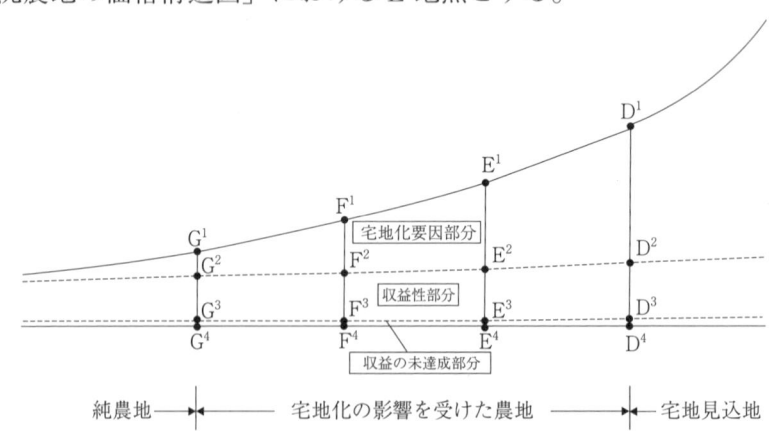

第3章　価格形成要因の詳細な分析

1　価格形成要因の概要

　宅地化の影響を受けた農地の価格形成要因は、「収益性部分」、「収益の未達成部分」及び「宅地化要因部分」に区分されるが、このうち「収益の未達成部分」については、各地域間及び各農地間での格差が少ないため、「収益性部分」のうち「その他」の項目の中に細項目を作成して述べるものとする。

（1）「収益性部分」及び「収益の未達成部分」

　「収益性部分」及び「収益の未達成部分」は、農作物の生産手段として農地が有する固有の価格形成要因であり、一般的には次のように区分される。

ア　交通・接近条件

　農地の交通・接近条件としては、最寄集落から農地までの距離が重要であり、耕作者が農地へ通う場合の利便性及び費用性に影響を与える。また、交通・接近条件には、この他に農道の状態があり、幅員によってはトラクター等の耕作手段及び軽トラック等の輸送手段の往来を制限することとなり、価格形成要因に影響を与えている。

イ　自然的条件

　自然的条件は、主として農作物の種類、生産量、品質等に影響を与える要因であり、日照の良否、土壌の良否、かんがい及び排水の状態、災害の危険性等が挙げられ、農地の収益性に影響を与える重要な要因である。

ウ　画地条件

　農地は、一般的に地積の大きい画地は農業生産性が高く、地積の小さい画地は農業生産性が低くなる。これは、耕作を行うに当たっての作業

効率に影響を与えるからであり、地積の大小は、価格形成要因に影響を与えている。また、形状が劣れば、同様に作業効率に影響を与えることとなり、減価が発生する。

エ　その他の条件

　農地の収益力に影響を与えるその他の要因としては、農地の保守管理の状態、用途の多様性等が挙げられる。また、行政上の規制が農地の収益性に影響を及ぼす場合についても、同様に考慮すべきである。

(2)「宅地化要因部分」

　都市近郊に存する農地は、都市計画法に規定される市街化調整区域、農業振興地域の整備に関する法律における農用地区域等に指定されていても、農地の取引市場では、将来における宅地化の期待性、可能性等を加味して取り引きされる。

ア　将来における宅地化の期待性、可能性等

　地方都市の周辺部に存する農地は、公法上で市街化調整区域内に存し、かつ、農用地区域の指定を受けていても、20年、30年という長い期間で分析すれば、当該農地の存する近隣地域を含む広域的な地域において徐々に宅地化が進み、農地地域から宅地見込地地域への地域要因の変化が認められる。また、市街化の進行が停止又は後退している状況にあっても、宅地化の影響は受けている（第1章第2節3(1)「宅地化の影響」参照）。

　したがって、不動産市場における農地の価格は、このような将来における宅地化の期待性、可能性等を含んで価格が形成されているのが通常である。

　また、地方都市に近接する農地では、公共事業に伴う道路の新設、都市計画法第29条により認められる病院、学校等の公益施設の建設等も期待されるため、このような公共投資による地域要因の向上の期待性、可

能性等も加味して価格が形成されている。

イ　市街地への接近性

　宅地化の影響を受けた農地では、同一の近隣地域内に存する各画地であっても、「宅地化要因部分」は市街地に接近するに従って大きくなり、離れるに従って小さくなる。また、近隣地域内又は隣接する地域に公共施設等が存する場合も同様に、これらの施設に接近するほど大きくなり、離れるに従って小さくなる。

　このように、宅地化の影響を受けた農地では、近隣地域及び周辺地域における宅地化を助長する要因によって価格形成要因も異なってくる。

ウ　その他

　農地における接面道路との高低差は、水害の危険性、農機具等の搬入、日照の良否等に影響を与えない限り価格形成に影響を与えないが、将来における宅地化の期待性、可能性等から見れば、接面道路より低い画地では減価が発生することとなる。

　また、宅地化の影響を受けた農地の価格は、多種類の農作物の生産による収益性に支えられ形成されているため、長期的に分析すると、資産としては比較的安全性に富んでいる。

2　想定する近隣地域の概要

　価格形成要因の分析に当たっては、具体的かつ詳細に行うことが必要であるから、宅地化の影響を受けた農地地域を具体的に想定するものとする。

（1）想定する近隣地域

　本節で想定する近隣地域は、地方都市の中心部から15km程度離れ、周辺は既存の農家住宅が点在する他はほとんどが田として利用されてい

る地域である。公法上は、市街化調整区域内に存し、かつ、農用地区域の指定を受けている。
　想定する地域の写真及び図面を例示すれば、次のとおりである。

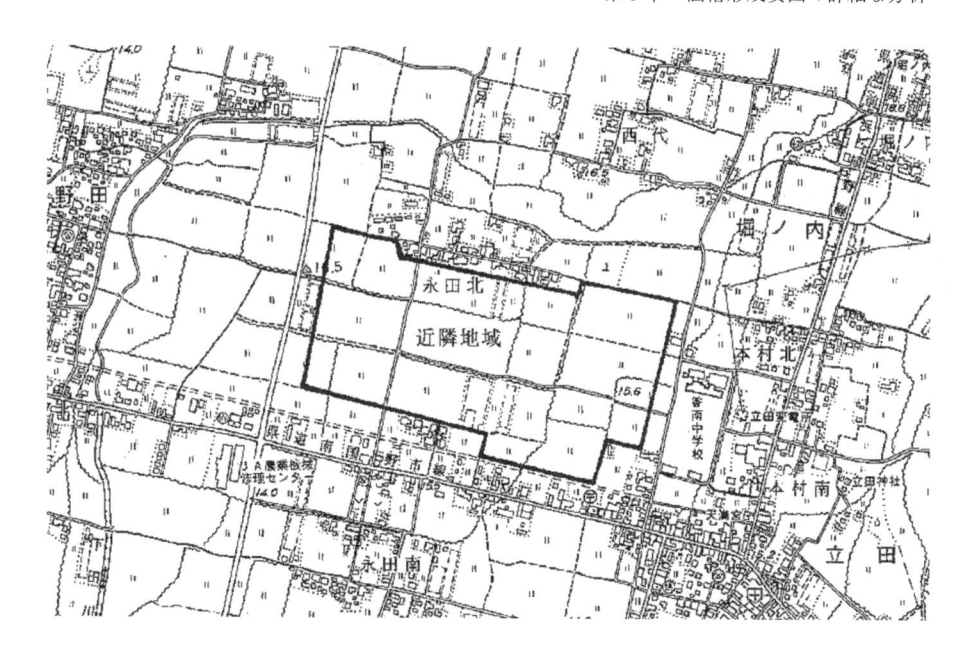

（2）標準的使用

　近隣地域内では地積1200㎡〜2000㎡程度の中規模な田が多く見られることから、標準的使用は、地積1500㎡程度の整形な田とする。
　価格水準については、近隣地域及びその周辺部の農地が１㎡当たり4,000円〜10,000円程度で推移していることから、近隣地域における標準画地の価格を１㎡当たり5,000円と想定するものとする。

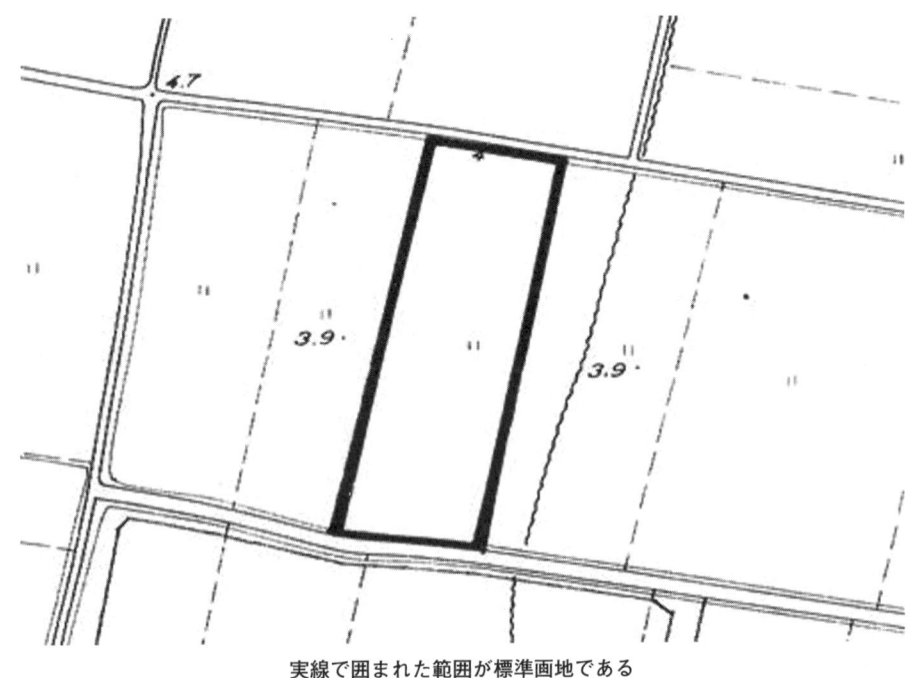

実線で囲まれた範囲が標準画地である

(3) 近隣地域における価格形成要因の特徴

　近隣地域の価格形成要因の特徴としては、宅地化の影響を受けているため、価格形成要因のうち「宅地化要因部分」に係る各画地間の格差は比較的大きい。しかしながら、この「宅地化要因部分」については、地域が市街化調整区域及び農用地区域の指定を受けているため、当面は開発の可能性はなく、現実にはほとんどが田地として利用されていることから、表面上には現れにくい。
　「収益性部分」のうち農業収入に影響を与える自然的条件については、農地の価格形成要因の中で「収益性部分」の占める割合が比較的少ないため、純農地と比較すれば、格差はやや小さい等の特徴が挙げられる。

（4）価格形成要因の区分

　鑑定評価上の価格形成要因は、一般的に地域要因及び個別的要因に区分される。

　不動産鑑定評価基準によると、地域要因とは、「一般的要因の相関結合によって規模、構成の内容、機能等にわたる各地域の特性を形成し、その地域に属する不動産の価格の形成に全般的な影響を与える要因をいう」と定められている。

　また、個別的要因とは、「不動産に個別性を生じさせ、その価格を個別的に形成する要因をいう」と定められている。

　地域要因及び個別的要因は、農地の価格形成要因を不動産鑑定評価上の観点から区分したものであるが、交通・接近条件の一つである農道の状態、自然的条件の一つである土壌の状態等多くの価格形成要因については、地域要因及び個別的要因が共通しているため、同一の項目の中で述べるものとする。

　宅地化の影響を受けた農地（現況田）の価格形成要因について細分化し表示すれば、次のとおりである。

宅地化の影響を受けた農地（現況田）の価格形成要因の細項目

項　目		細　項　目
「収益性部分」に係る価格形成要因	交通・接近条件	農道の幅員の状態
		農道の舗装の状態
		集落との接近性
		集出荷地との接近性
		集出荷地と市場との接近性
	自然的条件	日照の良否
		土壌の良否
		かんがいの良否
		排水の良否
		水害の危険性
		その他の災害の危険性
		保水の良否
		礫の多少
		傾斜の方向
		傾斜の角度
	画地条件	地積
		形状
		障害物による障害度
		有効耕作面積
	その他	保守管理の状態
		現況での利用状態
		用途の多様性等
		その他
「宅地化要因部分」に係る価格形成要因	宅地化条件	道路幅員加算
		市街地への接近の程度
		宅地地域転換後に予測される環境条件
		周辺地の利用状況
		高低差等
		行政上の規制の程度
		その他

3　交通・接近条件

　本項における交通・接近条件とは、農業経営に影響を与える接近性等の利便性をいう。したがって、将来的に宅地化される可能性による道路幅員等の要因は、宅地化の影響の項目に区分して分析するものとする。

(1) 農道の幅員の状態

　交通・接近条件のうち農道の幅員を農業経営の面から分析すれば、トラクター等の農機具及び軽トラック等の運搬手段の通行が可能であるか

否か等の利便性に左右される。このため、農地としての収益性の面から見た農道の幅員の格差は、農機具及び運搬手段の通行が可能な幅員である限り、比較的小さい。

　しかし、本例は宅地化の影響を受けた農地地域であり、市場では将来の宅地転用における街路条件も視野に入れて取り引きされるため、農道の幅員等の格差率は高くなる傾向がある。ただし、この要因については、評価上、農道の状態で格差を反映すべきではなく、宅地化の影響の中の道路幅員加算として考慮するものとする。

　したがって、本項では、農地としての収益性の面から見た場合のみに係る格差率を表示するものとする。

　また、農道とは通作に利用される道路の意味であり、国道、県道、市町村道等であっても、通作に利用されるという意味において、本項では農道として取り扱うものとする。

　なお、本例における農道の幅員に基づく格差率は、地域要因及び個別的要因のいずれにおいても同じである。

農機具及び運搬手段の通行が困難な1m未舗装農道である

条件	項目	細項目	格差の内訳							
交通・接近条件	農道の状態	幅員	対象地等＼標準画地	7m	6m	5m	4m	3m	2m	1m	0m
			7m	0	-4.0	-9.0	-13.0	-17.0	-21.0	-25.0	-29.0
			6m	5.0	0	-5.0	-9.0	-14.0	-17.0	-22.0	-25.0
			5m	10.0	5.0	0	-5.0	-10.0	-13.0	-18.0	-22.0
			4m	15.0	10.0	5.0	0	-5.0	-9.0	-14.0	-18.0
			3m	21.0	16.0	11.0	5.0	0	-4.0	-9.0	-14.0
			2m	26.0	21.0	15.0	10.0	4.0	0	-5.0	-10.0
			1m	34.0	28.0	22.0	16.0	10.0	6.0	0	-5.0
			0m	40.0	34.0	28.0	22.0	16.0	11.0	5.0	0
			備考								
			接面する街路の幅員による格差率については、上記により分類し比較を行う。この場合においては、以下の点に留意すべきとなる。①水路及び法地は原則として含まないこととし、有効利用が可能な部分のみを幅員とする。②電柱等の障害物が存する場合は、適宜に補正することができるものとする。③0mとは無道路地のことをいう。								

（2）農道の舗装の状態

　一般的に、未舗装農道は、降雨時において農道上に存する小石、塵芥等が農地へ流入することにより害を与えたり、耕作に当たって必要となる農機具及び運搬手段の通行の利便性に影響を与えるため、農業経営に影響を与えることとなる。このため、舗装の状態によっては格差が認められることとなり、以下のとおりの格差率となる。

　なお、将来的に宅地化される場合は、舗装を含む道路の構造自体を改良することが多いため、舗装の状態については、現時点では「宅地化の要因部分」にほとんど影響を与えないこととなる。また、宅地化の影響を受けた農地では、農道が舗装されていることが通常であることから、農道の舗装の状態は個別的要因に係る項目である。

幅員は2.5mであるが、未舗装で管理状態の極めて劣る農道である。このような場合は、運搬手段の通行が困難な場合もある

条件	項目	細項目	格差の内訳				
交通・接近条件	農道の状態	舗装	対象地等＼標準画地	優る	普通	やや劣る	劣る
			優る	0	-4.0	-6.0	-8.0
			普通	4.0	0	-2.0	-4.0
			やや劣る	6.0	2.0	0	-2.0
			劣る	8.0	4.0	2.0	0
			備　考				
			接面する農道の舗装の状態について、次により分類し比較を行う。 優　る　アスファルト舗装等で維持補修が良好な農道 普　通　アスファルト舗装等で維持補修が普通程度の農道 やや劣る　アスファルト舗装等で維持補修がやや劣る農道 劣　る　未舗装道路又は舗装状態の極めて劣る農道				

（3）集落との接近性

　農地の価格は、集落に接近するに従って上昇し、離れるに従って下落する。これは、耕作者の居住地と農地との距離が影響し、通作に当たっての利便性及び費用性が農地の市場価格に反映されるためである。具体的には、水田のかんがい状況や病害虫の発生状況の見回り、防除作業、収穫作業、生産物の搬出作業等を行うにおいて、集落との位置関係が費用に影響するからである。しかし、集落への接近性については、通作に当たって車を利用することが近年では通常であるため、個別的要因に影響を与えることは少ない。このため、評価の実務上も、格差率が小さくなる傾向を有している。

条件	項目	細項目	格差の内訳				
交通・接近条件	集落との接近性	集落との接近性	対象地等／標準画地	優る	やや優る	普通	やや劣る	劣る
			優　　る	0	−2.0	−4.0	−6.0	−8.0
			やや優る	2.0	0	−2.0	−4.0	−6.0
			普　　通	4.0	2.0	0	−2.0	−4.0
			やや劣る	6.0	4.0	2.0	0	−2.0
			劣　　る	8.0	6.0	4.0	2.0	0
			備　　考					
			最寄集落までの通作距離について、次により分類し比較を行う。この場合において、標準画地から最寄集落までの距離が300m以内であり、かつ、格差率が発生していないと判断される場合は、適用しないものとする。 優　　る　　標準的な画地の距離の0.4未満の画地 やや優る　　標準的な画地の距離の0.7未満の画地 普　　通　　標準的な画地の距離の0.7以上1.5未満の画地 やや劣る　　標準的な画地の距離の1.5以上の画地 劣　　る　　標準的な画地の距離の2.0以上の画地					

（4）集出荷地との接近性

　農作物は、収穫後に集出荷場に一旦集められた後市場へ出荷される

が、集出荷地との接近性とは、収穫される場所と集出荷場との距離をいう。

この項目については、近年における農作物の集出荷地が通常各地区ごとに整備されていること、また、輸送手段が軽トラック等の車輌であることから、格差が発生することが少ない。

なお、集出荷地との接近性は、地域要因及び個別的要因のいずれにも考慮される項目である。

条件	項目	細項目	格差の内訳			
交通・接近条件	集出荷地との接近性	集出荷地との接近性	対象地等 / 標準画地	優る	普通	劣る
			優　る	0	−1.5	−3.0
			普　通	1.5	0	−1.5
			劣　る	3.0	1.5	0
			備　考			
			最寄集落から集出荷地までの距離について、次により比較を行う。 優　る　集出荷地までの距離が標準画地と比べて優る地域 普　通　集出荷地までの距離が普通程度の地域 劣　る　集出荷地までの距離が標準画地と比べて劣る地域			

（5）集出荷地と消費市場との接近性

集出荷地と消費市場との接近性とは、集出荷地で集荷された農作物を消費市場まで出荷するための距離をいうものであるが、不動産鑑定評価に当たっては、採用する取引事例の距離が大きく離れることは少ないため、個別的要因で格差が発生することはなく、地域要因でのみごく僅かな格差が発生することとなる。

第３章　価格形成要因の詳細な分析

条件	項目	細項目	格差の内訳			
交通・接近条件	集出荷地と消費市場との接近性	集出荷地と消費市場との接近性	対象地等\\標準画地	優る	普通	劣る
			優　る	0	−1.0	−2.0
			普　通	1.0	0	−1.0
			劣　る	2.0	1.0	0
			備　考			
			集出荷地から消費市場までの距離について、次により比較を行う。 優　る　集出荷地から消費市場までの距離が優る地域 普　通　集出荷地から消費市場までの距離が普通程度の地域 劣　る　集出荷地から消費市場までの距離が劣る地域			

4　自然的条件

　自然的条件は、農作物の収穫高に直接影響を及ぼすほか、生産費にも影響を与え、農地としての収益性においては、重要な影響力を有している。

（１）日照の良否

　日照時間は、作物の成長に大きく影響を与える。また、トマト、キュウリ等の施設園芸栽培においては、生産費の中でも燃料費に大きく影響を与える。したがって、近隣地域内における農作物の種類、生産方法等により、日照時間が農地価格に与える影響は大きく異なるため、地域の特徴を把握したうえで比準表を作成すべきである。
　また、日照の良否は、宅地化要因についても影響を与えることとなるが、後述する「宅地地域転換後に予測される環境条件」の項目に含むものとするため、その項で分析するものとする。
　なお、日照の良否により取引価格が大きく異なると判断される場合は、個別的要因よりも地域要因として考慮すべき場合があるため、近隣地域の範囲自体を見直す必要性があることに留意すべきである。

113

手前は、山裾沿いに比べ日照等が良好なことから、施設園芸栽培が行われている

条件	項目	細項目	格差の内訳					
自然的条件	日照の状態	日照の良否	対象地等 / 標準画地	優る	やや優る	普通	やや劣る	劣る
			優　　る	0	−5.0	−9.0	−14.0	−17.0
			やや優る	5.0	0	−5.0	−10.0	−13.0
			普　　通	10.0	5.0	0	−5.0	−9.0
			やや劣る	16.0	11.0	5.0	0	−4.0
			劣　　る	21.0	15.0	10.0	4.0	0
			備　　考					
			周辺の地勢から見た総合的な日照時間について、比較を行う。 優　　る　　日照時間が長い やや優る　　日照時間がやや長い 普　　通　　日照時間が普通（１日当たり約8.5時間） やや劣る　　日照時間がやや短い 劣　　る　　日照時間が短い					

（２）土壌の良否

　土壌の性質によっては、農作物の種類が限定されるほか、保肥力、保水力等が異なり、収穫高に直接影響を与える。しかしながら、この要因については、一定の範囲にわたって同程度の性質を有することが通常であるため、個別的に影響を与える場合は少なく、むしろ地域要因として影響を与える場合が多い。なお、一般的な作土の深さは、20cm程度となっている。

条件	項目	細項目	格差の内訳					
自然的条件	土壌の状態	土壌の良否	対象地等＼標準画地	優る	やや優る	普通	やや劣る	劣る
			優　る	0	−4.5	−9.0	−13.5	−18.0
			やや優る	5.0	0	−5.0	−9.5	−14.5
			普　　通	10.0	5.0	0	−5.0	−10.0
			やや劣る	16.0	10.5	5.5	0	−5.5
			劣　る	22.0	16.5	11.0	5.5	0
			備　考					
			標準的な画地の土壌を基準として判定し、比較を行う。この場合、土性、作土の深さ等から総合的に判定するものとする。					

（３）かんがいの良否

　かんがいとは、農地に水を注いで土地を潤すことをいい、かんがいの可否により田、畑の区分がなされることとなる。このため、かんがいが可能な農地を田、かんがいが不可能な農地を畑として評価することが一般的とされている。

　かんがいの良否は、農作物の収穫高だけでなく費用性にも影響を与え、収益に直接反映されることとなるが、田地地域においては、ほとんどの画地についてかんがいが可能であり、また、必要とする水量及び時間についても、近隣地域内においてはほぼ同程度であり、格差は発生しにくい。

なお、田地地域と認定される近隣地域内に存するが、高低差等によりかんがいが不可能であることから現況で畑として利用されている画地については、「その他」の項目で格差率を求めるものとする。

田に水が注ぎこまれ、かんがいの途中の田である

第3章　価格形成要因の詳細な分析

条件	項目	細項目	格差の内訳					
自然的条件	かんがい排水の状態	かんがいの良否	対象地等＼標準画地	優る	やや優る	普通	やや劣る	劣る
			優る	0	−3.0	−5.5	−8.5	−11.5
			やや優る	3.0	0	−3.0	−6.0	−8.5
			普通	6.0	3.0	0	−3.0	−6.0
			やや劣る	9.5	6.0	3.0	0	−3.0
			劣る	13.0	9.5	6.5	3.0	0
			備考					
			標準的な画地のかんがい条件を基準として判定し、比較を行う。この場合、水量の多少、水量の調節、水温の適否、水質の良否、かんがい費の多少等から総合的に判定するものとする。					

（4）排水の良否

　排水の良否は、落水を行った後の状態で良否を判定する。排水の良否によっては、水稲等の生育に影響を与えるほか、害虫発生についても影響を与える。この要因についても、各農地に個別的に発生することは少なく、地域要因として反映されることが多い。

条件	項目	細項目	格差の内訳					
自然的条件	かんがい排水の状態	排水の良否	対象地等＼標準画地	優る	やや優る	普通	やや劣る	劣る
			優る	0	−5.0	−9.0	−14.0	−17.0
			やや優る	5.0	0	−5.0	−10.0	−13.0
			普通	10.0	5.0	0	−5.0	−9.0
			やや劣る	16.0	11.0	5.0	0	−4.0
			劣る	21.0	15.0	10.0	4.0	0
			備考					
			標準的な画地の排水の状態を基準として判定し、比較を行う。					

（5）水害の危険性

　出水時における水害の危険性は、地盤の高低差により大きく異なるため、各画地について他の農地との高低差並びに水路面及び河川面との高低差を十分に把握すべきである。

　なお、接面道路と地盤との高低差によっては、将来における宅地化についても影響を受けることとなるが、これは、宅地化の影響の中の高低差等の項目で分析するものとする。

これは近隣地域内における例ではないが、川に近づくにつれ川との高低差が少なくなり、水害の危険性が高くなることが推測される

条件	項目	細項目	格差の内訳				
自然的条件	災害の危険性	水害の危険性	対象地等 標準画地	優る	やや優る	普通	やや劣る	劣る
			普　通	20.0	10.0	0	−9.0	−17.0
			備　考					
			標準的な画地の水害の危険性を基準として判定し、比較を行う。					

(表の列構成は上記参照)

（6）その他の災害の危険性

　その他の災害としては、塩害、風害、霜害等が挙げられるが、田地地域においては、各農地が個別的に影響を受けることはほとんどなく、近隣地域全体に影響が及ぼされる場合がほとんどである。このため、評価に当たっては、個別的要因として考慮することは少なく、地域要因として考慮していることが通常である。

条件	項目	細項目	格差の内訳			
自然的条件	災害の危険性	その他の災害の危険性	対象地等 標準画地	優る	普通	劣る
			優　る	0	−2.0	−4.0
			普　通	2.0	0	−2.0
			劣　る	4.0	2.0	0
			備　考			
			標準的な画地の塩害、風害、霜害等の危険性を基準として判定し、比較を行う。			

（7）保水の良否

　保水とは「減水深」のことで、1日に減る水の深さをいう。通常、水が1日で1cm程度減る状態が良好とされ、速く水が減り過ぎても遅く減り過ぎても農作物のためには良好とはいえない。格差率については、かんがいの良否とも関係するが、次のとおりとなっている。

条件	項目	細項目	格差の内訳					
自然的条件	土壌の状態	保水の良否	対象地等／標準画地	優る	やや優る	普通	やや劣る	劣る
			優　　る	0	－2.0	－4.0	－6.0	－8.0
			やや優る	2.0	0	－2.0	－4.0	－6.0
			普　　通	4.0	2.0	0	－2.0	－4.0
			やや劣る	6.0	4.0	2.0	0	－2.0
			劣　　る	8.0	6.0	4.0	2.0	0
			備　考					
			保水日数により比較を行う。 優　　る　　保水2日以上 やや優る　　保水1日半以上2日未満 普　　通　　保水1日半程度 やや劣る　　保水1日以上1日半未満 劣　　る　　保水1日未満					

(8) 礫の多少

　田地地域においては、礫が存する可能性は少ないが、存する場合は、農作物の生産性に影響を与えるため、減価すべきである。

条件	項目	細項目	格差の内訳			
自然的条件	土壌の状態	礫の多少	対象地等／標準画地	優る	普通	劣る
			優　　る	0	－3.0	－6.0
			普　　通	3.0	0	－3.0
			劣　　る	6.0	3.0	0
			備　考			
			作土における礫の割合について、次により分類し比較を行う。 優　　る　　ほとんどない 普　　通　　あまりない 劣　　る　　かなりある			

(9) 傾斜の方向

　田地地域であっても、丘陵地及び山麓では、近隣地域全体にわたって傾斜が見られることが多い。南向き傾斜の場合は、各農地に与える影響は少ないが、その他の方位の傾斜では、日照、温度、湿度等に影響を及ぼすことにより、農作物の収穫量、品質等に影響を与えることとなる。

　傾斜の方向による価格形成要因は、通常では地域要因に係る価格形成要因であるが、山間傾斜地では近隣地域全体にわたって方位の異なる起伏が生ずることが多く、個別的要因としても影響を与える。

条件	項目	細項目	格差の内訳			
自然的条件	地勢	傾斜の方向	対象地等／標準画地	優る	普通	劣る
			優る	0	−2.0	−4.0
			普通	2.0	0	−2.0
			劣る	4.0	2.0	0
			備考			
			傾斜の方向について、次により分類し比較を行う。 優　る　南向き 普　通　南向、北向以外の方向 劣　る　北向き			

(10) 傾斜の角度

　傾斜の角度は、傾斜の方向とも関連するが、日照、温度、湿度等に影響を及ぼすほか、農機具の搬入等にも影響を与えることとなる。

　傾斜の角度による価格形成要因は、傾斜の方向と同様に、通常では地域要因に係る価格形成要因であるが、山間傾斜地では個別的要因としても影響を与える。

条件	項目	細項目	格差の内訳			
自然的条件	地勢	傾斜の角度	対象地等 / 標準画地	優　る	普　通	劣　る
			優　る	0	−2.0	−4.0
			普　通	2.0	0	−2.0
			劣　る	4.0	2.0	0
			備　考			
			平均的な傾斜の角度について、次により分類し比較を行う。 優　る　標準画地と比較して、傾斜の角度の小さい画地 普　通　傾斜の角度が普通程度の画地 劣　る　標準画地と比較して、傾斜の角度の大きい画地			

5　画地条件

　田地における画地条件は、農作物の生産に係る費用性に影響を与える要因であり、直接的には耕うんの難易に関連する要因である。
　なお、画地条件は、主に個別的要因に係る価格形成要因である。

(1)　地積

　農作物の生産においては、広い面積で農作業を行う方が耕うんの手間を必要とする部分の割合が相対的に低くなるため、作業効率は高くなり、農地の地積が大きいほど市場性は高い。しかし、都市近郊に存する農地は、10アール当たりの価格が比較的高く、取引総額も大きくなるため、地積の大きい画地が市場において必ずしも増価要因とは言い難く、50アール程度を超えれば、逆に減価要因として市場で取り引きされる場合があることに留意すべきである。
　これに対し、地積過小である農地は作業効率が劣ることから、概ね5アール程度から減価が発生するが、宅地化の影響が強い地域ほど減価が発生する地積の限界点は小さくなる傾向を有している。これは、将来における開発形態を考慮した場合に、小規模地積の農地は、単独開発の可

能性が若干ながらも反映されることに起因している。

条件	項目	細項目	格差の内訳					
画地条件	耕うんの難易	地積	対象地等\\標準画地	優る	やや優る	普通	やや劣る	劣る
^	^	^	優　　る	1.00	0.98	0.95	0.92	0.90
^	^	^	やや優る	1.02	1.00	0.97	0.94	0.92
^	^	^	普　　通	1.05	1.03	1.00	0.97	0.95
^	^	^	やや劣る	1.08	1.06	1.03	1.00	0.98
^	^	^	劣　　る	1.11	1.08	1.05	1.02	1.00
^	^	^	備　考					
^	^	^	地積について比較を行う。 優　　る　20アール以上 やや優る　10アール以上20アール未満 普　　通　5アール以上10アール未満 やや劣る　2アール以上5アール未満 劣　　る　2アール未満					

（2）形状

　農地の形状は、農地を耕作するに当たっての利便性に影響を与えるため、田地における形状の優劣は、作業効率により判定すべきである。形状がやや不整形な場合においても、稲作を行うに当たり作業効率の低下が認められない場合は、減価要因とはならない場合があることに留意すべきである。

条件	項目	細項目	格差の内訳			
画地条件	耕うんの難易	形 状	対象地等 / 標準画地	優る	普通	劣る
			優 る	1.00	0.97	0.94
			普 通	1.03	1.00	0.97
			劣 る	1.06	1.03	1.00
			備 考			
			形状について比較を行う。 優 る　　長方形又は正方形 普 通　　やや不整形 劣 る　　不整形			

形状が劣ることから、トラクター等を使用できない部分が発生する

（3）障害物による障害度

　田地における障害物としては、画地内に存する電柱、大きな岩石、祠

及びこれに付随する立木等が挙げられるが、いずれかが存する場合は、作業効率に影響を与えるほか、有効耕作面積にも影響を与えるため、減価要因となっている。

条件	項目	細項目	格差の内訳			
画地条件	耕うんの難易	障害物による障害度	対象地等 標準画地	優る	普通	劣る
			優　る	1.00	0.95	0.90
			普　通	1.05	1.00	0.95
			劣　る	1.11	1.06	1.00
			備　考			
			画地中に電柱、鉄塔、樹木、岩石等の障害物がある場合の障害度により比較を行う。 優　る　障害となるものがない 普　通　やや障害となるものがある 劣　る　障害となるものがある			

（4）有効耕作面積

　農地と接面する農道との間に高低差を有する場合は、農機具等を搬入させるための進入路が必要となるため、有効耕作面積は減少する。また、傾斜を有する土地を開発した農地は、法地部分が発生し、有効耕作面積が減少するほか、近年多く行われているほ場整備事業にあっても、法地部分等が発生するケースが多く見られる。

・高低差を有するため、進入路を設置しているケース

【例】

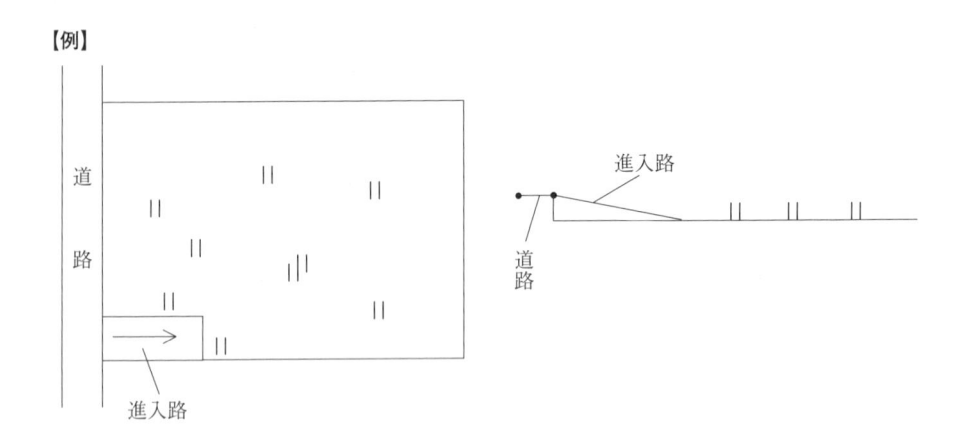

進入路部分は、耕作することができない

第 3 章　価格形成要因の詳細な分析

・次の例は、ほ場整備により法地部分が発生しているケースである

地域全体が傾斜を有する農地を整備したため、各農地間に高低差が発生し、各農地には法地部分が発生している

　上記のような画地は、進入路部分及び法地部分を田として耕作できないことから収益減が生ずるため、評価上は画地条件として減価すべきである。
　なお、画地のうち法地部分の面積が大きい場合は、ぜんまい畑、果樹園等として利用が可能となる場合があるが、これについての収益性が認められる場合は、その利用方法による収益力の程度に応じて、減価率を適宜に補正すべきである。

法地を利用してぜんまいを栽培している

第3章　価格形成要因の詳細な分析

条件	項目	細項目	格差の内訳					
画地条件	耕うんの難易	有効耕作面積	対象地等／標準画地	普通	やや劣る	劣る	相当に劣る	極めて劣る
			普　　通	1.00	0.96	0.92	0.88	0.84
			やや劣る	1.04	1.00	0.96	0.92	0.88
			劣　　る	1.09	1.04	1.00	0.96	0.91
			相当に劣る	1.14	1.09	1.05	1.00	0.95
			極めて劣る	1.19	1.14	1.10	1.05	1.00
			備　　考					
			画地内に存する法地等の耕作不能地の割合に応じて、次のとおり求めるものとする。 普　　通　法地等がほとんどなく、有効耕作面積が99％以上の画地 やや劣る　法地等が若干有るが、有効耕作面積は95％以上の画地 劣　　る　法地等が有るが、有効耕作面積は90％以上の画地 相当に劣る　法地等が有るが、有効耕作面積は85％以上の画地 極めて劣る　法地等が有るが、有効耕作面積は80％以上の画地 1. 上記の場合において、有効耕作面積が80％未満の場合は、次の算式により減価率を求める。 　　　耕作不能地面積 $\times \frac{80}{100} \div$ 画地全体面積＝減価率 　　1－減価率＝格差率 2. 現況が法地の場合においても、他の用途（ぜんまい、果樹）等に利用可能な場合は、適宜に査定するものとする。					

6　保守管理の状態等

　以上で述べた農地の「収益性部分」の価格形成要因のほかに、保守管理の状態、現況での利用状態等により格差が認められることがある。

（1）保守管理の状態

　農地は、保守管理の状態が重要であるため、継続して耕作する必要があるが、所有者の個人的事情により休耕している場合がある。このような場合、休耕期間が3年程度以内であれば、田地としての復元が可能で

あるが、10年程度以上になると雑木等も存するようになり、農地を復元するための費用と農地の収益性とを比較した経済的合理性より見て、復元が困難な場合がある。

　このように田としての復元が困難な場合においても、盛土により畑として利用することが可能な場合及び別の用途（資材置場等）として利用することが可能な場合もあるため、これらの用途性にも十分留意して比準表を作成すべきである。

　なお、保守管理の状態に係る減価率は、農地の価格形成要因のうち農地の収益性に係る価格形成要因のみに反映されるため、格差率は、純農地地域では高いが、逆に宅地化の影響を受けた農地地域では比較的低いことに留意すべきである。

雑草が生い茂っている休耕田であるがこの程度であれば、容易に田地に復元することが可能である

条件	項目	細項目	格差の内訳			
その他	保守管理の状態	保守管理の状態	対象地等 標準画地	普通	やや劣る	劣る
			普通	0	−10.0	−20.0
			備考			
			現在の利用状況について、次により分類し比準を行う。 普　　通　通常の管理状態 やや劣る　休耕により保守状態がやや劣っている 劣　　る　休耕により保守状態が劣っている			

（2）現況での利用状態

　田地地域であっても、山裾沿いに位置する場合、個別的にかんがい設備がない場合等特殊な事情により田として利用ができない画地が存する場合がある。このような画地は、野菜畑、果樹園等として利用されているか、原野状態で放置されている場合が多い。

　現況が一定のまとまりのある畑で、かつ、畑地地域として構成されていれば、畑地地域として近隣地域を区分したうえで評価すべきである。しかし、本件で述べる現況畑とは、田地地域内に存し標準的使用が田であるにもかかわらず、個別性により畑にしか利用できない画地である。したがって、評価上は、田地地域内に存する現況畑として田の標準画地から比準を行うものとし、各画地の収穫される作物、収益力等を考慮して格差率を決定すべきである。

条件	項目	細項目	格差の内訳			
そ の 他	現況での利用状態	現況での利用状態	対象地等 標準画地	普通	やや劣る	劣る	極端に劣る
			普　　通	0	−10.0	−20.0	−40.0
			備　考				
			現在の利用状況について、次により分類し比準を行う。 普　　　　通　　通常の田 や や 劣 る　　費用投下により、田として利用可能な画地 劣　　　　る　　かんがい設備がなく、畑としてのみ利用可能な画地 極端に劣る　　農地としての利用が困難な画地				

右側の農地は田として利用されているが、左側の農地は山裾沿いでかんがい施設が存しないことから、畑として利用されている

（3）用途の多様性

　農地における用途の多様性については、土壌の状態、日照の状態等の自然的要因に大きく作用されることから、通常では個別的要因の中に反映されることは少ない。しかし、同一の近隣地域内に存する各農地であっても、土壌の状態、日照の状態、排水等が特に良好な画地では、農作物の種類の変更を適宜に行うことが可能な土地がある。

　このような農地は、他の農地と比較し市場性が高くなり、格差が発生することとなる。なお、本項目は「収益の未達成部分」に係る項目である。

条件	項目	細項目	格差の内訳					
その他	用途の多様性	用途の多様性	対象地等／標準画地	優る	やや優る	普通	やや劣る	劣る
			普通	6.0	3.0	0	−3.0	−6.0
			備考						
			用途の多様性の程度により比較を行う。 優　　る　用途の多様性が高い画地 やや優る　用途の多様性がやや高い画地 普　　通　用途の多様性が普通程度の画地 やや劣る　用途の多様性がやや低い画地 劣　　る　用途の多様性が低い画地						

（4）その他

　上記のほか、収益性に影響を与える要因を有する場合に、適宜に作成するものとする。

7　宅地化条件

　既に述べたとおり、宅地化条件とは、農地地域から宅地地域に転換する期待性、可能性等を表した価格形成要因であるが、宅地化の影響を受けた農地では「宅地化要因部分」の占める割合が小さいことから、この

転換に係る期待性、可能性等は、農地の「収益性部分」を表す自然的条件、画地条件等のようには具現化されにくい。しかし、第2章第1節4で述べたように、既に類似した過程を経て転換したと推定される宅地地域の価格形成要因から期間を遡りながら推定し分析すれば、それぞれの時点である一定の要因については分析することが可能であり、また、宅地化の影響を受けた農地の取引事例から見ても、これを評価上の数値に表すことが可能である。

したがって、本項では、宅地化の影響を受けた農地のうちで、前述の農地の「収益性部分」及び「収益の未達成部分」に係る価格形成要因を除く「宅地化要因部分」の価格形成要因を詳細に区分し、分析するものとする。

(1) 道路幅員加算

交通・接近条件の中で、農道の幅員、舗装の状態等の比準表は、農地としての生産性及び費用性の面から分析し作成しているため、宅地化の影響に係る部分の価格形成要因である街路条件は考慮されていない。

本例では、宅地化の影響について理解し易くするため、道路幅員加算という形式を採用し、以下のとおり比準表を作成したが、通常の評価では、交通・接近条件の農道の状態の中に含めて比準表を作成することも可能である。

なお、道路幅員加算は、農地の取引事例を分析した結果、5m以上の幅員による影響を受けているため、比準表も5m以上を基準に作成することとした。

また、舗装の状態については、先に述べたとおり宅地化の影響には大きく現れないため、ここでは考慮しないものとした。

条件	項目	細項目	格差の内訳				
宅地化条件	道路幅員加算	道路幅員加算	道路幅員	8m	7m	6m	5m
			加算率	10.0	8.0	3.0	0
			備　考				
			接面する街路の幅員による格差率については、上記により分類した道路幅員に応じて加算するものとする。この場合においては、以下の点に留意すべきとなる。 ①水路、法地は、街路として有効利用が可能な場合のみ幅員とする。 ②電柱等の障害物が存する場合は、適宜に補正することができるものとする。				

（2）市街地への接近の程度

　近隣地域内における各農地を比較すれば、農地から宅地への転換は市街地に近い場所から行われることが多いため、市街地への接近性は、宅地化の影響の中でも重要な要素となる。

　また、商業施設及び公共施設への接近性についても重要な要素の一つであるが、このような施設は市街地又はその付近に存することが多いため、この要因は、市街地への接近性の中に含まれるものとする。

　下図では、北側部分の市街地に近いほど住宅が建て込み、市街化が進行している状況が窺われる。

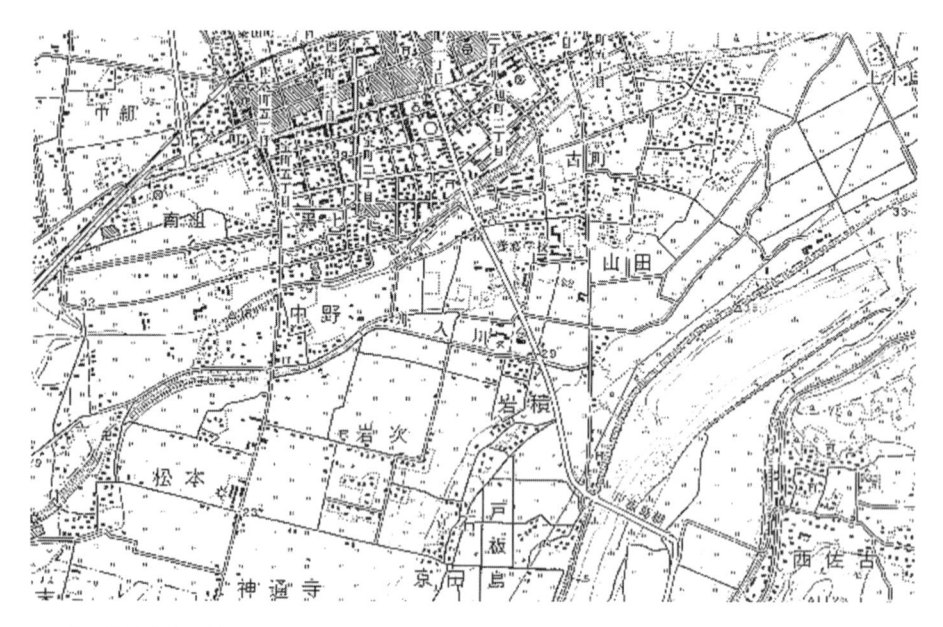

高知県香南市の例であるが、市の中心部（北側）に近接するほど、建物が建て込んでいる

条件	項目	細項目	格差の内訳					
宅地化条件	市街地への接近性	市街地への接近性	対象地等／標準画地	優　る	やや優る	普　通	やや劣る	劣　る
			普　通	6.0	3.0	0	−3.0	−6.0
			備　考					
			市街地への接近性について、次により分類し比較を行う。 優　　る　標準画地と比べて、市街地までの距離が0.4未満 やや優る　標準画地と比べて、市街地までの距離が0.4以上0.7未満 普　　通　標準画地と比べて、市街地までの距離が0.7以上1.5未満 やや劣る　標準画地と比べて、市街地までの距離が1.5以上2.0未満 劣　　る　標準画地と比べて、市街地までの距離が2.0以上					

（3）宅地地域転換後に予測される環境条件

　宅地地域転換後の社会的な環境条件は、宅地地域に転換するまでの期

間が長いこと、また、その期間において価格形成要因が変化する可能性を有することから、現時点の用途である農地としての市場における取引価格には反映されにくい。しかし、環境条件の中でも日照、通風等の自然的な要因、現存する嫌悪施設等による影響は、将来的に見ても既存の要因として継続する可能性が高いため、市場においては、これらを反映しながら価格が形成されている。これは、自然的な要因、嫌悪施設等による影響が今後も継続するという予測のもとに宅地化の影響として農地価格に反映され、市場価格に折り込まれながら取り引きされるからである。

したがって、宅地地域転換後に予測される環境条件は、次のとおりの格差率となる。

条件	項目	細項目	格差の内訳							
宅地化条件	宅地地域転換後に予測される環境条件	宅地地域転換後に予測される環境条件	対象地等 \ 標準画地		無	有				
						小	やや小	やや大	大	極めて大
			無		0	−3.0	−6.0	−10.0	−15.0	−22.0
			有	小	3.0	0	−3.0	−7.0	−12.0	−20.0
				やや小	6.0	3.0	0	−4.0	−10.0	−17.0
				やや大	11.0	8.0	4.0	0	−6.0	−13.0
				大	18.0	14.0	11.0	6.0	0	−8.0
			備　考								
			宅地地域転換後に予測される自然的条件、危険施設又は嫌悪施設等の有無及びそれらの配置の状態等に基づく危険性若しくは悪影響の強弱について、次により分類し比較を行う。 　　無　　　　危険性影響共に皆無又は皆無に等しい画地 　　小　　　　危険性又は影響が若干認められる画地 　　やや小　　危険性又は影響が認められる画地 　　やや大　　危険性又は影響がやや大きく認められる画地 　　大　　　　危険性又は影響が大きく認められる画地 　　極めて大　危険性又は影響が極めて大きく認められる画地								

変電所等は、宅地地域転換後も存することが通常である

（4）周辺地の利用の状況

　農地の取引事例を分析し、周辺に宅地が存する農地と宅地が存しない農地とを比較すれば、同一の近隣地域内に存する農地間であっても、取引価格は、前者が一般的に高くなる傾向を有している。これは、周辺に宅地が存する農地は、上水道等の給水施設が整備されていること、農用地区域の適用除外が行われている場合が多いこと、さらに農地法による転用許可の可能性が相対的に高いことから、農地の開発が宅地地域に近接する付近から徐々に行われることが多いことによるものと考えられる。

　したがって、対象地が宅地に隣接又は近接し、宅地化の影響を強く受けていると判断される場合は、宅地化条件の中で増価要因を考慮すべきである。

第3章　価格形成要因の詳細な分析

　なお、この要因は、前述の市街地への接近性と類似するが、市街地への接近性が距離により段階的に影響を受けるのに対して、周辺地の利用の状況は、宅地に隣接又は近接するといった部分的に影響を受けるものであり、価格形成要因としては類似していても、前者が面的に影響を受けるのに対し、後者は点的に影響を受けることに留意すべきである。

条件	項目	細項目	格差の内訳					
宅地化条件	周辺地の利用の状況	周辺地の利用の状況	対象地等／標準画地	特に優る	優る	やや優る	普通	やや劣る	劣る
			特に優る	0	−14.0	−21.0	−29.0	−35.0	−41.0
			優る	17.0	0	−8.0	−17.0	−24.0	−31.0
			やや優る	27.0	9.0	0	−9.0	−17.0	−25.0
			普通	40.0	20.0	10.0	0	−9.0	−17.0
			やや劣る	54.0	32.0	21.0	10.0	0	−9.0
			劣る	69.0	45.0	33.0	20.0	10.0	0
			備　考						
			宅地化等の影響について、次により分類し比較を行う。 特に優る　隣接地に宅地等が存し、宅地化の影響を特に強く受けた画地 優　る　周辺地に宅地等が存し、宅地化の影響を強く受けた画地 やや優る　周辺地に宅地等が存し、宅地化の影響をやや強く受けた画地 普　通　宅地化の影響が普通程度の画地 やや劣る　宅地化の影響がやや弱い画地 劣　る　宅地化の影響が弱い画地						

（5）高低差

　農地の収益性に係る部分の価格形成要因から見れば、農地が接面する道路より低い場合、隣接する農地と比較して低い場合等は、農地としての収益性（例えば、隣接地より低いことが原因となる水害等）に影響を及ぼさない限り減価要因とはならないが、将来における宅地化を考慮すれば、造成費に影響を与えることとなる。

このことは、宅地化の影響を受けた農地の取引事例が高低差等を考慮して取り引きされていることからも理解できる。
　したがって、評価上は高低差による要因を考慮すべきであるが、宅地化の影響を受けた農地では、詳細な個別的要因として具現化されていないため、下表のようなやや概略的な格差率となる。

条件	項目	細項目	格差の内訳					
宅地化条件	高低差	高低差	対象地等／標準画地	優　る	やや優る	普　通	やや劣る	劣　る
			優　　　る	0	−5.0	−9.0	−14.0	−18.0
			やや優る	5.0	0	−5.0	−10.0	−14.0
			普　　　通	10.0	5.0	0	−5.0	−10.0
			やや劣る	16.0	11.0	5.0	0	−5.0
			劣　　　る	22.0	17.0	11.0	6.0	0
			備　考					
			標準画地と比較して、格差が存する場合に適用する。 優　　　る　高低差が存することにより増価要因と認められる画地 やや優る　高低差が存することにより若干の増価要因と認められる画地 普　　　通　隣接する農地及び隣接する農道に対して等高な画地又は高低差を有していても価格形成要因に影響を与えない画地 やや劣る　高低差が存することにより若干の減価要因と認められる画地 劣　　　る　高低差が存することにより減価要因と認められる画地					

農地に盛土を行い、粗造成がなされている土地である

（6）行政上の規制の程度

　農地に係る行政的な価格形成要因としては、農地法、農業振興地域の整備に関する法律、都市計画法等がある。

　この行政上の規制の程度の中で最も重要なものは、農業振興地域の整備に関する法律のうち農用地区域の指定があるか否かである。

　通常、農用地区域の指定を受ければ、宅地の造成はもちろんのこと、土石の採取からその他の土地の形質の変更に至るまでの制限を受け、実質的には現状で農地として利用する以外はほとんど利用できないこととなる。

　これに対し、農用地区域外であれば、農地法に規定される農地転用許可を受ければ、一定の開発行為は可能である。

　この用途制限に基づく価格形成要因の格差は、宅地への転用を考慮す

れば大きいが、本節で述べる地域は当面の間宅地化の予測が見込めない農地地域であり、実質的な格差は少ないこととなる。また、格差がある場合においても、多くの場合は地域要因として考慮されるため、近隣地域の範囲を確定する場合において区分することとなる。

したがって、本項の格差率は、特に個別的に発生すると認められる場合のみにおいて適用するものとする。

条件	項目	細項目	格差の内訳			
行政的条件	行政上の規制の程度	行政上の規制の程度	対象地等 / 標準画地	弱い	普通	強い
			弱い	0	−3.0	−6.0
			普通	3.0	0	−3.0
			強い	6.0	3.0	0
			備考			
			標準画地と比較して、格差が存する場合に適用する。			

8 その他

農地地域内に存し、特に価格形成要因に影響を与える要因であると判断される場合は、その要因について適宜に補正項目を作成するものとする。

第2節　宅地見込地の個別的要因

　第1節では、「収益性部分」、「収益の未達成部分」及び「宅地化要因部分」がそれぞれ関連しながら価格が形成される宅地化の影響を受けた農地の価格形成要因を分析したが、本節では、「宅地化要因部分」を中心にして「収益性部分」及び「収益の未達成部分」が加味される宅地見込地の価格形成要因について分析するものとする。

　本節で分析する宅地見込地とは、「現況農地の価格構造図」におけるC^4地点とする。

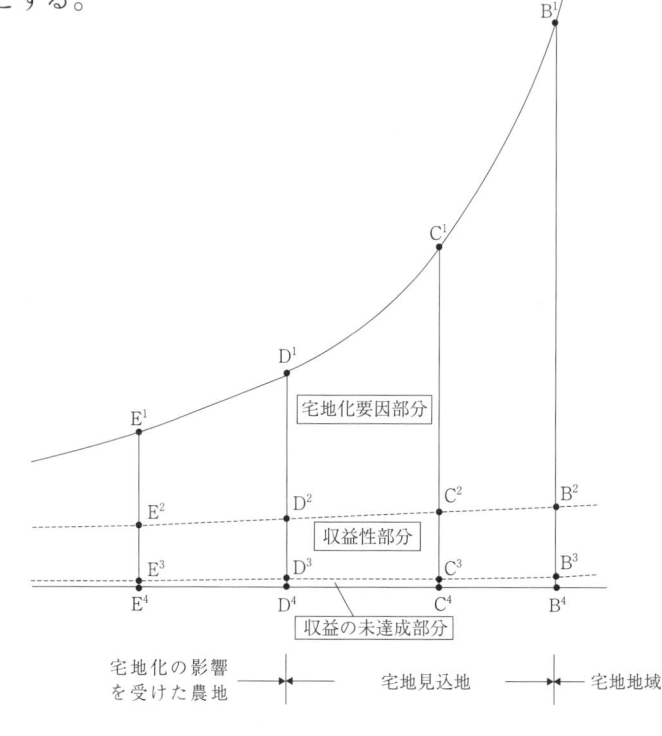

1　宅地見込地

　宅地見込地とは、農地地域及び林地地域から「宅地地域へ転換しつつある地域内に存する土地をいう」と不動産鑑定評価基準に定められている。これは、田、畑、山林等を農作物、立木等の生産活動の用に供することよりも、将来的に見れば、建物等の敷地として利用されることが自然的、社会的、経済的及び行政的観点から合理的と判断され、かつ、その蓋然性が認められる地域内に存する土地をいうものである。

　宅地見込地とは転換しつつある地域内に存する土地であるため、価格形成要因は、宅地地域転換前の土地の価格形成要因と転換後・造成後に想定される宅地地域の価格形成要因とが複合的に関連し合って形成される。したがって、宅地見込地の価格形成要因の分析に当たっては、従前の利用状態である農地等の価格形成要因と転換後の利用状態である宅地の価格形成要因との両面を分析する必要がある。

　また、宅地見込地地域は変化の過程にあるため、将来における宅地見込地の開発形態及び宅地見込地地域の熟成する要因も重要であり、これらも併せて分析するものとする。

（1）宅地地域転換前の農地の価格形成要因

　市街地近郊に存する宅地見込地地域の転換前の利用状態は、田及び畑が最も多い。農業本場純農地、純農地等の価格形成要因は、前述のとおり田及び畑を耕作することを前提として把握される「収益性部分」を反映して決定されるのであるから、農地地域から宅地地域へと転換しつつある宅地見込地の価格形成要因も同様であり、以下のとおりその割合は小さいが、農地が本来有する「収益性部分」を含んで形成される。

　例えば、農地の「収益性部分」を仮に1㎡当たり2,000円とすれば、各宅地見込地の価格の中で農地が本来有する収益性を反映した割合は、次のとおり求められる。

・宅地見込地の価格が1㎡当たり15,000円の場合
　通常は、熟成度が低い宅地見込地が想定される。

　　農地の収益価格　　　宅地見込地の価格　　　収益性の占める割合
　　　2,000円　　　÷　　15,000円　　　≒　　　　13％

・宅地見込地の価格が1㎡当たり30,000円の場合
　通常は、熟成度が普通程度の宅地見込地が想定される。

　　農地の収益価格　　　宅地見込地の価格　　　収益性の占める割合
　　　2,000円　　　÷　　30,000円　　　≒　　　　7％

・宅地見込地の価格が1㎡当たり50,000円の場合
　通常は、熟成度が高い宅地見込地が想定される。

　　農地の収益価格　　　宅地見込地の価格　　　収益性の占める割合
　　　2,000円　　　÷　　50,000円　　　≒　　　　4％

　このように、現況農地の宅地見込地の価格のうちで農地の「収益性部分」が占める割合は、比較的少ない。

(2) 転換後・造成後の価格形成要因

　宅地地域転換後の用途的地域としては、通常は住宅地域が多いが、一部では商業地域へと転換するほか、例外的には工業地域へと転換することもある。

ア　住宅地域
　住宅地域を細分すれば、開発の規模等に応じて三種類の形態が考えられる。

（ア）小規模開発住宅地域

　地積3000㎡以下の開発規模で、農地、雑種地等を一体として開発した小規模分譲住宅地である。地積が100〜150㎡程度の比較的小さい規模の画地が多く見られ、分譲住宅地内の公共施設としては、小規模な公園が存するのみである。市街化区域内で開発される分譲地で多く見られる例である。

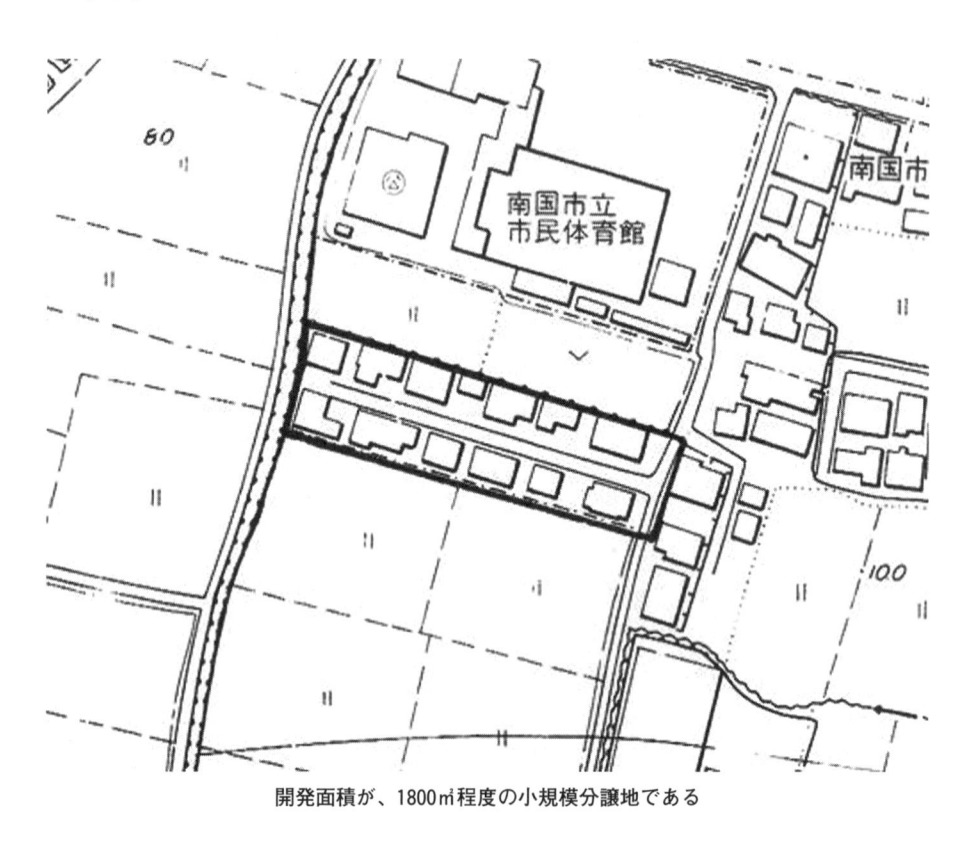

開発面積が、1800㎡程度の小規模分譲地である

（イ）中規模開発住宅地域

　地積5000〜20000㎡程度の開発規模で、農地及び比較的開発が容易な林地を含み開発した中規模分譲住宅地である。小規模開発住宅地域と同

様に、地積が100〜150㎡程度の小規模の画地が多く見られ、公共施設としては、公園、集会所等が存している。区域区分（線引き）がされていない都市計画区域、都市計画区域の変更により市街化区域に編入された地域等で多く見られる例である。

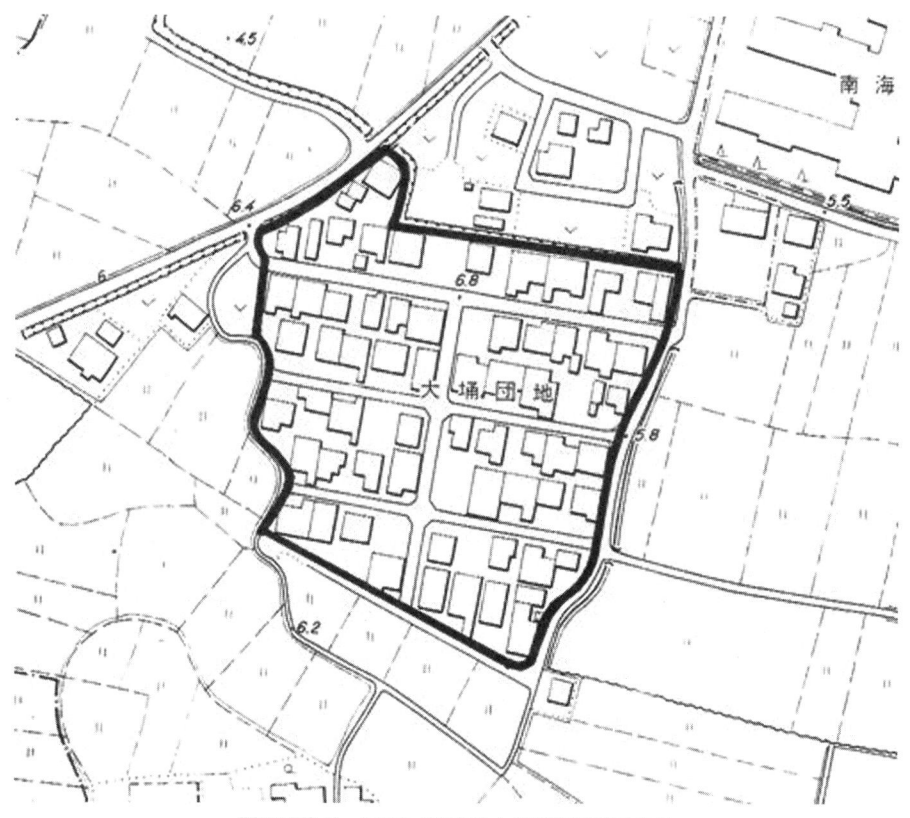

開発面積が、15000㎡程度の中規模分譲地である

（ウ）大規模開発住宅地域

　市街化調整区域で多く見られる地積20万㎡以上の開発規模を有する分譲地であり、林地を中心に畑、田等を一部含んで開発した大規模分譲住宅地である。大規模開発のため、環境条件だけでなく街路条件も良好と

なっている。公共施設は開発に伴い設置され、小・中学校、商業地も団地内又は隣接する区域に存している。地積が150～250m²程度の比較的大きい画地が見られ、閑静な住宅地域となっている。公法上は市街化調整区域に指定されている場合が多いが、開発後において市街化区域に編入されるケースが多い。

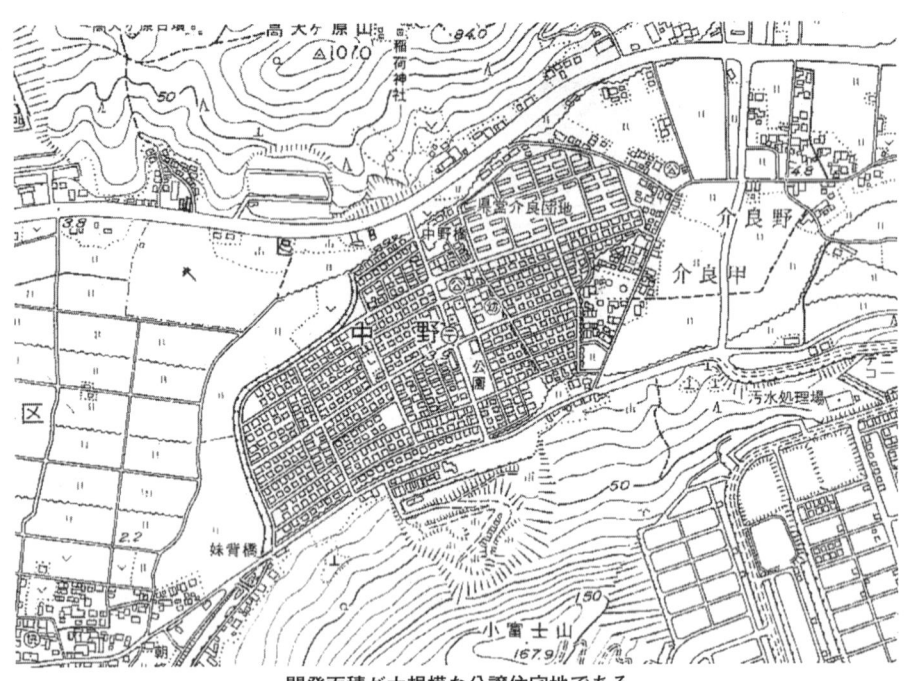

開発面積が大規模な分譲住宅地である

イ　商業地域
　宅地見込地域から商業地域へ転換するケースとして、通常では路線商業地域と郊外型商業地域の２種類が考えられる。

（ア）路線商業地域
　地方都市間及び市町村間を結ぶ幹線道路沿いに発展した商業地域及び

市街地を迂回するバイパスの新設等で農地地域等から宅地地域へと転換した商業地域であり、道路沿いにはガソリンスタンド、レストラン、量販店等が建築され、路線商業地域が形成されている。

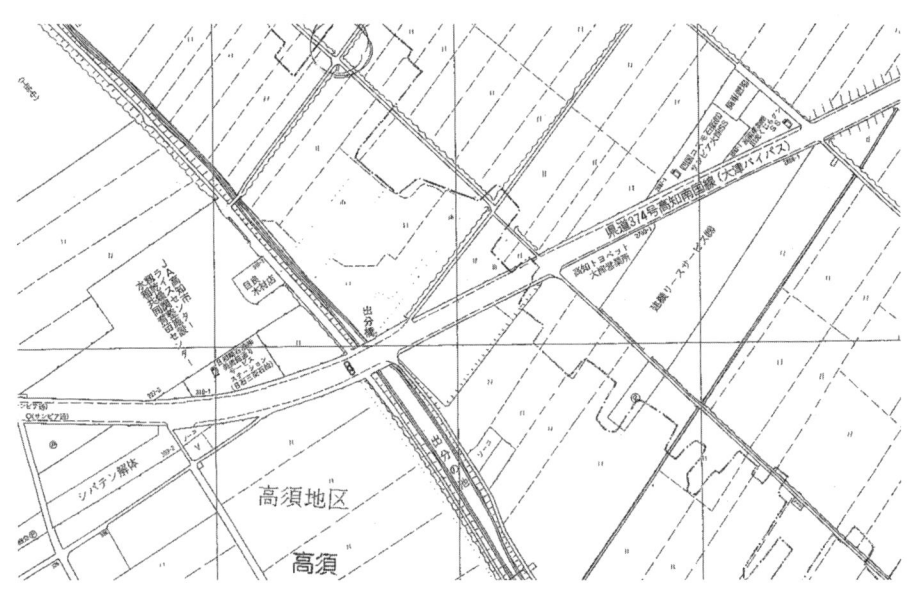

バイパス沿いの地域であり、徐々にガソリンスタンド等の沿道サービス施設が建築されつつある

（イ）郊外型商業地域

　地方都市の郊外で行われる開発であり、比較的価格水準の低い宅地見込地を一体的に開発し、郊外型の中規模又は大規模な量販店を中心として、各種テナントで構成される商業地域である。

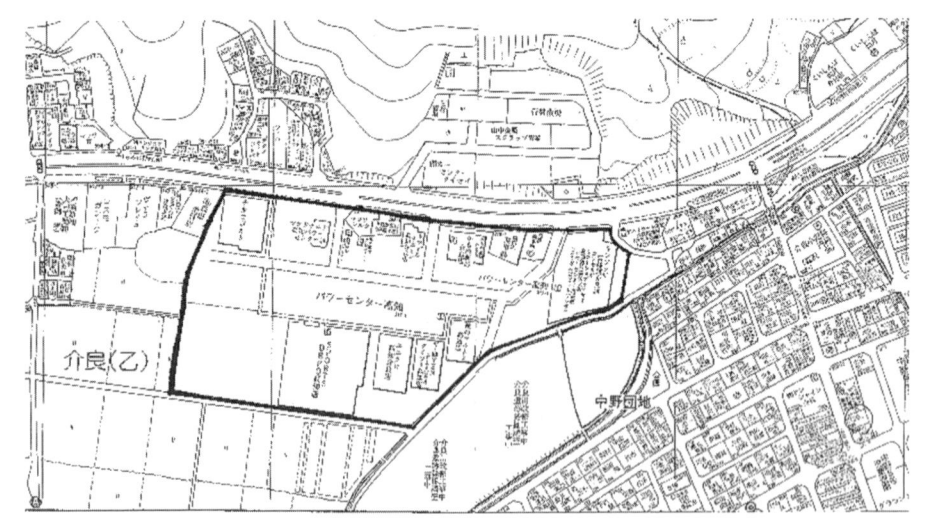

郊外の宅地見込地を商業地域に開発している

ウ　工業地域

　近年における工業地としての宅地分譲は、全国的に工業地の需要が激減しているため、民間での開発はほとんど見られることはなく、例外的に地方公共団体等により開発される分譲工業団地が存するのみである。これらの用途としては、公害発生の可能性がほとんどない小規模工業地のみを対象とする工業団地等である。一画地の地積はいずれも1000～5000㎡と広いため、有効宅地化率は、住宅地等と比較して高い。

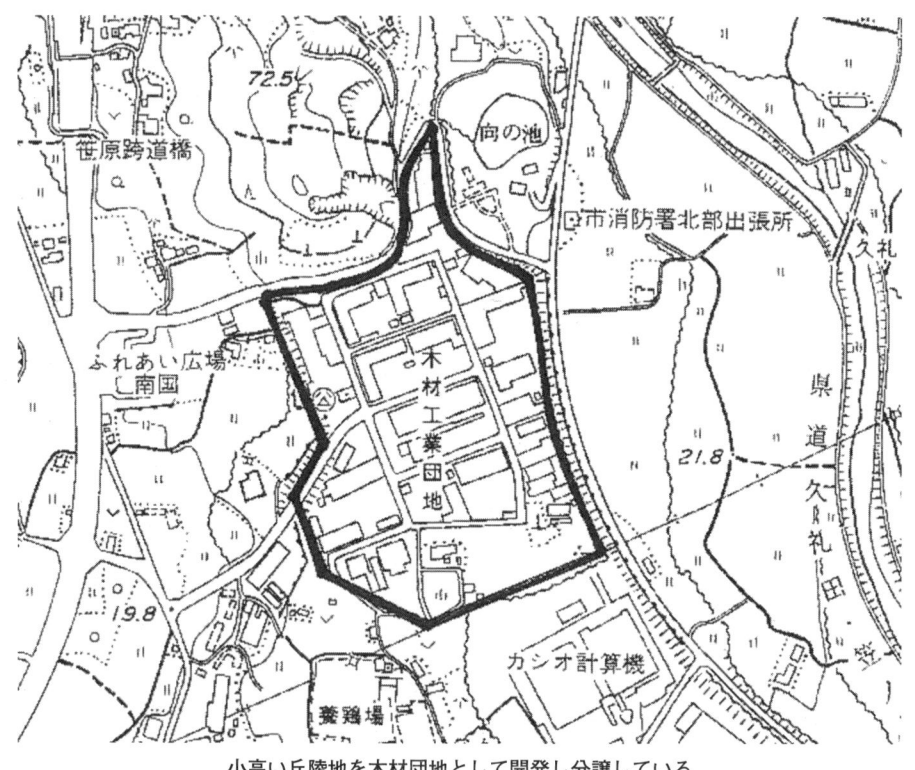

小高い丘陵地を木材団地として開発し分譲している

(3) 宅地見込地の開発形態

　宅地見込地地域は、その地域に存する各画地の宅地開発及び地域内の宅地化の蓋然性の二つの大きな作用によって宅地地域化されるものであるが、次に宅地見込地地域の開発形態及び熟成度の面から分析するものとする。

ア　小規模開発見込地地域
　一般住宅等が見られる市街化区域、区域区分がされていない都市計画区域内等の宅地見込地地域では、小規模の画地を単独又は複数で一体として開発する場合がある。

近隣地域内は、周辺道路及び上、下水道が既に整備されている場合が多く、また、農地等の平坦地を開発する場合が多いため、造成費は比較的少なくてすむほか、有効宅地化率も70〜80％と高くなる傾向となっている。このような開発が可能な地域は、公共公益施設のほとんどを周辺地域の既存施設に依存して開発されるため、開発後の宅地の価格形成要因は、従来から存する周辺の宅地と類似する場合が多い。ちなみに、国道等の幹線道路沿い宅地見込地域も同様に小規模開発見込地である。
　なお、転換後・造成後に想定される宅地地域は、通常、前記ア（ア）小規模開発住宅地域及びイ（ア）（イ）の各商業地域となる場合が多い。
　いずれも熟成度は極めて高く、それぞれの土地を開発することによって、それぞれの画地が宅地へと転換されることとなる。

イ　中規模開発見込地地域

　あまり市街化が進行していない宅地見込地地域であり、付近は住宅地が点在するほかは農地等が多く見られるような地域である。したがって、各画地を単独で開発しても、宅地地域へと転換することはなく、ある一定の規模である10000〜20000㎡程度の平坦地を主として開発することにより、宅地地域へと転換することとなる。小、中学校等の公共公益施設は、近隣地域からやや離れた周辺部に点在することが多いため、徒歩による利用がやや困難な場合が多い。また、開発する団地内に進入する街路、上・下水道等の整備を行うことが必要な場合が多いが、このような施設は、開発行為において設置することとなる。
　造成費は、小規模開発見込地地域と比較して、一部の道路等公共施設の整備が伴うためやや高めとなり、また、有効宅地化率も60〜70％とやや低めとなっている。
　熟成度は普通程度であり、評価上は若干の熟成度修正が必要となる場合が多い。

ウ　大規模開発見込地地域

地方都市の郊外では、周辺道路等の整備も含めた大規模開発が見られることがある。このような地域では、バス停や商業施設のほか、規模が50ヘクタールを超えると小、中学校の建設まで行うことがあるため、開発後の居住環境等は良好となり、地価水準も周辺にある既存の住宅地等と比較してかなり高くなる。

　しかし、公共公益施設の整備費用が多く必要となるほか、開発期間が長くなるため、開発費用は大きくなる。また、有効宅地化率も35～45％とかなり低くなる。

　熟成度は、開発区域を除けばやや低めであるが、開発区域内は公共公益施設の整備により高くなり、開発完了時点では宅地地域化する場合が多い。

　また、このような開発は、市街化調整区域内で行われることが通常であるが、開発後は市街化区域に編入されることが多い。

（4）宅地見込地地域の熟成と宅地化する要因

　宅地見込地地域とは宅地地域に転換しつつある地域であるが、実際の宅地地域への転換は、公法規制等によって大きく影響を受けるため、複雑な過程を経て転換される。しかし、この過程については、後述する個別的要因において重要となるため、十分に理解すべきである。

　宅地見込地地域が宅地地域に転換する過程には、概ね次の四つのパターンが考えられる。

ア　公法規制の変化により急速に宅地地域化する場合

　都市計画区域内市街化調整区域に指定されると、都市計画法第29条及び第34条に規定される用途以外の開発行為は規制されることとなり、一般住宅等の建築及び分譲住宅等の目的のための宅地造成は、ほとんどの場合困難となる。ところが、都市計画の見直しにより、市街化調整区域から市街化区域に変更された場合は、一定の要件を満たせば届出のみで開発行為が可能となり、また、建築も定められた用途であれば可能とな

るため、各農地、林地等の開発が進み、急速に宅地地域化されることとなる。
　このような例は、公法規制の変化により急速に宅地地域へと転換がなされる典型的な例である。

　イ　徐々に宅地化が進行する場合
　宅地見込地地域は、自然的要因、社会的要因、経済的要因及び行政的要因のうち、特に行政的要因により宅地化が阻害されている場合が多い。公法上で市街化調整区域に指定されていることにより、市街地に隣接又は近接しているにもかかわらず、宅地地域に転換することができずに宅地見込地のままで存している場合が代表的な例である。
　しかし、宅地見込地の各画地そのものを見れば、それぞれに個別的に適用される法律が異なる。例えば、農地であっても農用地区域の指定を受けない画地、粗造成地で農地法の適用そのものを受けない画地等、ある一定の条件を満たせば、特定の用途の建物敷地として利用される土地もある。
　また、建物敷地として利用される土地の用途を見ても、市街化調整区域であれば、農家住宅、分家住宅等の都市計画法第29条及び第34条に規定される建築物のための開発行為は可能である。
　したがって、このような地域では、各画地が個別に開発され、順次時間をかけながら宅地化が進み、宅地地域へと転換していくこととなる。そして、建築物が建て込むことにより、公法上の規制が市街化調整区域から市街化区域へ編入されるケースが多い。

　ウ　特定用途のみにより、宅地化が進行する場合
　上記イと類似するが、沿道サービス施設等の用途により宅地地域化する点が大きく異なる。
　市街化調整区域に指定されると、上記のとおり一定の用途の建築物の建築しかできない。その用途は地域等により異なるが、例えば主要幹線

道路沿いの市街化調整区域では、都市計画法第34条1項、10項等で特定の商業施設の建築は可能となっている。このような主要幹線道路沿いにおける沿道サービス施設の建築は、将来的に地域が指向する用途と合致するものであるため、徐々に開発及び建築が進むこととなる。そして、将来的には、宅地地域に転換していくこととなる。

エ　大規模開発により宅地地域化する場合
　これも、主に市街化調整区域で多く見られるケースである。都市計画法第34条10号では、地区計画を定めることにより開発行為は許可される。したがって、現況が山林、畑、田等で構成される地域で、単独開発のできないような宅地見込地であっても、地区計画によって一体的に開発を行えば、宅地地域への転換は可能である。

（5）宅地見込地の価格形成要因
　宅地見込地の価格形成要因は、以上ア～エで述べた事項が複合的に関連しながら形成されている。これを要約すれば、次のとおりである。

ア　従前の利用状態である土地の価格形成要因
　田、畑、山林といったように、素地の価格形成要因は、いずれも異なる。

イ　転換後・造成後に想定される宅地の地域要因
　一般的には住宅地が多いが、例外的に沿道サービス業等の商業地域又は工業地域への転換も見込まれる。また、価格水準から見れば、住宅地の価格水準を普通とすると、転換後が商業地の場合は高めに推移するが、工業地の場合は低めに推移することが一般的である。

ウ　宅地見込地の開発形態
　宅地見込地の開発形態によっては、造成工事費及び有効宅地化率に大

きく影響を与えることとなる。

エ　宅地見込地が熟成する要因
　主に都市計画法による市街化調整区域の指定の有無が大きく影響を与えているが、農地法、自然公園法等も影響を与えている。

　宅地見込地地域は、主に上記ア〜エの組合せの如何によって価格形成要因が異なり、多種多様な宅地見込地の形態を有することとなる。
　したがって、宅地見込地地域の個別的要因の比準表は、宅地地域転換前の利用状態、転換後・造成後に想定される宅地地域の地域要因、宅地見込地の開発形態、宅地見込地が熟成する要因等を細かく分析したうえで各地域ごとに作成することとなり、画一的又は統一的な土地価格比準表は、一般的には存在しないこととなる。
　宅地見込地地域の形態と価格形成要因について例を挙げれば、次のとおりである。

　　例１　従前の利用状態　　　　　　田地地域
　　　　　転換後・造成後の地域要因　　商業地
　　　　　宅地見込地の開発形態　　　　小規模開発
　　　　　宅地見込地が熟成する要因　　特定用途沿道サービス型

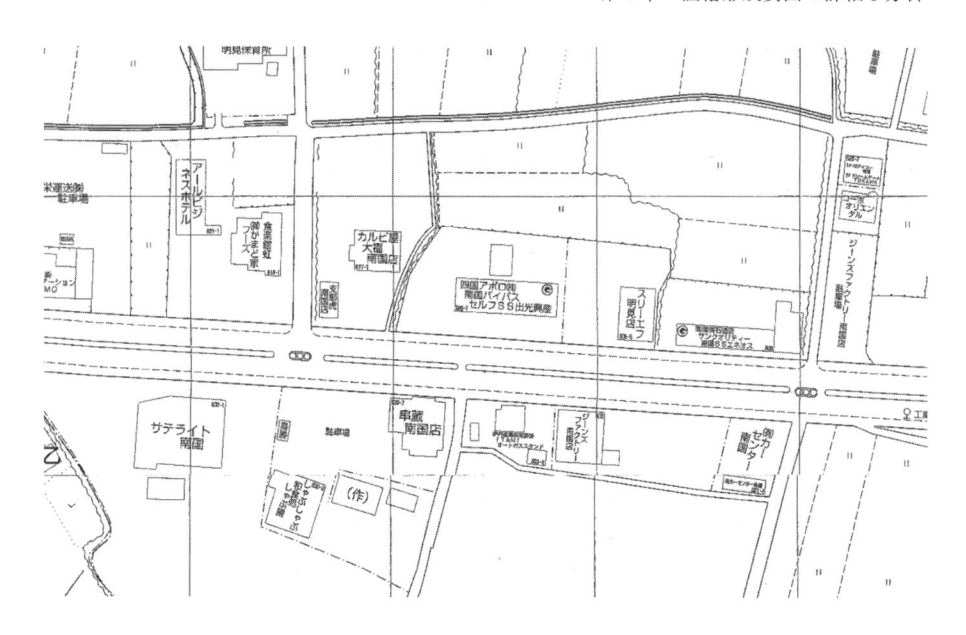

第3章　価格形成要因の詳細な分析

　このような例は、路線商業性を有する宅地見込地地域で多く見られるケースである。従前の利用状態が田であるため造成工事が比較的容易であること、また、用途が商業地と想定されることから、宅地見込地の価格は高くなる傾向を有する。また、開発形態が単独であるため、有効宅地化率も高くなる。

　したがって、転換後に想定される路線商業地域の地域要因が不動産市場では重視されることとなり、土地価格比準表は、路線商業地域と同様の個別的要因と造成に要する費用とに重点を置いて作成することとなる。

　例2　従前の利用状態　　　　　　山林
　　　　転換後・造成後の地域要因　住宅地
　　　　宅地見込地の開発形態　　　大規模開発
　　　　宅地見込地が熟成する要因　開発により開発区域内の全部が
　　　　　　　　　　　　　　　　　宅地地域化

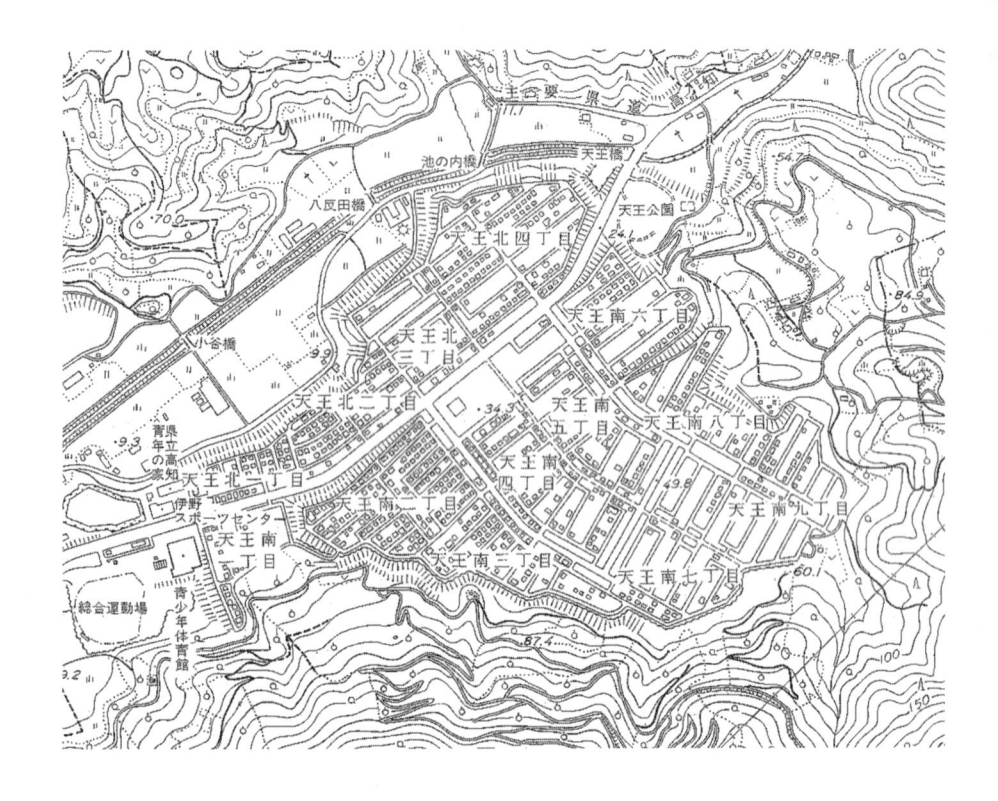

この要因で推定される地域は、郊外型の宅地見込地地域であり、単独開発の可能性はほとんど認められない地域である。地価水準も、造成工事費が多く必要となるため低くなる傾向が強く、また、農地、山林、原野等の個別的な価格差も小さい等の要因を有している。
　したがって、土地価格比準表では、各画地の個別的な格差は小さくなる傾向があり、特に画地条件に係る要因は極めて小さくなる。

　　例3　従前の利用状態　　　　　　　田
　　　　転換後・造成後の地域要因　　　住宅地
　　　　宅地見込地の開発形態　　　　　単独開発
　　　　宅地見込地が熟成する要因　　　開発地域ごとに順次宅地地域化

この例は、市街化区域内における現況農地の宅地見込地である。各画地単独開発により宅地化すると考えられるため、宅地見込地としては熟成度が高く、また、価格形成要因は、転換後・造成後の要因が重視されることとなる。

　このように、4つの要因の組合わせにより、いずれも地域の状況が異なることとなるため、上記例1～3のようなそれぞれの地域の実態に沿った宅地見込地の土地価格比準表を、各地域ごとに作成する必要性が生まれることとなる。

2　熟成度がやや高い宅地見込地

　本節の土地価格比準表は、地方都市の周辺部において比較的多く見られる熟成度がやや高い宅地見込地を想定して作成したものであり、第2節では、これを分析し、解説するものとする。

　なお、前述のとおり、宅地見込地地域の価格形成要因は、前提条件により大きく異なることとなるため、以下の想定する条件が異なれば、比準表も変化することに留意すべきである。

地方都市の周辺部に存する熟成度がやや高い宅地見込地の状況は、次のとおり想定するものとする。

(1) 想定する宅地見込地地域
　想定する宅地見込地の近隣地域は、地方都市中心部から10km程度離れ、近隣地域の周辺の状況は、南側は河川を隔てて市街化区域に指定されていることから市街地が形成され、西側は大規模公共施設を隔てて市街地に近接し、東側、北側は市街化調整区域に指定されていることからほとんどが田によって占められている。近隣地域は、公法上で市街化調整区域に指定されているほか、農業振興地域内であることから、大部分の画地が農用地区域に指定されている。
　この近隣地域の価格形成要因を分析すれば、街路条件、交通・接近条件及び環境条件は、宅地地域への転換を助長する要因を有するが、行政的条件は、市街化調整区域及び農地法等の公法規制により、宅地地域の転換を抑制している。これは、地方都市では多く見られる価格形成要因である。
　想定する地域の図面及び写真を例示すれば、次のとおりである。

第 3 章　価格形成要因の詳細な分析

川の南側は、市街地化している

手前の宅地地域は、住宅等が建て込んでいるが、近隣地域内は、ほとんどが田として利用されている

（2）標準的使用

近隣地域内における各画地の地積については、中規模の現況農地が多く見られ、一区画当たり1200～2000㎡の田が標準となっている。

地価水準については、1㎡当たり25,000～35,000円程度で推移するが、本節では、標準画地価格を1㎡当たり28,000円と想定する。

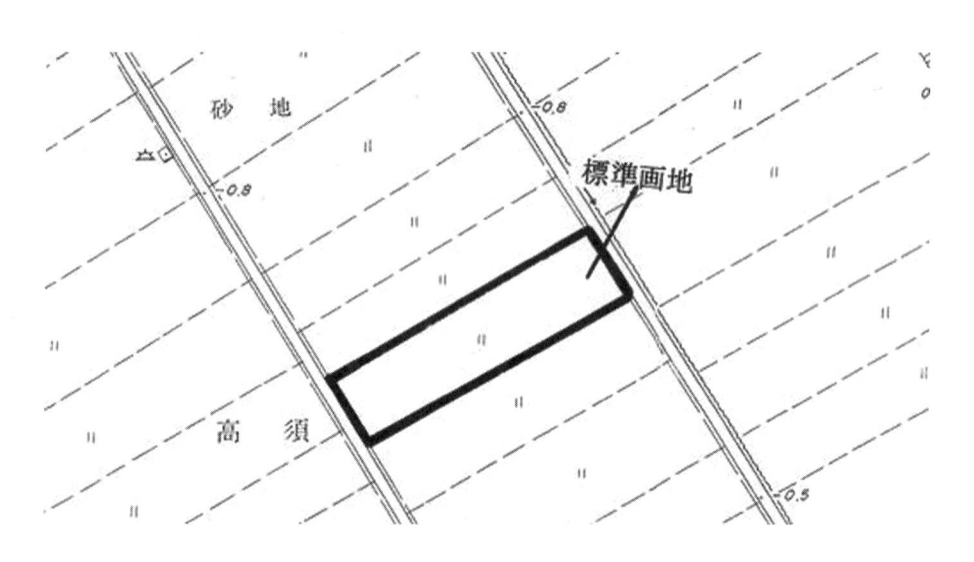

（3）価格形成要因の特徴

近隣地域内は田を中心として農地が多く見られる平坦地域であり、宅地見込地の価格形成要因は、将来の宅地化の要因が中心となって形成されているが、現時点での利用方法である農地の収益性も若干ながら反映して市場価格を形成している。

宅地見込地の地価水準としては、1㎡当たり28,000円であり、隣接する市街化調整区域内宅地見込地地域と比較して、地価水準はやや低い。これは、公法上の規制のうちで農用地区域に指定されていること及び水害の危険性を若干有していることに起因している。

想定する宅地造成は、平均盛土が1.2m程度であり、土工事、擁壁工

事といったような、必要な工事は、他の地域と比較して特に遜色はない。開発の形態は、市街化調整区域内のため、通常は中規模開発又は大規模開発であるが、各画地はそれぞれ、都市計画法第29条及び第34条に該当する用途において、単独開発の可能性も有している。

　転換後・造成後の宅地地域は、近接する宅地地域の用途から分析して、中級住宅地域と想定される。

　ちなみに、転換後・造成後の更地価格は、交通・接近条件が良好なこと及び隣接する住宅地域から判断して、1 m^2当たり130,000円程度と想定される。

　以上、宅地見込地の価格形成要因について細分化し表示すれば、次のとおりである。

宅地見込み地の価格形成要因の細項目

項目		細項目
「宅地化要因部分」に係る価格形成要因	街路条件	道路幅員
		舗装の状態
	交通・接近条件	市街地又は幹線道路への接近の程度
		公共公益施設との接近性
	環境条件	日照・温度、通風・乾湿等
		地勢・地質・地盤等
		隣接不動産等周囲の状態
		供給処理施設等
		嫌悪施設等との接近の程度
		市街化進行の程度
	画地条件	地積過大、過小
		形状
		有効宅地化率
		造成工事費
	行政的条件	公法規制の程度
	その他	市場性等
「収益性部分」に係る価格形成要因	収益性条件	農地としての収益性
		現況での利用状態
	その他	その他

3　街路条件

(1) 幅員

　このような地域では、中規模開発が行われることにより街路の付け替えが行われることがほとんどであるため、各画地の道路幅員による格差は、転換後・造成後に想定される宅地地域等と比較すれば小さい。また、宅地見込地地域間においても、熟成度が高い宅地見込地及び単独開

発の可能性が高い宅地見込地と比較すると、格差率は小さくなる傾向を有している。しかし、前述のとおり、都市計画法第29条及び第34条に定められる用途のための開発行為は可能であり、単独開発の可能性も若干認められるため、幅員の格差はある程度は存している。

これらの要因を基に街路条件の比準表を作成すれば、次のとおりである。

条件	項目	細項目	格差の内訳							
街路条件	接面街路の系統・構造等の状態	幅員	対象地等／標準画地	6m	5m	4.5m	4m	3.5m	3m	2.5m	2m
			6m	0	-4.0	-6.0	-9.0	-12.0	-15.0	-18.0	-23.0
			5m	4.0	0	-3.0	-6.0	-8.0	-11.0	-15.0	-20.0
			4.5m	7.0	3.0	0	-3.0	-6.0	-9.0	-13.0	-17.0
			4m	10.0	6.0	3.0	0	-3.0	-6.0	-10.0	-15.0
			3.5m	13.0	9.0	6.0	3.0	0	-3.0	-7.0	-12.0
			3m	17.0	13.0	10.0	6.0	3.0	0	-4.0	-10.0
			2.5m	22.0	18.0	14.0	11.0	8.0	4.0	0	-6.0
			2m	29.0	25.0	21.0	18.0	14.0	11.0	6.0	0
			備考								
			接面する街路の標準的幅員による格差率については、上記により分類し比較を行う。この場合においては、以下の点に留意すべきとなる。 ①水路、法地は、街路として有効利用が可能な場合のみ幅員に参入 ②約4.5～5m程度が標準的な地域に適用								

(2) 舗装の状態

前記(1)幅員と同様の理由により、宅地地域転換時に舗装のやり替え等が想定されるため、格差率は、宅地地域等と比較すると小さい。

条件	項目	細項目	格差の内訳					
街路条件	接面街路の系統・構造等の状態	舗装	対象地等／標準画地	優 る	やや優る	普 通	やや劣る	劣 る
			優 る	0	−2.0	−4.0	−6.0	−8.0
			やや優る	2.0	0	−2.0	−4.0	−6.0
			普 通	4.0	2.0	0	−2.0	−4.0
			やや劣る	6.0	4.0	2.0	0	−2.0
			劣 る	8.0	6.0	4.0	2.0	0
			備 考					
			接面する街路の舗装の状態について、次により分類し比較を行う 優　る　　標準的な画地が接面する街路の舗装の状態より良い舗装 やや優る　標準的な画地が接面する街路の舗装の状態よりやや良い舗装 普　通　　標準的な画地が接面する街路の舗装の状態と同程度の舗装 やや劣る　標準的な画地が接面する街路の舗装の状態よりやや悪い舗装 劣　る　　標準的な画地が接面する街路の舗装の状態より悪い舗装又は未舗装					

　なお、他の街路条件である行き止まり、一方通行、構造等の要因は、造成工事が完了し宅地地域に転換した後の地域要因に現れるものであり、現時点では、その態様の予測が市場において反応されることはないため、格差は発生しない。

4　交通・接近条件

　交通・接近条件は、公共公益施設が宅地地域転換後に設置されることが多いため、現時点では不明なことが多く、宅地見込地地域における格差率は小さい。また、駅の開通等何らかの要因が影響を与え、交通・接近条件に係る格差が大きく発生する場合は、個別的要因よりも地域要因として発生する場合が多いため、この場合は、近隣地域の範囲を区分することとなる。しかし、現状での接近性のうち市街地又は幹線道路への

第3章 価格形成要因の詳細な分析

接近性は、同一近隣地域内においても市街化進行の程度に大きく影響することから、格差が比較的大きくなる。

（1）市街地又は幹線道路への接近の程度

同一近隣地域内においても、市街化進行の程度は異なることが多い。これは、一般的に宅地開発が市街地に近接する部分又は幹線道路に近接する部分から進むからである。

したがって、格差は以下のとおりであるが、交通・接近条件の中では、最も格差率の高い要因である。

条件	項目	細項目	格差の内訳				
交通・接近条件	市街地又は幹線道路への接近の程度	市街地又は幹線道路への接近の程度	対象地等／標準画地	優る	やや優る	普通	やや劣る	劣る
			優る	0	-3.0	-6.0	-8.0	-11.0
			やや優る	3.0	0	-3.0	-6.0	-9.0
			普通	6.0	3.0	0	-3.0	-6.0
			やや劣る	9.0	6.0	3.0	0	-3.0
			劣る	13.0	10.0	6.0	3.0	0
			備考
			市街地又は幹線道路への接近性について、次により分類し比較を行う 優る　　　標準的な画地と比べて、最寄商店街までの距離が0.3未満 やや優る　標準的な画地と比べて、最寄商店街までの距離が0.3以上0.7未満 普通　　　標準的な画地と比べて、最寄商店街までの距離が0.7以上1.5未満 やや劣る　標準的な画地と比べて、最寄商店街までの距離が1.5以上2.5未満 劣る　　　標準的な画地と比べて、最寄商店街までの距離が2.5以上

（2）公共公益施設等との接近性

　このような宅地見込地地域では、公共公益施設等は、宅地地域に転換後又は転換途中に整備される場合が多く、また、その期間もかなり必要となるため、格差はほとんど発生しない。しかし、近隣地域内の一部では、小規模等の公共施設も建築されることがあり、近隣地域内での各画地の相対的位置による個別格差が若干認められる。

条件	項目	細項目	格差の内訳					
交通・接近条件	公共公益施設等との接近性	最寄り駅、商業施設、幼稚園、小学校、中学校、公園、病院、銀行、郵便局等への接近性	対象地等 / 標準画地	優る	やや優る	普通	やや劣る	劣る
			優る	0	−1.0	−2.0	−3.0	−4.0
			やや優る	1.0	0	−1.0	−2.0	−3.0
			普通	2.0	1.0	0	−1.0	−2.0
			やや劣る	3.0	2.0	1.0	0	−1.0
			劣る	4.0	3.0	2.0	1.0	0
			備考					
			公共公益施設等への接近性について、次により分類し比較を行う。この場合において標準画地までの距離が300m未満の場合は格差はないものとする。 優る　　　標準的な画地と比べて、公共施設3ヶ所の平均距離が0.3未満 やや優る　標準的な画地と比べて、公共施設3ヶ所の平均距離が0.3以上0.6未満 普通　　　標準的な画地と比べて、公共施設3ヶ所の平均距離が0.6以上1.4未満 やや劣る　標準的な画地と比べて、公共施設3ヶ所の平均距離が1.4以上1.8未満 劣る　　　標準的な画地と比べて、公共施設3ヶ所の平均距離が1.8以上					

5 環境条件

(1) 日照、温度、通風、乾湿等

　宅地地域に転換後の価格形成要因のうち日照、通風等の自然的要因は、とても重要となる。特に、生活環境を重視する住宅地域においては、その格差は大きい。しかし、宅地見込地を造成する場合は、一般的に自然的環境が良好となるように開発計画の作成を行うため、現時点での環境条件を反映する格差は少ない。したがって、着目すべき要因としては、造成工事により日照、通風等が良好となるようにできる可能性があるか否かに留意する必要がある。

条件	項目	細項目	格差の内訳					
環境条件	日照・通風・乾湿等の良否	日照・温度・通風・乾湿等	対象地等／標準画地	優　る	やや優る	普　通	やや劣る	劣　る
			優　る	0	−5.0	−9.0	−14.0	−17.0
			やや優る	5.0	0	−5.0	−10.0	−13.0
			普　通	10.0	5.0	0	−5.0	−9.0
			やや劣る	16.0	11.0	5.0	0	−4.0
			劣　る	21.0	15.0	10.0	4.0	0
			備　考						
			日照、通風等の自然的条件について、次により分類し比較を行う。						

(2) 地勢、地質、地盤等

　地勢、地質、地盤等は、建物の建築に当たって重要な要素である。したがって、将来宅地化が行われる宅地見込地においては、重視すべき事項であるが、造成工事の方法及び費用投下の内容によって大きく改善されることもあることに留意すべきである。

条件	項目	細項目	格差の内訳					
環境条件	地勢・地質・地盤等の良否	地勢・地質・地盤等	対象地等／標準画地	優る	やや優る	普通	やや劣る	劣る
			優る	0	−2.0	−4.0	−6.0	−8.0
			やや優る	2.0	0	−2.0	−4.0	−6.0
			普通	4.0	2.0	0	−2.0	−4.0
			やや劣る	6.0	4.0	2.0	0	−2.0
			劣る	8.0	6.0	4.0	2.0	0
			備考					
			地勢、地盤等の自然的条件の良否について、次により分類し比較を行う。					
			優る　　地勢、地盤等自然的条件が標準画地より優れている画地					
			やや優る　地勢、地盤等自然的条件が標準画地よりやや優れている画地					
			普通　　地勢、地盤等自然的条件が標準画地と同じ程度の画地					
			やや劣る　地勢、地盤等自然的条件が標準画地よりやや劣る画地					
			劣る　　地勢、地盤等自然的条件が標準画地より劣る画地					

（3）隣接不動産等周囲の状態

　同一の近隣地域内に存する各宅地見込地であっても、宅地地域化は市街地及び幹線道路に近接する画地から進むことは、前述のとおりである。このほかに、各宅地見込地について個別的に見れば、周辺地に建物敷地等が存する場合のほうが宅地化が早く進む傾向を有しており、特に単独開発の可能な地域においては、その傾向が強くなっている。これは、農地法による転用許可が緩やかになること及び水道、排水等が整備されていることが大きく影響しているからであり、市場でもこの傾向は明確に現れており、取引価格はやや高めに推移している。したがって、隣接不動産等の周囲の状態によっては、格差を付ける必要がある。

第3章　価格形成要因の詳細な分析

条件	項目	細項目	格差の内訳					
環　境　条　件	隣接不動産等周囲の状態	隣接地の利用の状況	対象地等/ 標準画地	優　る	やや優る	普　通	やや劣る	劣　る
			優　る	0	−2.0	−4.0	−6.0	−8.0
			やや優る	2.0	0	−2.0	−4.0	−6.0
			普　通	4.0	2.0	0	−2.0	−4.0
			やや劣る	6.0	4.0	2.0	0	−2.0
			劣　る	8.0	6.0	4.0	2.0	0
			備　考						
			隣接不動産の利用状況について、次により分類し比較を行う。 優　る　　標準画地と比較して、隣接地等に建物敷地が多く存し、宅地造成の可能性が高い画地 やや優る　標準画地と比較して、周辺地等に建物敷地が点在し、宅地造成の可能性がやや高い画地 普　通　　標準画地と同じ宅地造成の可能性のある画地 やや劣る　標準画地と比較して、隣接地等に建物敷地が少なく、宅地造成の可能性がやや低い画地 劣　る　　標準画地と比較して、周辺地等に建物敷地が少なく、宅地造成の可能性が低い画地						

（4）供給処理施設等

　通常、宅地見込地地域には下水道及び都市ガスの施設が存することはないが、一部の市街地に隣接する画地等においては存することがある。しかし、このような施設は、宅地地域転換中又は転換後には付設されることが通常であるため、大きな格差は発生しない。しかし、上水道については、宅地見込地地域内であっても、単独開発の可能性がある以上、若干の格差が発生することとなる。

条件	項目	細項目	格差の内訳			
環境条件	供給処理施設の状態	上水道 下水道 都市ガス等	対象地等 標準画地	優　る	普　通	劣　る
			優　る	0	−2.0	−4.0
			普　通	2.0	0	−2.0
			劣　る	4.0	2.0	0
			備　考			
			上、下水道、都市ガス等施設の状態について、次により分類し比較を行う。 優　る　　　画地内に水道が整備されている画地 やや優る　　画地の前面道路に本管が存し、整備が容易な画地 普　通　　　画地の前面道路に本管が存せず、整備がやや難しい画地			

（5）嫌悪施設等との接近の程度

　変電所、ガスタンク、汚水処理場、焼却場等の既存の嫌悪施設は、宅地地域転換後も存する可能性が高く、また、宅地開発に伴う移転も困難である。したがって、宅地見込地であっても、転換後・造成後の宅地地域の要因が重視されるため、その状態が改善できない以上その影響は大きく、住宅地と同様に格差が高くなる傾向を有している。

条件	項目	細項目	格差の内訳					
環境条件	嫌悪施設等との接近の程度	変電所・ガスタンク・汚水処理場・焼却場等	対象地等\標準画地	無	有				
					小	やや小	やや大	大	極めて大
			無	0	−5.0	−10.0	−15.0	−20.0	−25.0
			有 小	5.0	0	−5.0	−11.0	−16.0	−21.0
			有 やや小	11.0	6.0	0	−6.0	−11.0	−17.0
			有 やや大	18.0	12.0	6.0	0	−6.0	−12.0
			有 大	25.0	19.0	13.0	6.0	0	−6.0
			備考					
			危険施設又は処理施設等の有無及びそれらの配置の状態等に基づく危険性若しくは悪影響の度合いについて、次により分類し比較を行う。 　無　　　危険施設、処理施設等による影響が皆無又は皆無に等しい画地 　小　　　危険施設、処理施設等による影響が若干認められる画地 　やや小　危険施設、処理施設等による影響が認められる画地 　やや大　危険施設、処理施設等による影響がやや大きく認められる画地 　大　　　危険施設、処理施設等による影響が大きく認められる画地 　極めて大　危険施設、処理施設等による影響が極めて大きく認められる画地					

（6）市街化進行の程度

　市街化進行の程度とは、宅地見込地地域から宅地地域への転換に要する期間である「熟成度」に関する事項である。

　市街化進行の程度は、地域要因の場合には近隣地域と比較する地域との相対的関係を、個別的要因の場合には近隣地域内の標準画地と各画地との相対的関係を強弱で比較し、格差を求める。

条件	項目	細項目	格差の内訳					
環境条件	市街化進行の程度	市街化進行の程度	対象地等／標準画地	優　る	やや優る	普　通	やや劣る	劣　る
			優　る	0	−3.5	−7.0	−10.5	−14.0
			やや優る	3.5	0	−4.0	−7.5	−11.0
			普　通	7.5	4.0	0	−4.0	−7.5
			やや劣る	12.0	8.5	4.0	0	−3.5
			劣　る	16.0	12.5	8.0	4.0	0
			備　考					
			市街化進行の程度について、次により分類し比較を行う。 優　る　　市街化進行の程度が標準画地より優れている画地 やや優る　　　　　〃　　　　　よりやや優れている画地 普　通　　　　　〃　　　　　と同じ程度の画地 やや劣る　　　　　〃　　　　　よりやや劣る画地 劣　る　　　　　〃　　　　　より劣る画地					

6　画地条件

　個別的要因のうち画地条件については、宅地地域転換のための造成工事により現状が変化するのであるから、基本的には格差が発生しにくい。格差が発生する場合は、造成工事費及び有効宅地化率に影響を与える要因が主となるため、宅地の画地条件と比較して、項目はかなり減少する。

（１）地積過小

　中規模開発を前提とする場合は、各画地の地積は大きい画地ほど良く、小さい画地は減価要因となる。この場合の減価発生点も、通常では500㎡程度からであるが、本例では単独開発の可能性もある宅地見込地地域のため、地積過小の減価発生点は極めて小さく、住宅地並みとなる。これは、宅地見込地としては地積過小であっても、単独で宅地開発し建物敷地等として利用する場合は、減価要因とはならないためであ

る。

条件	項目	細項目	格差の内訳					
画地条件	間口・形状及び地積	地積過小	対象地等\\標準画地	普通	やや劣る	劣る	相当に劣る	極端に劣る
			普　　通	1.00	0.99	0.98	0.96	0.94
			やや劣る	1.01	1.00	0.99	0.97	0.95
			劣　　る	1.02	1.01	1.00	0.98	0.96
			相当に劣る	1.04	1.03	1.02	1.00	0.98
			極端に劣る	1.06	1.05	1.04	1.02	1.00
			備　　考						
			地積過小の程度について、次により分類し比較する。[標準画地最大面積を100㎡として] 　普　　通　　標準的範囲内 　やや劣る　　最大標準地積100㎡に対して80以上100％未満 　劣　　る　　最大標準地積100㎡に対して70以上80％未満 　相当に劣る　最大標準地積100㎡に対して65以上70％未満 　極端に劣る　最大標準地積100㎡に対して65％未満 ただし、標準的な範囲内である地積が変化した場合は、これに伴って変化するものとする。						

（2）地積過大

　地積過大についても、地積過小と同様に大規模開発を前提とすれば増価要因となるが、本例の場合は単独開発の可能性を有するため、ある一定以上の地積は、若干であるが減価要因が認められる。これは、単価と総額との関係において、市場性が若干減退するからである。

条件	項目	細項目	格差の内訳					
画地条件	間口・形状及び地積	地積過大	対象地等／標準画地	普通	やや劣る	劣る	相当に劣る	極端に劣る
			普 通	1.00	0.99	0.98	0.96	0.94
			やや劣る	1.01	1.00	0.99	0.97	0.95
			劣 る	1.02	1.01	1.00	0.98	0.96
			相当に劣る	1.04	1.03	1.02	1.00	0.98
			極端に劣る	1.06	1.05	1.04	1.02	1.00
			備　　考					
			地積過大の程度について、次により分類し比較する。[標準画地最大面積を1500㎡として] 普　　通　　標準的範囲内 や や 劣 る　最大標準地積1500㎡に対して101以上150％未満 劣　　る　　最大標準地積1500㎡に対して150以上200％未満 相 当 に 劣 る　最大標準地積1500㎡に対して200以上300％未満 極 端 に 劣 る　最大標準地積1500㎡に対して300％以上					

(3) 形状

　本例のような熟成度がやや高い宅地見込地は、全体的な開発により区画の修正を行うものであるから、宅地見込地時点における形状が劣っていても、格差は少ない。また、単独開発の可能性がある地域においても、隣接地との併合開発によりその減価要因が解消されることが多いため、格差は発生するが、その率は小さくなる。形状補正による減価率は、熟成度が低いほど小さく、熟成度が高くなるに従って大きくなることが一般的である。

第3章　価格形成要因の詳細な分析

条件	項目	細項目	格差の内訳					
画地条件	間口・形状及び地積	形状	対象地等 / 標準画地	普通	やや劣る	劣る	相当に劣る	極端に劣る
			普通	1.00	0.99	0.98	0.97	0.96
			やや劣る	1.01	1.00	0.99	0.98	0.97
			劣る	1.02	1.01	1.00	0.99	0.98
			相当に劣る	1.03	1.02	1.01	1.00	0.99
			極端に劣る	1.04	1.03	1.02	1.01	1.00
			備考					
			形状の程度について、次により分類し比較を行う。 普　　通　　長方形等整形又は整形に近い台形画地 やや劣る　　台形に近い形状で有効利用度が高い画地 劣　　る　　台形で有効利用度が低い画地及び三角地で有効利用度が比較的高い画地 相当に劣る　その他の画地及び三角地で有効利用度がやや低い画地 極端に劣る　三角地等で有効利用が困難な画地 （上記の他、帯状画地，鍵形画地等で単独開発後に建築物の建築が不可能な土地については、上記格差率に0.95～0.80を乗じた数値を採用することができる。）					

（4）有効宅地化率

　中規模開発が予定される場合、各画地における有効宅地化率は同じであるため、素地となる宅地見込地の有効宅地化率による格差はほとんどなく、宅地見込地における有効宅地化率の格差は、単独開発を前提とした場合のみに発生する要因である。したがって、本例では両方の要因を有するため、格差は小さくなる傾向を有する。

　なお、有効宅地化率とは、有効宅地部分の面積が開発総面積に占める割合をいうが、例を挙げれば、次のとおり計算される。

例

```
┌─────┬─────┬─────┬─────┬─────┬─────┐
│  ①  │  ②  │  ③  │  ④  │  ⑤  │     │
├─────┴─────┴─────┴─────┴─────┤ 公園 │
│        進 入 路 部 分        │     │
├─────┬─────┬─────┬─────┬─────┤  ⑥  │
│  ⑪  │  ⑩  │  ⑨  │  ⑧  │  ⑦  │     │
└─────┴─────┴─────┴─────┴─────┴─────┘
```

・全体面積　　　　2070m²
・宅地部分面積
　　①〜⑪　合計　1650m²
・公園面積　　　　170m²
・進入路部分　　　250m²
　有効宅地化率
　　1650m²÷2070m²＝79.7％

条件	項目	細項目	格差の内訳						
	有効宅地化率	有効宅地化率	対象地等／標準画地	90％以上	85％以上	80％以上	75％以上	70％以上	65％以上	60％以上
画地条件			90％以上	1.00	0.97	0.94	0.92	0.89	0.86	0.83
			85％以上	1.03	1.00	0.97	0.94	0.91	0.88	0.85
			80％以上	1.06	1.03	1.00	0.97	0.94	0.91	0.88
			75％以上	1.09	1.06	1.03	1.00	0.97	0.94	0.91
			70％以上	1.13	1.10	1.06	1.03	1.00	0.97	0.94
			65％以上	1.16	1.13	1.10	1.07	1.03	1.00	0.97
			60％以上	1.20	1.17	1.14	1.10	1.07	1.03	1.00
			備考							
			単独開発が可能な場合において、角地、間口、奥行等によって有効宅地化率を考慮するものとする。上記の場合において対象地等の単独開発が合理的に行えない場合は、隣接地との併合開発を想定するものとし、格差率は50％を採用するものとする。							

（5）造成工事費

　道路との高低差及び隣接する宅地地域との高低差は、同一近隣地域内における宅地見込地の画地間では、ほぼ同じ場合が多い。しかし、地形的な理由によっては、各画地間の高低差が発生する場合がある。この場合、大規模開発を想定する地域の場合には、格差率が小さいが、単独開

発が見込まれる場合は、逆に大きくなる。

造成工事費は、地域要因でも比較することが多く、「造成の難易度」で考慮するが、採用する数値は個別的要因と同様である。

条件	項目	細項目	格差の内訳							
画地条件	造成工事費	道路との高低差	対象地等 標準画地	等 高	0.5m 低い	1.0m 低い	1.5m 低い	2.0m 低い	2.5m 低い	3.0m 低い
			等 高	1.00	0.98	0.96	0.94	0.92	0.90	0.88
			0.5m 低い	1.02	1.00	0.98	0.96	0.94	0.92	0.90
			1.0m 低い	1.04	1.02	1.00	0.98	0.96	0.94	0.92
			1.5m 低い	1.06	1.04	1.02	1.00	0.98	0.96	0.94
			2.0m 低い	1.09	1.07	1.04	1.02	1.00	0.98	0.96
			2.5m 低い	1.11	1.09	1.07	1.04	1.02	1.00	0.98
			3.0m 低い	1.14	1.11	1.09	1.07	1.05	1.02	1.00
			備　考							
			上記の場合において造成工事費の把握が容易な場合は、標準画地及び対象地の造成工事費をそれぞれ求め、格差率を求めるものとする。なお、上記は、標準画地を1000㎡程度と想定したが、500㎡程度の場合は30％格差率を高く、また、1500㎡程度の場合は30％格差率を低くするものとする。							

7　行政的条件

本例のような熟成度が普通程度の宅地見込地地域では、通常市街化調整区域に指定されているため、都市計画法による格差は発生しにくい。しかし、本例では、前述のとおり市街化調整区域の指定による規制とは別に農地法及び農用地区域の制限を受けており、価格形成要因に大きく影響を与えることとなる。

例を挙げて説明しよう。

下図は、近隣地域内に存する標準的な画地条件を有する田であるが、農地法の適用によって、どのように変化するかを分析してみよう。

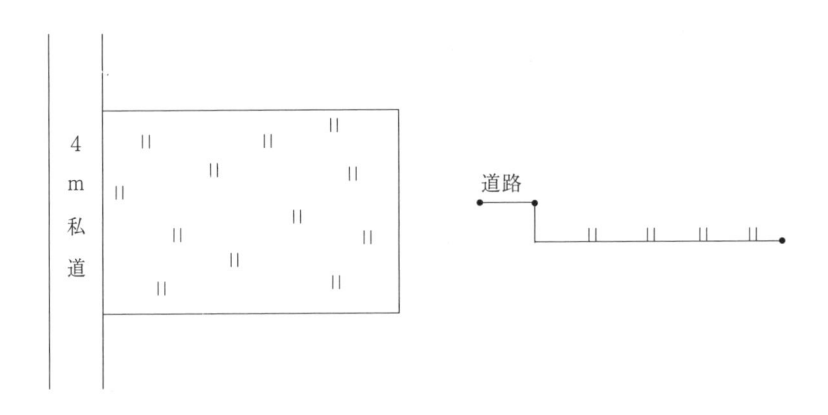

(1) 農地法の適用を受けない場合

仮に、農地法の適用を受けない土地であるとすれば、都市計画法の適用を受けるのみであるから、都市計画法第29条及び第34条に定められた用途の開発は可能である。したがって、公法規制の面だけから見れば、宅地造成を行い、一定の建築物を建築することは可能となる。

(2) 農用地区域に存する場合

農業振興地域の整備に関する法律で農用地区域に指定された土地は、通常では農業用施設等を除き、建物敷地として利用するための開発許可は困難である。したがって、農用地区域に指定されている土地は、それ以外の土地と比較して減価となる。

(3) 農用地区域外に存する場合

農用地区域の指定を受けていない農地は、農地転用許可基準をクリアすれば、農地から宅地への転用は可能となるため、(1)と同様に開発許可を得ることが可能となる。

このように、市街化調整区域内の開発行為の規制は、都市計画法、農地法等の適用によって、大きく格差が異なることとなる。

条件	項目	細項目	格差の内訳					
行政的条件	公法規制の程度	公法規制の程度	対象地等/標準画地	優 る	やや優る	普 通	やや劣る	劣 る
			優 る	0	−1.0	−2.0	−3.0	−4.0
			やや優る	1.0	0	−1.0	−2.0	−3.0
			普 通	2.0	1.0	0	−1.0	−2.0
			やや劣る	3.0	2.0	1.0	0	−1.0
			劣 る	4.0	3.0	2.0	1.0	0
			備　考						
			優　る　標準的な画地より公法規制が緩やかな画地						
			やや優る　標準的な画地より公法規制がやや緩やかな画地						
			普　通　標準的な画地と公法規制が同じ画地						
			やや劣る　標準的な画地より公法規制がやや厳しい画地						
			劣　る　標準的な画地より公法規制が厳しい画地						

8　収益性条件

　上記以外で一般的に格差が認められる個別的要因としては、農地としての収益性、現況での利用状況等の要因がある。

(1)　農地としての収益性

　第2章「農地の価格形成要因」で述べたとおり、宅地見込地であっても地価水準の低い場合は、農地としての収益性による格差が市場では認められる。本例のように、宅地見込地の価格が28,000円、「収益性部分」が2,000円とすれば、7％が農地としての収益性を反映した価格であると考えられるため、その範囲内において鑑定評価上は価格に反映すべきである。

　また、農地としての収益性は、交通・接近条件、自然的条件、画地条件等の相互作用によって格差が生ずるため、本来は区分して分析すべきである。しかし、宅地見込地では、価格形成要因の中で「収益性部分」の占める割合が小さいことから、総合的に分析して判定することとな

る。

　なお、本項目における格差は、地目がすべて田とした場合の格差率であり、近隣地域内において地目が異なる場合は、（2）「現況での利用状況」によるものとする。

条件	項目	細項目	格差の内訳					
その他	農地としての収益性	農地としての収益性	対象地等 標準画地	優　る	やや優る	普　通	やや劣る	劣　る
			優　る	0	−1.0	−2.0	−3.0	−4.0
			やや優る	1.0	0	−1.0	−2.0	−3.0
			普　通	2.0	1.0	0	−1.0	−2.0
			やや劣る	3.0	2.0	1.0	0	−1.0
			劣　る	4.0	3.0	2.0	1.0	0
			備　考						
			地域内の収益性の程度について、比較を行う。 優　る　　標準画地と比較して、農地としての収益性が高い画地 やや優る　　　　〃　　　　　　　　　　　　　　　やや高い画地 普　通　　標準画地と比較して、農地としての収益性が普通程度の画地 やや劣る　　　　〃　　　　　　　　　　　　　　　やや低い画地 劣　る　　　　　〃　　　　　　　　　　　　　　　低い画地						

（2）現況での利用状態

　近隣地域内であっても、各画地の利用状態が田、畑、原野等と異なれば価格形成要因も異なることとなることから格差が発生するが、一般的に市場では、田→畑→原野・湿田と価格が低下しているため、次の格差となる。

　造成地及び粗造成地については、農地の収益性に係る要因を含まないが、評価の実務上では、現況での利用状態で格差を判断することが通常

であるため、本項目に含めるものとした。

　また、造成地及び粗造成地については増価要因となっているが、これは、造成地及び粗造成地を宅地開発する場合においては、農地と比較して開発費が少ない等の理由により、市場では高く取り引きされることが影響しているためである。なお、造成地及び粗造成地については、画地条件における造成工事費と関係があるため、適用に当たっては、重複しないよう留意すべきである。

条件	項目	細項目	格差の内訳					
そ の 他	現況の利用状態	現況の利用状態	対象地等 / 標準画地	造成地	粗造成地	田地	畑地	原野湿田
			造成地	0	－6.0	－9.0	－11.0	－13.0
			粗造成地	7.0	0	－3.0	－5.0	－7.0
			田地	10.0	3.0	0	－2.0	－4.0
			林地	12.0	5.0	2.0	0	－2.0
			原野湿田	15.0	7.0	4.0	2.0	0
			備考						
			この場合の造成地とは、宅地をいうものではなく、単に盛土を行う擁壁を施している程度の土地をいう。						

第3節　その他の農地の個別的要因比準表

1　農業本場純農地地域（田地地域）の価格形成要因

本項で分析する農業本場純農地とは、「現況農地の価格構造図」におけるK^4地点とする。

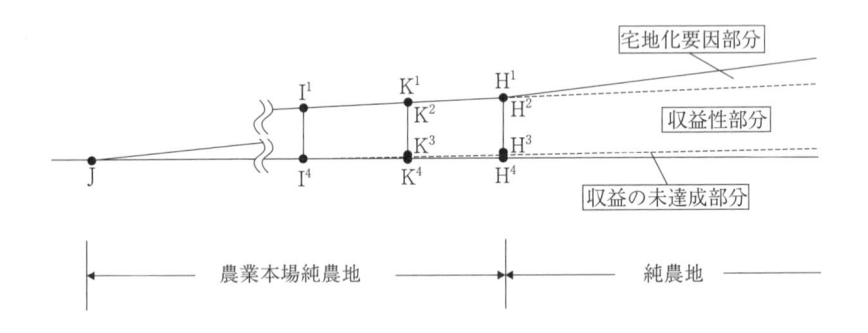

```
                                          宅地化要因部分
              I¹     K¹    H¹
                     K²    H²
                     K³    H³          収益性部分
      J       I⁴    K⁴    H⁴
                                        収益の未達成部分

      |――― 農業本場純農地 ―――|― 純農地 ―|
```

農業本場純農地地域とは、第1章で述べたように、農地の価格形成要因のうち農地本来の目的である農地としての収益性のみによって価格が形成される地域をいい、本書では、「収益性部分」のみ又は「収益性部分」及び「収益の未達成部分」により価格が形成される地域をいう。

したがって、価格形成要因の特徴としては、農作物の生産に強く影響を与える自然的条件等の格差が大きくなっている。

なお、農業本場純農地では、第1節で述べた宅地化の影響を受けた農地の価格形成要因のうち「収益性部分」に係る価格形成要因のみが該当するほか、その内容も類似するため、相違点を中心に述べるものとす

る。

(1) 交通・接近条件

農道の状態のうち幅員については、農機具、運搬車輌等の往来に影響を与えることから、幅員が4m以下では格差が大きくなるが、4mを超えれば幅員による影響は小さいことから、格差は少ない。

舗装の状態についても、小石、塵芥等の跳飛による農地への被害及び農機具、車輌運搬具等の往来に影響を与えるため、格差は大きくなる。

集落との接近性は、農業本場純農地地域では周辺に農家住宅等が点在することは少なく、また、存する場合であっても集積度が低いことが通常であるため、格差は発生しにくい。

(2) 自然的条件

自然的条件は、農業本場純農地地域の価格形成要因の中では最も高い格差率が発生する項目である。

日照の状態は、稲の生育に大きく影響を与えるため、格差は大きくなる傾向を有する。

土壌の良否は、近隣地域内では土壌の状態がほとんど均一であるため、格差が発生することは少ない。

保水についても、土壌の状態と同様である。

礫の状態については、農作物の生産に大きく影響を与えるため、格差率も高くなるが、田地には礫が少なく、格差が発生する可能性は少ない。

かんがい及び排水については、近隣地域全体にわたって同程度であることが通常であり、個別的に格差が発生する可能性は低い。

水害の危険性は、農作物の生産に大きく影響を与えるため、格差率が高くなる傾向を有する。これは、農業本場純農地地域の価格形成要因が「収益性部分」のみによって形成されているからである。

その他の災害の危険性についても、水害の危険性と同様である。

休耕田等保守管理の状態が悪い場合は、農業本場純農地の価格水準が宅地化の影響を有する農地と比べて低く、農地としての復元費用が相対的に高くなるため、格差率は高くなる。

（3）画地条件

　農地は、地積が大きいほど耕作を行うに当たっての作業効率が高くなることから増価要因となるが、宅地化の影響を受けた農地及び宅地見込地では、取引総額が大きくなることから市場性に欠けることとなり、一定の面積以上では減価要因となる。しかし、農業本場純農地地域は、「収益性部分」のみにより価格が形成されているため比較的地価水準が低く、単価と総額との関係において地積過大が減価要因となることは比較的少ない。

　また、地積過小については、逆に作業効率が低くなるため、減価要因となる。減価発生点は、通常10アール程度からであるが、特に5アール(注)を下回ると単独での作業効率が低くなるため、市場性が劣ることとなる。これは、市場において隣接地所有者以外に売却することが困難となってしまうからであり、大きな減価要因となる。

　形状についても、作業効率に大きな影響を与えることから地積と同様の傾向が見られ、格差率が高くなっている。

　障害物による障害度についても、作業効率に大きな影響を与えることから、格差率が高くなる。

　有効耕作面積による格差率は、全体面積の中で耕作不能地の占める割合のみではなく、耕作不能地の性格によっても大きく異なる。耕作不能地が急傾斜の法地で作物の栽培が困難な場合は減価率が高くなり、緩傾斜でぜんまい畑、果樹園等に利用可能な場合は減価率が低くなる傾向を有している。

　（注）稲作を前提としているが、作物が異なれば、面積も異なる。

（4）宅地化条件

農業本場純農地地域の場合は、宅地化の影響そのものがないため、この項目は必要ない。

（5）行政的条件

「収益性部分」に対して行政的条件が影響を与えることは少ないため、農地法適用除外地及び農用地区域内外との格差はほとんどない。

（6）その他

「収益の未達成部分」に対応する個別的要因としては、用途の多様性が挙げられる。農業本場純農地では、宅地化の影響を若干受けた純農地と比較して用途の多様性が小さくなることから、格差はさらに小さくなる。

2　純農地の個別的要因

本項で分析する純農地の個別的要因とは、「現況農地の価格構造図」における L^4 地点とする。

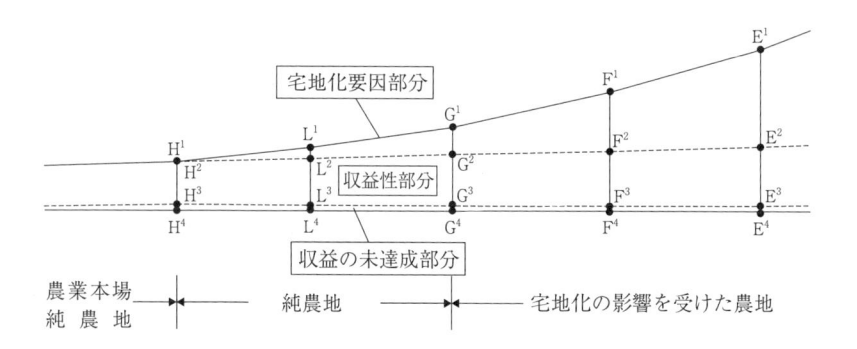

純農地の個別的要因は、農地が有する「収益性部分」、「収益の未達成部分」及び若干の「宅地化要因部分」から形成される。

　「収益性部分」に係る土地価格比準表については、宅地化の影響を受けた農地及び農業本場純農地と価格形成要因が類似しているため、同様に作成するものとする。

　「収益の未達成部分」も同様に作成する。

　「宅地化要因部分」については、宅地化の影響を受けた農地と比較して、農地価格の中に占める割合が小さく、各要因が市場価格の中では具現化していない。このため、宅地化の影響については、単にその強弱のみによって概略的に考慮することとなる。

　土地価格比準表の作成を例に挙げれば、次のとおりである。

条件	項目	細項目	格差の内訳					
宅地化条件	宅地化等の影響の程度	宅地化等の影響	対象地等 標準画地	優　る	やや優る	普　通	やや劣る	劣　る
			優　る	0	−9.0	−19.0	−28.0	−37.0
			やや優る	10.0	0	−11.0	−21.0	−31.0
			普　通	23.0	12.0	0	−12.0	−23.0
			やや劣る	40.0	27.0	14.0	0	−13.0
			劣　る	60.0	45.0	30.0	14.0	0
			備　考					
			地域内の宅地化の影響の程度について、比較を行う。					
			優　る　　標準画地と比較して、宅地化等による影響を強く受けている画地					
			やや優る　　〃　　　　　　　　　　　　　　　　　　やや強く受けている画地					
			普　通　　標準画地と比較して、宅地化等による影響が普通程度の画地					
			やや劣る　　〃　　　　　　　　　　　　　　　　　　やや弱い画地					
			劣　る　　　〃　　　　　　　　　　　　　　　　　　弱い画地					

3　宅地地域内農地の価格形成要因

本項で分析する宅地地域内農地とは、「現況農地の価格構造図」における M^4 地点とする。

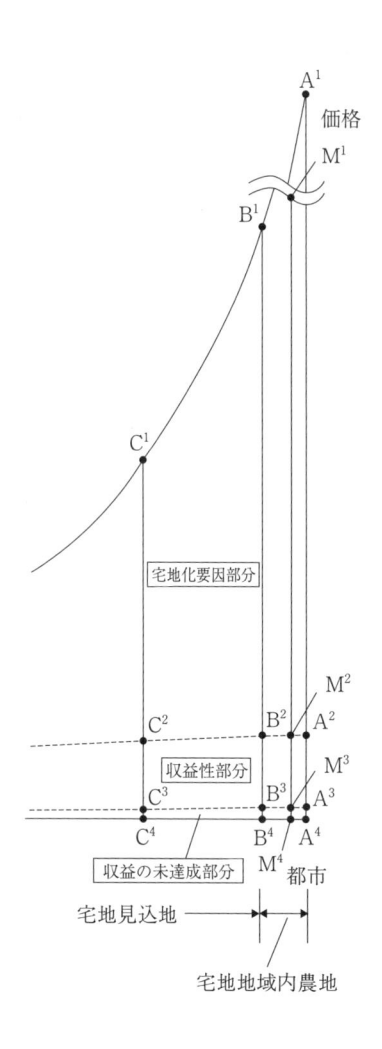

宅地地域内農地は、鑑定評価上では宅地と判断されるため、価格形成要因は、宅地と同様である。
　したがって、土地価格比準表も、宅地の比準項目である街路条件、交通・接近条件、環境条件、画地条件等に区分され、基本的には宅地の比準表を採用することとなるが、画地条件については、通常の宅地とはやや異なり、主として宅地に造成すると想定した場合における造成費等相当額を考慮することとなる。これについては、一般的に造成に係る土木工事費及びその他の工事費があるが、例を挙げれば、次のとおりである。

（1）土木工事費（高低差の補正）

　対象地を宅地として利用するためには、通常道路と等高にする必要がある(注)。このため、土木工事費を直接的に算定する必要がある。
　土木工事費に関する算定例を挙げれば、次のとおりである。

> （注）近隣地域内の標準画地が道路より高い又は低い場合は、造成工事は標準画地と同程度の高さに行うことを想定して算定する。

ア　高低差の算定例

　下図のように道路に対して約1m低い画地は、道路と等高に造成することが一般的である。

【例】

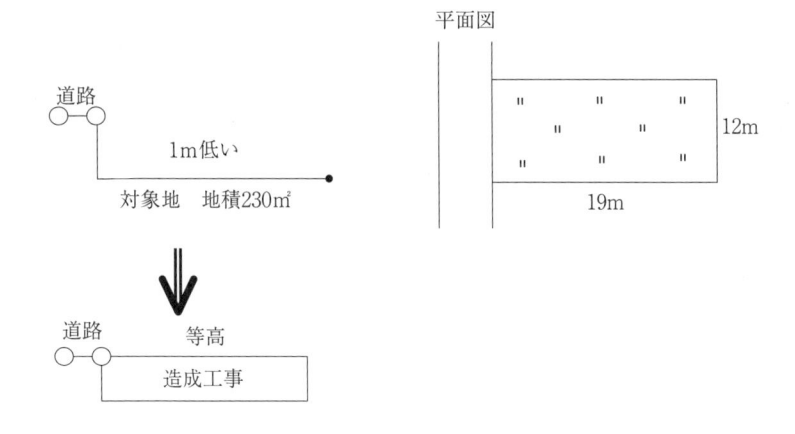

```
道路
○─○
        1m低い
    対象地　地積230㎡
```

平面図
```
┌─────────────┐
│ "    "   "  │ 12m
│   "    "    │
│ "    "   "  │
└─────────────┘
      19m
```

```
       ↓

道路   等高
○─○ ┌─────────┐
     │ 造成工事 │
     └─────────┘
```

この例に基づき造成工事費を算定すれば、次のとおりである。

擁　　壁：12,000円／m × 延50m ＝ 600,000円
土　工　事：1,100円／m^2 × 230m^2 ＝ 253,000円
雑工事等：300,000円
小　　計：1,153,000円

$$5,013円／m^2$$

標準画地価格を1m^2当たり130,000円とすれば、次の格差率となる。

5,013円／m^2 ÷ 130,000円／m^2 ≒ 0.0386

$$格差率\frac{96.1}{100}$$

イ　土地価格比準表の作成例

上記例を基に造成工事費に係る土地価格比準表を作成すれば、次のとおりである。

条件	項目	細項目	格差の内訳						
画地条件	造成工事費	道路との高低差	対象地等／標準画地	等　高	0.5m 低い	1.0m 低い	1.5m 低い	2.0m 低い	2.5m 低い	3.0m 低い
			等　　高	1.00	0.98	0.96	0.94	0.92	0.90	0.88
			0.5m 低い	1.02	1.00	0.98	0.96	0.94	0.92	0.90
			1.0m 低い	1.04	1.02	1.00	0.98	0.96	0.94	0.92
			1.5m 低い	1.06	1.04	1.02	1.00	0.98	0.96	0.94
			2.0m 低い	1.09	1.07	1.04	1.02	1.00	0.98	0.96
			2.5m 低い	1.11	1.09	1.07	1.04	1.02	1.00	0.98
			3.0m 低い	1.14	1.11	1.09	1.07	1.05	1.02	1.00
			備　　考							
			上記は、標準画地を1000m²程度と想定したが、500m²程度の場合は表示した格差率に対して30％程度高く、また、1500m²程度の場合は30％程度低くするものとする。							

（2）その他の工事費（上・下水道、ガス等の補正）

上・下水道工事費、ガス工事費等である。

ア　上水道

標準住宅地域においては、水道の本管が前面道路に埋設されているのが通常であるため、ここで述べる上水道とは、本管から各画地に引き込む費用をいうものとする。

格差率の判定に当たっては、価格水準と敷地内に引き込むために必要な費用とを関連づけて求めるべきであり、一般的には次のように格差率を求める。

【例】・土地価格：総額25,000,000円
　　　・引込費用：300,000円（標準的工事費）
　　　・格差率：300,000円 ÷ 25,000,000円 ＝ 0.012
　　　　　　　　　　　　　　　　　　　　　≒ 1.2％

したがって、次のとおりの格差率となる。

第3章　価格形成要因の詳細な分析

細項目	格差の内訳			
上水道	対象地等＼標準画地	普　通	やや劣る	劣　る
	普　通	0	−1.0	−3.0
	やや劣る	1.0	0	−2.0
	劣　る	3.0	2.0	0
	備　考			
	上水道の状態について、次により分類し比較を行う。 普　通　画地内に上水道管が整備されている画地 やや劣る　画地の前面道路に本管が存し、整備が容易な画地 劣　る　画地の前面道路にも上水道の整備がなされていない画地 又は整備が困難な画地			

イ　下水道

　下水道についても、上水道と同様に考えるべきである。

　なお、各自治体によって下水道事業受益者負担金が異なることから、これらの費用比較により格差率を考慮すべき地域も存することに留意すべきである。

細項目	格差の内訳			
下水道	対象地等＼標準画地	優　る	普　通	劣　る
	優　る	0	−1.0	−2.0
	普　通	1.0	0	−1.0
	劣　る	2.0	1.0	0
	備　考			
	下水道施設の整備の状態について、次により分類し比較を行う。 優　る　画地内に下水道が整備されている画地 普　通　画地の前面道路に本管が存し、整備が容易な画地 劣　る　画地の前面道路にも下水道の整備がなされていない画地 又は整備が困難な画地			

ウ　都市ガス

　都市ガスについても、上・下水道と同様に考えるべきである。しかし、地方都市においては、プロパンガスとの格差が少なく、不動産取引市場において価格に影響を与えるとは限らない場合があることに留意すべきである。

細項目	格差の内訳			
都市ガス等	対象地等 / 標準画地	優　る	普　通	劣　る
	優　る	0	−1.0	−2.0
	普　通	1.0	0	−1.0
	劣　る	2.0	1.0	0
	備　考			
	都市ガス施設等の整備の状態について、次により分類し比較を行う。 　優　る　画地内に都市ガスが整備されている画地 　普　通　画地の前面道路に本管が存し、整備が容易な画地 　劣　る　画地の前面道路にも都市ガスの整備がなされていない画地又は整備が困難な画地			

第4章

農地の鑑定評価

「現況農地の価格構造図」で述べたように、現況農地の価格形成要因は農業本場純農地〜宅地地域内農地の区分によって異なるため、鑑定評価の方法もそれぞれ異なることとなる。
　したがって、本章では、農業本場純農地〜宅地地域内農地の鑑定評価の方法を個別に述べるものとするが、まず読者の理解を容易にするために、鑑定評価の方法が最も理解し易い宅地化の影響を受けた農地を鑑定評価の具体例に沿って述べ、次に各農地の鑑定評価の方法を同様に述べるものとする。

第1節　宅地化の影響を受けた農地の鑑定評価

1　宅地化の影響を受けた農地の意義

(1)　想定する地域及び価格形成要因

　宅地化の影響を受けた農地は、「収益性部分」、「収益の未達成部分」及び「宅地化要因部分」から価格形成要因が構成されるが、本例において想定する宅地化の影響を受けた農地とは、「現況農地の価格構造図」のF^4地点に該当する地域に存する農地とする。

第4章　農地の鑑定評価

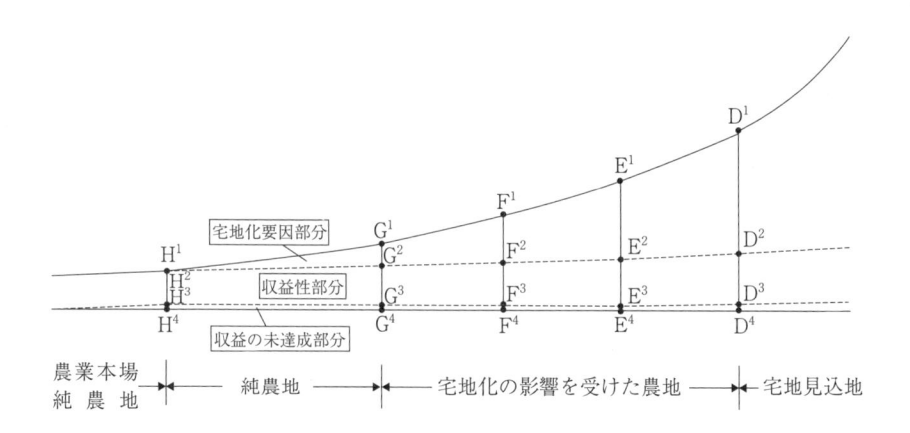

```
                                                    D¹
                                          E¹
                                F¹
      宅地化要因部分    G¹        F²        E²        D²
  H¹               G²
   H²    収益性部分   G³        F³        E³        D³
    H³
  H⁴   収益の未達成部分  G⁴        F⁴        E⁴        D⁴
｜農業本場｜         ｜         ｜              ｜         ｜
 純 農 地    純農地      宅地化の影響を受けた農地   宅地見込地
```

（2）　価格への接近方法

　宅地化の影響を受けた農地は、価格形成要因が「収益性部分」を中心に、「収益の未達成部分」及び「宅地化要因部分」から構成されるため、鑑定評価に当たっては、それらの価格形成要因を反映した評価方法を適用しなければならない。

　農地の鑑定評価方式には、取引事例比較法、収益還元法及び原価法があるが、原価法は、農地の造成事例がほとんど見られないことから、実務上では適用することが困難である。したがって、取引事例比較法及び収益還元法を適用して鑑定評価額を求めるものとする。

　宅地化の影響を受けた農地の鑑定評価の方法については、不動産鑑定評価基準に沿って行うこととなるが、本書においては、実際に行われる鑑定評価を基にして、各項目ごとに解説するものとする。

　なお、本章で解説する鑑定評価書については、国土交通省四国地方整備局で統一的に用いられている様式を採用するものとする。

　この様式による鑑定評価書の表題部は、次の様式1のとおりである。

（様式１）

※1 鑑 定 評 価 書

発 行 年 月 日 ※9		第〇〇〇〇〇号 平成〇〇年〇月〇日	

四国地方整備局
　〇〇〇〇工事事務所長　〇〇〇　〇〇　殿

平成〇〇年　〇月〇〇日契約に係る土地価格の調査業務につきましては、本鑑定評価書をもって報告いたします。

※2	価 格 時 点	平成〇〇年〇月〇日	
※3	価 格 の 種 類	正　常　価　格	
※4	権 利 の 内 容	所　有　権	
※5	依 頼 の 目 的	公共用地取得（一般国道〇〇号道路用地取得の参考資料）	
※6	鑑 定 評 価 の 条 件	更地価格を求める。	
※7	鑑定評価を行った日	平成〇〇年〇月〇日	
※8	縁故又は利害関係	㊎・有（　　　　　　　　）	

不動産鑑定業者の事務所の所在地及び名称等 ※10	高知市三園町7番地 （有）高知不動産鑑定事務所
不動産鑑定士等の資格及び氏名等 ※11	不動産鑑定士 山 本 一 清

2　鑑定評価書（様式１・※１）

（1）　鑑定評価書の意義

　鑑定評価書とは、不動産鑑定業者が作成し交付するものである。

　不動産鑑定士が作成する文書は、正確には鑑定評価報告書であるが、実務的には鑑定評価報告書がそのまま鑑定評価書として発行されるケースがほとんどであるため、本書では、鑑定評価報告書を鑑定評価書として解説するものとする。

　鑑定評価書は、不動産の鑑定評価の成果を記載した文書であり、鑑定評価の主体が、自己の専門的学識と経験とに基づいた判断及び意見を表明し、その責任の所在を明らかにすることを目的としたものである。

　不動産鑑定評価基準において、鑑定評価書には、少なくとも次に記する点に留意して記載しなければならないと定められている。

第4章　農地の鑑定評価

Ⅰ　鑑定評価額及び価格又は賃料の種類

　正常価格又は正常賃料を求めることができる不動産について、依頼目的及び条件により限定価格、特定価格又は限定賃料を求めた場合は、かっこ書きで正常価格又は正常賃料である旨を付記してそれらの額を併記しなければならない。また、総論第7章、第2節、Ⅰの1.に定める支払賃料の鑑定評価を依頼された場合における鑑定評価額の記載は、支払賃料である旨を付記して支払賃料の額を表示するとともに、当該支払賃料が実質賃料と異なる場合においては、かっこ書きで実質賃料である旨を付記して実質賃料の額を併記するものとする。

Ⅱ　鑑定評価の条件

　対象確定条件又は依頼目的に応じ付加された地域要因若しくは個別的要因についての想定上の条件についてそれらが妥当なものであると判断した根拠を明らかにするとともに、必要があると認められるときは、当該条件が付加されない場合の価格等の参考事項を記載すべきである。

Ⅲ　対象不動産の所在、地番、地目、家屋番号、構造、用途、数量等及び対象不動産に係る権利の種類

Ⅳ　鑑定評価の依頼目的及び条件と価格又は賃料の種類との関連

　鑑定評価の依頼目的及び条件に応じ、当該価格を求めるべきと判断した理由を記載しなければならない。特に、特定価格を求めた場合には法令等による社会的要請の根拠、また、特殊価格を求めた場合には文化財の指定の事実等を明らかにしなければならない。

Ⅴ　価格時点及び鑑定評価を行った年月日

　後日対象不動産の現況把握に疑義が生ずる場合があることを考慮して、実際に現地に赴き対象不動産の現況を確認した年月日（実査日）をあわせて記載しなければならない。

Ⅵ　鑑定評価額の決定の理由の要旨

　鑑定評価額の決定の理由の要旨は、下記に掲げる内容について記載するものとする。

1. 地域分析及び個別分析に係る事項
　同一需給圏及び近隣地域の範囲及び状況、対象不動産に係る価格形成要因についての状況、同一需給圏の市場動向及び同一需給圏における典型的な市場参加者の行動、代替、競争等の関係にある不動産と比べた対象不動産の優劣及び競争力の程度等について記載しなければならない。
2. 最有効使用の判定に関する事項
　最有効使用及びその判定の理由を明確に記載する。なお、建物及びその敷地に係る鑑定評価における最有効使用の判定の記載は、建物及びその敷地の最有効使用のほか、その敷地の更地としての最有効使用についても記載しなければならない。
3. 鑑定評価方式の適用に関する事項
　鑑定評価の三方式を併用することが困難な場合にはその理由を記載するものとする。
4. 試算価格又は試算賃料の調整に関する事項
　試算価格又は試算賃料の再吟味及び説得力に係る判断の結果を記載しなければならない。
5. 公示価格との規準に関する事項
6. その他
　総論第7章、第2節、Iの1.に定める支払賃料を求めた場合には、その支払賃料と実質賃料との関連を記載しなければならない。

Ⅶ　鑑定評価上の不明事項に係る取扱い及び調査の範囲
　対象不動産の確認、資料の検討及び価格形成要因の分析等、鑑定評価の手順の各段階において、鑑定評価における資料収集の限界、資料の不備等によって明らかにすることができない事項が存する場合の評価上の取扱いを明示する必要がある。その際、不動産鑑定士が自ら行った調査の範囲及び内容を明確にするとともに、他の専門家が行った調査結果等を活用した場合においては、当該専門家が調査した範囲及び内容を明確にしなければならない。

Ⅷ　その不動産の鑑定評価に関与した不動産鑑定士の対象不動産に関する利害関係又は対象不動産に関し利害関係を有する者との縁故若しくは特別の利

害関係の有無及びその内容
Ⅸ　その不動産の鑑定評価に関与した不動産鑑定士の氏名

（2）　価格時点（様式1・※2）

　不動産の価格は、その不動産が有する価格形成要因の変化に伴って常に変動しているため、不動産の鑑定評価を行うに当たっては、不動産の価格の決定の基準日を確定しなければならない。

　不動産鑑定評価基準においては、この日を「価格時点」と定めている。

　例を見てみよう。

　後記例は、いずれも同一の農地の1月1日時点における鑑定評価額を表すものであるが、同一の農地の価格であるにもかかわらず、

　　平成14年1月1日6,500,000円／10アール
　　平成17年1月1日5,500,000円／10アール
　　平成20年1月1日5,000,000円／10アール
という鑑定評価額となっている。

【例】

10アール当たり価格

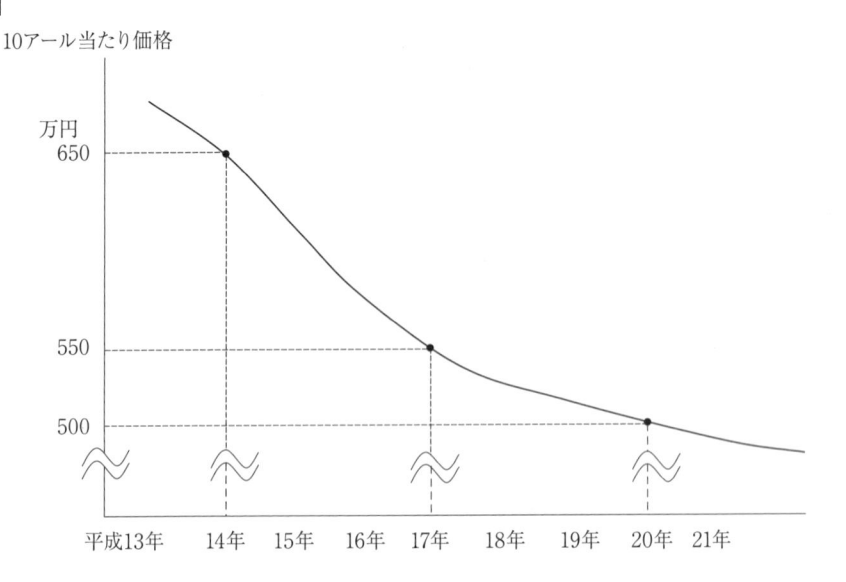

万円
650
550
500

平成13年　14年　15年　16年　17年　18年　19年　20年　21年

　これは、地域要因の変化、個別的要因の変化等に伴って生じるものであり、各時点ごとにおける正常価格が異なるため、「価格時点」の決定が必要となるのである。

(3) 価格の種類（様式1・※3）
　通常では、不動産鑑定評価基準に定められる「正常価格」を求めるが、依頼目的に応じて例外的に限定価格、特定価格及び特殊価格を求めることが必要となる場合がある。
　不動産鑑定評価基準によると、「正常価格とは、市場性を有する不動産について、現実の社会経済情勢の下で合理的と考えられる条件を満たす市場で形成されるであろう市場価値を表示する適正な価格をいう。」と定められている。「市場性を有する不動産」とは、一般市場で取引対象となる不動産を指すものである。
　一般的には、ほとんどの不動産について正常価格を求めることができるが、公共建物等についてその用途での使用継続を前提として行う鑑定

評価は、一般市場では馴染み難く、正常価格とはなり得ない。ただし、このような不動産であっても、公共用財産としての用途を廃止することを前提とすれば市場性を有することとなり、正常価格を求めることが可能となる。

「現実の社会経済情勢」とは、価格時点におけるマクロ経済及び地域経済の動向、流通する不動産の需要と供給の動向、不動産に関する各種の法制度及び税制、不動産に関する市場の取引慣行、市場参加者の不動産に対する価値観の実態等を指すものである。

従来から、正常価格とは、「あるべき価格」なのか「ある価格」なのかという議論があるが、不動産鑑定評価基準では、こうした社会経済の実態を所与とすることにより、正常価格とは「ある価格」であると明確にしている。

また、「現実の社会経済情勢の下で合理的と考えられる条件を満たす市場」とは、同基準で次のように定められている。

（1）市場参加者が自由意志に基づいて市場に参加し、参入、退出が自由であること。
　なお、ここでいう市場参加者は、自己の利益を最大化するため次のような要件を満たすとともに、慎重かつ賢明に予測し、行動するものとする。
　①売り急ぎ、買い進み等をもたらす特別な動機のないこと。
　②対象不動産及び対象不動産が属する市場について取引を成立させるために必要となる通常の知識や情報を得ていること。
　③取引を成立させるために通常必要と認められる労力、費用を費やしていること。
　④対象不動産の最有効使用を前提とした価値判断を行うこと。
　⑤買主が通常の資金調達能力を有していること。
（2）取引形態が、市場参加者が制約されたり、売り急ぎ、買い進み等を誘引したりするような特別なものではないこと。
（3）対象不動産が相当の期間市場に公開されていること。

これは、不動産の取得に際し、対象となる不動産に関する必要な情報が公開され、需要者に対し十分に浸透する状況をいう。対象不動産の売買の情報が相当の期間公開されることにより、多数の市場参加者が取引の検討を行うことが可能となるため、合理的な価格形成につながることとなる。
　なお、「相当な期間」とは、対象不動産の種類、不動産市場の需給動向等により異なるものであることに留意すべきである。
　以上の条件を満たす市場において成立する市場価値を表す適正な価格を正常価格といい、不動産鑑定士等が鑑定評価の手法を駆使して求める価格である。

(4)　権利の内容（様式1・※4）

　不動産の鑑定評価によって求める価格の権利の種類には、所有権のほか借地権、永小作権等があるが、通常では所有権価格（完全所有権価格）を求めることとなる。

(5)　依頼の目的（様式1・※5）

　不動産の鑑定評価の依頼目的としては、売買の参考、資産評価、相続等がある。鑑定評価に当たっては、依頼目的によって求めるべき価格の種類（正常価格・限定価格等）が異なる可能性を有するため、依頼目的を鑑定評価書に記することにより、求めるべき価格の種類との関係を明確にすることが必要である。

(6)　鑑定評価の条件（様式1・※6）

　鑑定評価の対象となる土地の確定に当たって必要な鑑定評価の条件を、不動産鑑定評価基準では「対象確定条件」という。
　公的土地評価における鑑定評価の条件は、原則として「独立鑑定評価」であるが、この「独立鑑定評価」については、「不動産が土地及び建物等の結合により構成されている場合において、その土地のみを建物

等が存しない独立のもの（更地）として鑑定評価の対象とすること。」と不動産鑑定評価基準において定められている。

この場合の更地とは、「建物等の定着物がなく、かつ、使用収益を制約する権利の付着していない宅地をいう。」と定められている。具体的には、当該宅地に存する建物、工作物、立木等の定着物が存しない空地状態をいい、かつ、土地の使用収益を制約する借地権、賃借権、地役権等の権利が存しない宅地のことをいうが、公法規制（都市計画法等）を除くものではない。

農地の場合は、稲、麦等の農作物及び柿、ミカン等の果樹が栽培されていることが通常であるが、独立鑑定評価では、これらは存しないものとして鑑定評価の対象とされる。

（7） 鑑定評価を行った年月日（様式1・※7）

鑑定評価を行った年月日とは、不動産鑑定評価作業をすべて完了した年月日をいい、鑑定評価書に鑑定評価額を記載した年月日をいうものである。

この年月日を記載する理由は、鑑定評価の価格時点と評価を行った時点との間隔によっては、取引事例等の資料収集に影響を与え、鑑定評価額にも関係することとなるためであり、必ず記載しなければならない。

（8） 縁故又は利害関係（様式1・※8）

鑑定評価を行うに当たっては、常に厳正な態度で行わなければならず、不動産鑑定評価基準においても、「縁故若しくは特別の利害関係を有する場合等、公平な鑑定評価を害する恐れのあるときは、原則として不動産の鑑定評価を引き受けてはならないこと。」と定められている。

また、鑑定評価書の記載事項として、「その不動産の鑑定評価に関与した不動産鑑定士の対象不動産に関する利害関係又は対象不動産に関し利害関係を有する者との縁故若しくは特別の利害関係の有無及びその内容」が定められている。

(9) 発行年月日（様式1・※9）
　「第〇〇〇〇〇号」等の発行号数については、鑑定評価書の特定のために必要な番号となる。
　発行年月日については、鑑定評価書を依頼者に発行する日付と解釈される。
　なお、不動産鑑定士は、不動産の鑑定評価に関する法律施行規則第35条第2項により、鑑定評価書の写し及びその他の書類を5年間保存しなければならないこととなっている。

(10)　不動産鑑定業者の事務所の所在地及び名称等（様式1・※10）
　鑑定評価書は、不動産鑑定士の作成する鑑定評価報告書を基に、不動産鑑定業者が作成し発行する書類のことである。したがって、不動産鑑定業者は、発行した鑑定評価書等の内容に責任を負わなければならないため、不動産鑑定業者の事務所の所在地、名称等については、表示義務が生じてくる。

(11)　不動産鑑定士の資格及び氏名等（様式1・※11）
　鑑定評価を行った主体を明らかにするものである。
不動産鑑定士は、不動産の鑑定評価に関する法律により、鑑定評価書への署名押印が義務付けられている。

(12)　所在、地番（様式1・※12）
　対象地の表示等の例は、次のとおりである。

(様式1)

略称	対象地の表示				※16 鑑定評価額	
	所在、地番	現況地目 (公簿地目)	実測面積 (公簿面積)	土地の種別	10a当たりの 価格	総額
対象地	※12 高知市 ○○○丁目 ○○○番	※13 田	※14 ○○○.○○㎡ (○○○㎡)	※15 農地 (田)	円 ○○○,○○○	円 ○,○○○,○○○

(13) 現況地目（公簿地目）（様式1・※13）

　現況地目とは、現実に利用されている形態をいい、田、畑等と表示するものである。

　公簿地目とは、不動産登記簿に記載される地目をいい、田、畑、雑種地、原野等に区分されている。

　なお、現況地目と公簿地目とは異なることもある。

(14) 実測面積（公簿面積）（様式1・※14）

　実測面積とは、測量士・土地家屋調査士等の専門家により作成された地積測量図等に基づく土地の面積をいい、公簿面積とは、不動産登記簿の表題部に記載された土地の面積をいう。不動産の鑑定評価に当たっては、原則として、実測面積を採用すべきである。

(15) 土地の種別（様式1・※15）

　土地の種別とは、当該対象地の属する用途的地域の種別に応じて分類される土地の区分であり、宅地、農地、林地等に分けられ、さらに農地は地域の種別の細分に応じて田、畑に分けられる。

(16) 鑑定評価額（様式1・※16）

　鑑定評価額は、対象確定条件により確定された不動産の経済価値に即応する価格のため、総額表示が原則であり、10アール又は1㎡当たりの

単価は、その内訳として記載されることが通常である。

3　価格形成要因の分析

（様式2－5）　　　　　　　価格形成要因分析表（田地・畑地）　　　第1鑑定地

（1）	対象地の位置及び近隣地域の範囲：対象地①は、南国市〇〇〇に存し、「〇〇〇〇」の北西方約220mに位置する現況田であり、近隣地域の範囲は、対象地①を中心として南方約170m、北方約200m、東方約200m、西方約170mの範囲のうち現況農地（田地）部分と認定される。
（2）	地域分析：対象地①の存する近隣地域は、南国市〇〇〇の中央部に位置する平坦地地域で、付近は田が多く見られる状況となっており、鑑定評価上は、農地地域（田地地域）に分類される。 　　地域要因を分析すれば、次のとおりである。 　ア　交通・接近条件…集落への接近性については〇〇〇集落に隣接するため良好な地域となっているが、農道の状態については約4m舗装道が標準的となっており、幅員等がやや劣っている。 　イ　自然的条件…土壌の良否、かんがい等の状態、日照及び災害の危険性等は、同一需給圏内類似地域と比較して普通程度となっているが、排水の状態についてはやや劣っている。 　ウ　行政的条件…市街化調整区域及び農業振興地域に指定されている。 　エ　そ　の　他…〇〇〇集落に隣接するため、宅地化の影響を受けた農地地域となっている。 　　以上、総合的に分析すれば、対象地①の存する近隣地域は、〇〇〇地区の中では普通程度の農地地域であり、標準的使用は、地積〇〇〇㎡程度の農地（田）と判定される。ちなみに、価格水準は、上記地域要因を反映して標準的農地で10アール当たり〇，〇〇〇，〇〇〇円程度で推移している。
（3）	個別分析：対象地①は、近隣地域内では標準的な個別的要因を有する土地である。最有効使用の判定に当たっては、近隣地域の状況及び標準的使用を重視して、対象地①の最有効使用を農地（田地）と判定した。

　近隣地域、類似地域及び同一需給圏の理論的な区分方法は、第5章第2節「同一状況地域の区分」で述べるため、本節の地域分析は、農地の評価に当たって実務上留意すべき事項について述べるものとする。

（1） 近隣地域の範囲

　宅地地域の近隣地域の区分は、用途、利用方法等により隣接する地域との境界に沿って区分することが通常であるから、その態様は、地理的に一団性を有していることが多い。これに対して、農地地域の近隣地域の区分は、まず近隣地域と認定される可能性のある範囲を区分し、さらにその中に存する宅地等を部分的に除いたうえで農地のみによって構成される範囲を近隣地域として認定するため、虫食い状の一団の近隣地域となることが多い。

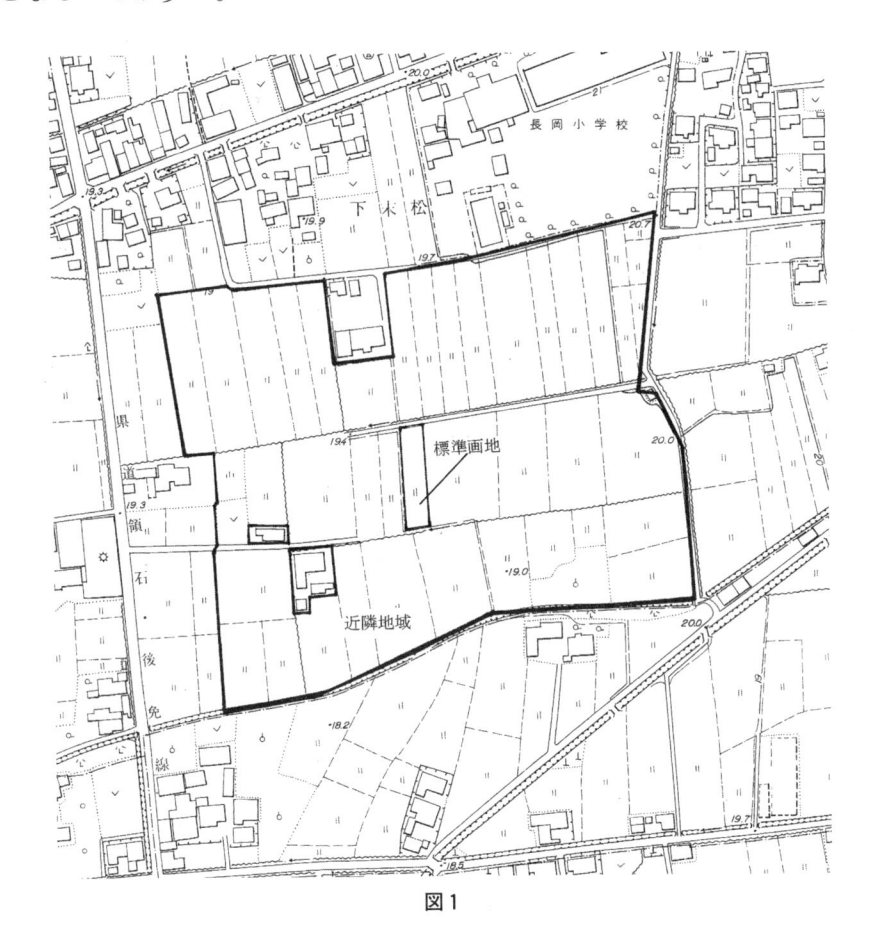

図1

このような近隣地域の中には、上記の建物敷地以外にも、現況畑、農業用施設用地等利用方法の異なる土地が存するが、これを近隣地域に含めるか否かについての基本的な考え方は、次のとおりである。

ア　田地地域内に存する現況畑
　図1のように実線で区分された範囲のような地域には、元々が田であった土地をかんがい施設を有した状態のままで果樹園、野菜畑等として利用している場合がある。このような土地は、現況畑であってもかんがい施設を有しているため、田への復元は可能である。したがって、このような土地は、評価地目を田と認定したうえで近隣地域内標準画地より比準することが可能であるため、近隣地域に含めるものとする。

現況は畑であるが、周辺を田で囲まれ、かつ、かんがい施設を有していることから田としての蓋然性が認められ、評価地目は田となる

また、何らかの要因でかんがい施設がない現況畑及び田に復元することが事実上困難な果樹園であっても、それらの画地が別途畑地地域を構成すると認められない限り、対象地と同じ近隣地域に属するものと認定し、相応の個別的要因格差率を考慮したうえで、田の標準画地から比準することとなる。

果樹が植栽されており、現況地目は畑であるが、この土地が単独で地域を構成しているとは認められないため、田の近隣地域に含めたうえで、田の標準画地から比準して評価額を求めることとなる

イ　粗造成地

宅地化要因を有する農地地域では、農地に盛土を行い、粗造成のままで放置されている土地がある。この土地を農地の近隣地域に含めるか否かについては、その土地が農地法の適用を受けるか否かにより異なることとなる。

すなわち、農地法の適用を受ける土地であれば、農地に対して単に盛土を行っているのみであるから、その評価方法は、従前の利用状態である農地の価格に盛土費を加算した価額を限度として評価額を求めることとなる。したがって、農地法の適用を受けた粗造成地については、ほとんどの場合農地の近隣地域に含まれることとなる。
　これに対し、農地法の適用を受けない粗造成地であれば、都市計画法第29条に該当する開発行為であれば許可が不要であるし、第34条に該当する開発行為であれば許可されるため、その評価方法は、宅地の標準画地から比準して評価額を求めることとなる。したがって、市街化調整区域では、農地法の適用を受けない粗造成地は、農地の近隣地域からは除外することとなる。

- （注1）通常、農地は宅地化の影響を受けている場合が多いため、盛土を行うことによって土地に付加価値が加えられることとなり、評価上は増価要因となるが、例外的に、盛土をすることにより農地の最有効使用が制限を受ける場合は、減価要因となることがある。

- （注2）第29条第2項による農家住宅等を建築する目的のための開発行為については、許可が必要ない。

- （注3）市街化調整区域内における開発行為のうち、第34条に定められる一定の建築物の建築を目的とする開発行為については、許可される。

ウ　資材置場等

　道路に対して低く接面する農地を道路と等高に造成し、資材置場等として利用している画地がある。この場合も、前記イ粗造成地と同様に、農地法の適用を受ける資材置場等については農地の近隣地域に含めるものとし、価格についても、従前の利用状態である農地の価額に造成費を加算した価額を限度として求めるものとする。
　これに対し、農地法の適用を受けない資材置場等については、宅地又は宅地見込地の標準画地から比準し、評価額を求めることとなるため、

農地の近隣地域から除外することが通常となる。

農地を造成し、建設資材置場として利用されている例であり、農地法の適用を受ける土地であれば、農地の標準画地から算定されることとなる

エ　農業用施設用地

　農業用施設用地は、多くの種類の利用形態を有するため、価格形成要因は複雑である。一般的に、農業用施設用地が農業振興地域の整備に関する法律に規定される農用地区域内に存する場合は、一部の例外を除いて農地の標準画地から比準することとなるため、農地の近隣地域に含めるものとする。

　これに対して、農用地区域外（市街化区域を除く）に存する場合は、農地法の適用を受けるか否かで取扱が異なり、農地法の適用を受ける農業用施設用地については、一般的に農地の近隣地域に含めるものとし、農地法の適用を受けない農業用施設用地については、宅地から比準する

ことが通常であるため、農地の近隣地域からは除外することが多い。

このような農業用倉庫であっても、農用地区域内に存する場合は、農地の近隣地域に含まれる

（2） 地域分析

　農地地域の地域分析は、他の地域の地域分析と同様に、近隣地域内における農地が有する自然的条件、交通・接近条件等を分析すると共に、同一需給圏内類似地域及び近隣地域の周辺にある農地地域との比較を行うことで価格形成要因を分析し、近隣地域の相対的位置の把握並びに標準画地及び価格水準の把握を行うこととなる。

　この場合において、「現況農地の価格構造図」におけるE^4〜D^4点間等、特に宅地化の影響が強い農地地域と判断される場合は、価格形成要因の項目の中に「宅地化の影響」の項目を作成し、細項目を分析すべきである。

なお、農地の価格は、不動産市場での取引形態が一反（約10アール）の単位で行われることを考慮し、宅地のように１㎡当たりの単価は採用せず、10アール当たりの単価で表示するのが通常である。

（3） 個別分析

　合理的な市場において、不動産の価格は、その不動産の最有効使用を前提として把握される価格を標準として形成されるものであるから、不動産の鑑定評価に当たっては、対象不動産の最有効使用を判定することが必要である。

　個別分析とは、対象地の有する自然的条件、画地条件等の個別的要因が、対象地の用途及び利用形態並びに市場における価格の形成についてどの程度影響しているかを分析して、その最有効使用を判定することをいうものである。

　したがって、個別分析においては、不動産に係る需要者がどのような個別的要因に着目して行動し、対象地と代替、競争等の関係にある他の不動産と比べた優劣及び競争力の程度をどのように評価しているかを的確に把握することが重要である。

　なお、更地の鑑定評価における最有効使用の判定に当たっては、不動産鑑定評価基準において、次の事項について留意すべきであると定められている。

（1）　良識と通常の使用能力を持つ人が採用するであろうと考えられる使用方法であること。
（2）　使用収益が将来相当の期間にわたって持続し得る使用方法であること。
（3）　効用を十分に発揮し得る時点が予測し得ない将来でないこと。
（4）　個々の不動産の最有効使用は、一般に近隣地域の地域の特性の制約下にあるので、個別分析に当たっては、特に近隣地域に存する不動産の標準的使用との相互関係を明らかにし判定することが必要であるが、対象不動産の位置、規模、環境等によっては、標準的使用の用途と異なる用途の可

能性が考えられるので、こうした場合には、それぞれの用途に対応した個別的要因の分析を行った上で最有効使用を判定すること。
（5） 価格形成要因は常に変動の過程にあることを踏まえ、特に価格形成に影響を与える地域要因の変動が客観的に予測される場合には、当該変動に伴い対象不動産の使用方法が変化する可能性があることを勘案して最有効使用を判定すること。

（4） 地域要因、個別的要因

様式に基づいて地域要因及び個別的要因を表示すれば、次のとおりである。

条件	項目	地域要因	条件	項目	個別的要因
交通接近条件	集落への接近性 出荷的集荷地への接近性 農道の状態 その他	（○○○）まで（○○○）m （○○○）まで（○○○）km 巾員（約2.5）m、配置（普通） 構造（アスファルト）	交通接近条件	集落への接近性 農道の状態 その他	（○○○）まで（○○○）m 巾員（約○）m 構造（アスファルト）
自然的条件	傾斜の方向 傾斜の角度 土壌の良否 潅漑の良否（田） 排水の良否 水害の危険性（田） その他の災害の危険性（田） 災害の危険性（畑） その他	（　なし　）向 （　なし　）度 （　普通　） （　普通　） （　やや劣る　） 無、（○）年に一回程度 無、（　）害（　）年に一回程度	自然的条件	日照の良否 土壌の良否 保水の良否（田） 礫の多少 潅漑の良否（田） 作土の深さ（畑） 排水の良否 水害の危険性（田） その他の災害の危険性（田） 災害の危険性（畑） その他	日照時間が（約○時間　） 優、普通、劣 保水日数が（○○）日程度 少、普通、多 優、普通、劣 深、普通、浅 優、普通、劣 無、（○）年に一回程度 無、（　）害（　）年に一回程度 無、（　）害（　）年に一回程度
行政的条件	行政上の規制の程度 補助金、融資金等の助成の程度 その他	［市街化調整区域、農業振興地域］ なし	画地条件	地積 形状 傾斜の角度 障害物による障害度 その他	（○○○）アール （台形　） （　）度 低、普通、高
			行政的条件	行政上の規制の程度 補助金、融資金等の助成の程度 その他	［市街化調整区域、農業振興地域］ なし
その他		宅地化の影響を受けている	その他		同　左

ア　地域要因

　地域要因は、主に近隣地域内標準画地の利用状況及び周辺の状況を分析したうえで、詳細に記載するものとする。交通・接近条件、自然的条件及び行政的条件の価格形成要因については、農地が有する収益性に着目して記載するものとし、その他の項目では、宅地化の影響等別途考慮する必要がある価格形成要因について分析し、記載するものとする。なお、宅地化の影響が強い農地の場合は、宅地化の影響の細項目について、前述のとおり別途項目を作成し、分析すべきである。

イ　個別的要因

　標準画地と対象地とが同一である場合は、地域要因で表示された内容と個別的要因で表示する内容とが同じものとなるが、異なる場合は、対象地自体が有する価格形成要因を記載するものとする。

4　試算価格の調整と鑑定評価額の決定

（様式3）

鑑　定　評　価　額　決　定　表　　　　第1鑑定地

試算価格の調整及び鑑定評価の決定：
　　比準価格は、対象地①と類似する農地の取引事例に着目して求めたものであり、市場性を反映した説得力の高い価格である。本鑑定評価の場合、いずれも規範性の高い事例を採用し、かつ、試算値も均衡しており、その精度は高いものと判断される。
　　収益価格は、対象地①の農地としての収益性に着目して求めたものであり、理論的である。本鑑定評価においては、比準価格と比較して低めに求められたが、この理由を検討するに、対象地①の存する地域は宅地化の影響を受けているが、収益価格には宅地化の影響が反映されないため、低めに求められたと判断される。
　　よって、鑑定評価額の決定に当たっては、比準価格を標準として決定するものとし、単価と総額との関連にも十分留意して、鑑定評価額を以下のとおり決定した。

（1）　試算価格の調整

　試算価格の調整とは、鑑定評価方式の適用によって求められた各試算

価格を相互に関連づけたうえで再検討して、各試算価格の相互間における開差の縮小を図ることをいう。
　鑑定評価の方式には次の三手法があり、それぞれの手法により求められた各試算価格の名称については、次のとおりである。

　・取引事例比較法…比準価格
　・原価法　　　　…積算価格
　・収益還元法　　…収益価格

　鑑定評価の三手法によって求められた試算価格は、不動産の価格の三面性に着目して求められる方法であるから、各手法によって求められた試算価格は、理論的には一致又は近似するはずである。
　しかし、取引事例比較法は事例の適否に影響され、原価法は造成費等の把握が困難な場合があり、また、収益還元法は農業収入及び還元利回りの把握に大きく影響されるといったように、実際に鑑定評価を行うに当たっては、各試算価格に開差が生じる場合が多い。
　したがって、この開差を縮小する必要性が生じてくる。この作業を試算価格の調整という。
　試算価格の調整に当たっては、対象地の価格形成要因を論理的かつ実証的に説明できるようにすることが重要となる。このため、鑑定評価の手順の各段階について客観的かつ批判的に再吟味し、その結果を踏まえたうえで、各試算価格が有する説得力の違いを適切に反映することにより調整を行うものとする。なお、この場合、不動産鑑定評価基準によると、特に次の事項に留意すべきであるとされている。

Ⅰ　各試算価格又は試算賃料の再吟味
　1.資料の選択、検討及び活用の適否
　2.不動産の価格に関する諸原則の当該案件に即応した活用の適否
　3.一般的要因の分析並びに地域分析及び個別分析の適否

  4. 各手法の適用において行った各種補正、修正等に係る判断の適否
  5. 各手法に共通する価格形成要因に係る判断の整合性
  6. 単価と総額との関連の適否
 Ⅱ 各試算価格又は試算賃料が有する説得力に係る判断
  1. 対象不動産に係る地域分析及び個別分析の結果と各手法との適合性
  2. 各手法の適用において採用した資料の特性及び限界からくる相対的信頼性

（2）鑑定評価額の決定

　不動産鑑定評価基準によると、「農地の鑑定評価額は、比準価格を標準とし、収益価格を参考として決定するものとする。」と定められている。

　これは、農地の鑑定評価の場合、収益価格が比準価格と比べて、精度及び規範性が劣ることによるものである。

　後述するように、農地の収益価格は、農地としての収益性に着目し、農作物の生産収入と費用との関係において算定することとなるが、通常では農作物の生産量が安定的でないこと及び単位当たりの価格も年度によって大きく変動することから、説得力のある収益価格を求めることが困難な場合が多い。また、このほかにも農地は宅地化要因部分を有している場合が多い一方で、一部の収益還元法を除き、収益価格の中には適切に「宅地化要因部分」が反映されないためである。

　これに対し、比準価格は、農地の現実の取引市場を反映した価格であるため、規範性は高い場合が多い。取引事例を分析しても、情報不足及び用途限定に基づく高買い等の取引事情は、宅地、山林等と比べて比較的少ない。また、比準内容についても、宅地等と比べて比較的容易に把握できることから、客観性に富んでいる。

したがって、農地の鑑定評価額は、比準価格を標準とし、収益価格は参考程度として決定されることとなる。
　なお、不動産鑑定評価基準では、「再調達原価が把握できる場合には、積算価格をも関連づけて決定すべきである。」と定められている。しかし、実務上は、農地の造成事例が存することはほとんどなく、通常の鑑定評価において原価法を適用するケースはほとんど見られない。

試算価格	比準価格	積算価格	収益価格	鑑定評価額	
				総　額	1000㎡当たりの価格
総　額 (1000㎡当たりの価格)	○○,○○○,○○○円 (○○,○○○円)	円 (　　　円)	○○,○○○,○○○円 (○○,○○○円)	○○,○○○,○○○円	○○,○○○円
公　示　価　格　等　を　規　準　と　し　た　価　格					
標(基)準地番号	公示(標準)価格	時点修正	標準化補正	地域格差	個別的要因の比較	規準とした価格
規準可能な公示地等が存しない	平成　年　月　日 　　　　円／㎡	$\dfrac{}{100}$	$\dfrac{100}{100}$	$\dfrac{100}{100}$	$\dfrac{}{100}$	円／㎡
	平成　年　月　日 　　　　円／㎡	$\dfrac{}{100}$	$\dfrac{100}{100}$	$\dfrac{100}{100}$	$\dfrac{}{100}$	円／㎡

5　取引事例比較法の適用

(1)　取引事例比較法の意義

　不動産鑑定評価基準によれば、「取引事例比較法は、まず多数の取引事例を収集して適切な事例の選択を行い、これらに係る取引価格に必要に応じて事情補正及び時点修正を行い、かつ、地域要因の比較及び個別的要因の比較を行って求められた価格を比較考量し、これによって対象不動産の試算価格を求める手法である。」と定義されており、この手法による試算価格を「比準価格」というと定められている。

第4章　農地の鑑定評価

　取引事例比較法は、不動産の価格の三面性（市場性、費用性、収益性）のうち、市場性に着目して試算価格を求める手法であり、不動産市場において実際に売買された取引事例を試算価格の算定の根拠とするものである。

(様式4-3)

手法	事例符号	(1)取引時点	(2)取引価格Ⓐ	(3)事情補正Ⓑ	(4)時点修正Ⓒ	(5)標準化補正Ⓓ	(6)地域格差Ⓔ	(7)個別格差Ⓕ	試算 Ⓐ×Ⓑ×Ⓒ×Ⓓ×Ⓔ×Ⓕ
取引事例比較法	3	年　月 ○・○	円/10a 0,000,000	000/000	○○○/100	100/○○	100/○○		円/10a 00,000,000
	9	○・○	00,000,000	100/○○○	○○○/100	100/○○○	100/○○	100/100	00,000,000
	16	○・○	00,000,000	100/○○○	○○○/100	100/○○○	100/○○		00,000,000
	比準価格判定の理由	\multicolumn{7}{l}{上記のとおり類似する畑の取引事例から比準を行った結果、開差はあるものの近似した試算値を得た。修正の適否等は同程度と判断されるため、比準価格の決定に当たっては、ほぼ中庸値を採用して10アール当たり○○,○○○,○○○円と決定した。}		比準価格 円/10a 00,000,000

(2)　取引事例の要件

　取引事例比較法を適用して適正な比準価格を求めるためには、的確な取引事例の選択が必要である。

ア　近隣地域又は同一需給圏内の類似地域に存する不動産に係るもののうちから選択するものとし、必要やむを得ない場合には、近隣地域の周辺の地域に係るものであること。

　不動産は、価格形成要因が共通する地域の中で、相互に代替、競争等の関係にあり、その相互関係を通じて個々の価格が形成されるのであるから、事例の収集に当たっては、対象地の代替関係が認められる範囲内に存する取引事例を多く収集する必要がある。
　この場合における範囲については、具体的にどこまで広げるかが問題となるが、実務上は、対象地と事例地とに代替性が有り、相互に比較可能な範囲ということとなる。

この点については、不動産鑑定評価基準において、次のとおり定められている。

> 　取引事例は、原則として近隣地域又は同一需給圏内の類似地域に存する不動産に係るもののうちから選択するものとし、必要やむを得ない場合には近隣地域の周辺の地域に存する不動産に係るもののうちから、対象不動産の最有効使用が標準的使用と異なる場合等には、同一需給圏内の代替競争不動産に係るもののうちから選択するものとする・・・・・・・・・・・・。

イ　取引事情が正常なものと認められるものであること又は正常なものに補正することができるものであること。

　不動産の鑑定評価は、不動産の市場価値を表示する適正な価格を求めることであるから、取引事例比較法の適用に当たっては、正常な事情のもとで成立した取引事例又は正常なものに補正できる取引事例を選択すべきである。

ウ　時点修正をすることが可能なものであること。

　不動産の価格形成要因は常に変化し、これに伴って不動産の価格も変動するものであるから、取引事例の収集に当たっては、価格時点と同一又は同一時点に修正可能なものが必要となる。取引事例の選択に当たり、近年における急激な地価の変動が認められる場合においては、取引時点が1年以内である事例が望ましい。しかし、地価が比較的安定している場合の取引事例については、3年程度経過していても十分に採用が可能である。

エ　地域要因の比較及び個別的要因の比較が可能なものであること。

　取引事例比較法に当たっては、取引事例に係る不動産と対象地とのそれぞれの価格形成要因について、類似性が高く、比較が可能なものでなければならない。

（3）　**取引事例の収集方法**
　農地の取引においては、市街地又は市街地に近接する農地等の取引を除き、流通過程で宅地建物取引業者が介在することは少ない。これは、農地法の規定により農地の取得者となれる資格を有する者に法的な制限があるからであり、通常の農地の取引は、取引当事者が直接行うか地元精通者等を介して行われることが多くなる。
　したがって、取引事例の収集方法も宅地とは異なることが多く、例を挙げれば、次のとおりである。

ア　取引当事者
　農地は個人間取引が中心となるため、農地の取引事例の収集は、基本的には取引当事者に重点を置いて調査することとなる。
　この場合の取引当事者及び取引事例地の特定は、宅地の場合と同様に、市町村にある登記済通知書（土地異動通知書）を閲覧したうえで取引当事者等を特定し、これを参考に取引事例の調査を行うことが多い。
　しかし、農地の売買は、前述のとおり農地法第3条及び第5条により、農業委員会等の許可を受けなければならないため、農業委員会に備え付けの書類により取引当事者の特定が可能となり、この資料を手がかりに売買当事者に直接面談するなどして、事例を収集することが一般的である。

イ　農業委員
　市町村には、農地法第3条で定められる農地の権利移動に許可を与え

るために農業委員会が設置されている。農業委員は、実際に対象となる土地の現地確認を行う場合が多く、このため、対象となる農地がどの土地でどのような価格形成要因であるかの知識を有することが多い。また、実際に取引された価格及び取引事情についての情報を有していることもあるため、農地の取引事例の収集においては、重要な情報源となることがある。

ウ　その他
　土木委員、農業協同組合関係者及び地元に精通する宅地建物取引業者についても、重要な情報源となる場合がある。

(4)　取引時点
　宅地、山林等農地以外の取引の場合、売買合意時点と所有権移転登記の日付とが大きく異なることは少ない。しかし、農地の場合、当事者間で売買の合意があっても、農地法第3条又は第5条の許可を受けない限り売買(注1)の効力が発生しないため、売買の合意時点と所有権移転登記の日付とが異なることが多い。また、これとは逆に、許可を受けた後から売買契約を行うまでかなり長い期間を要する場合も多く見られる。したがって、どの時点をもって取引時点とするかが実務上問題となる。
　一般的に、宅地等の取引時点は契約締結の日とすることが多く、農地においても契約時とすることがあるが、農地法による許可を受けたことにより売買の効力が発生するという点を考慮すれば、許可を受ける以前に売買契約(注2)を結んでいる場合は許可が下りた日、許可を受けた以降で売買契約を結んだ場合は契約締結の日とすることが妥当である。

　　(注1)　許可を受けない所有権の移転並びに賃借権及びその他の使用収益権の設定及び移転は、無効とされる。

　　(注2)　通常の売買契約とは異なり、許可された場合に売買契約が有効となる停止条件付売買契約が行われることがある。

（5） 取引価格

　農地の取引は、宅地と比べて1㎡当たりの価格水準が低いことから、通常では測量を行わず、公簿面積によって行われることが多い。この場合、ほ場整備事業及び国土調査の行われた区域以外では、実際の面積が公簿面積より広いことが通常であるため、売買当事者等に確認する必要がある。

（6） 事情補正

　農地が買い進みにより取引されることは、宅地と比べて比較的少ない。これは、農地の購入者が自らその周辺において農業経営を行っていることが多く、周辺の農地の価格形成要因等に詳しいことによる。例外的に買い進みが見られる場合としては、公共事業に係る被収用者の代替地取得の場合、早期に農地を購入する必要性がある場合、特別の利用目的のために買収する場合、隣接地を買収する場合等がある。

　これに対し、売り急ぎにより取引されることは比較的多い。近年特に社会問題となっている農家の後継者不足が影響を与えていることに加え、新規に農地を購入し農業経営を行う者及び農業経営を拡大しようとする者が少ないため、農地の供給に対して需要が少ないことが多いからである。

　したがって、農地の取引事例の分析に当たっては、これらの点に留意して事情補正を行うことが必要である。

　なお、事情補正については、不動産鑑定評価基準で次のとおり定められている。

　事情補正の必要性の有無及び程度の判定に当たっては、多数の取引事例等を総合的に比較対照の上、検討されるべきものであり、事情補正を要すると判定したときは、取引が行われた市場における客観的な価格水準等を考慮して適切に補正を行わなければならない。

　事情補正を要する特殊な事情を例示すれば、次のとおりである。

ア 補正に当たり減額すべき特殊な事情
　（ア）営業上の場所的限定等特殊な使用方法を前提として取引が行われたとき。
　（イ）極端な供給不足、先行きに対する過度に楽観的な見通し等特異な市場条件の下に取引が行われたとき。
　（ウ）業者又は系列会社間における中間利益の取得を目的として取引が行われたとき。
　（エ）買手が不動産に関し明らかに知識や情報が不足している状態において過大な額で取引が行われたとき。
　（オ）取引価格に売買代金の割賦払いによる金利相当額、立退料、離作料等の土地の対価以外のものが含まれて取引が行われたとき。
イ 補正に当たり増額すべき特殊な事情
　（ア）売主が不動産に関し明らかに知識や情報が不足している状態において、過小な額で取引が行われたとき。
　（イ）相続、転勤等により売り急いで取引が行われたとき。
ウ 補正に当たり減額又は増額すべき特殊な事情
　（ア）金融逼迫、倒産時における法人間の恩恵的な取引又は知人、親族間等人間関係による恩恵的な取引が行われたとき。
　（イ）不相応な造成費、修繕費等を考慮して取引が行われたとき。
　（ウ）調停、清算、競売、公売等において価格が成立したとき。

（7）　時点修正

　都市近郊においては、都市の外延的発展に伴い宅地化が進むことが通常であるため、周辺に存する農地は、宅地化の影響を受けることにより地域要因が向上し、地価が上昇することが多い。しかし、近年における宅地価格の下落に伴い、宅地化の影響を受けた農地もその影響を受け、下落が認められる場合がある。
　したがって、これらの上昇又は下落の要因について総合的に分析した

うえで時点修正を行うべきである。
　時点修正については、不動産鑑定評価基準で次のとおり定められている。

---

③　時点修正について
　ア　時点修正率は、価格時点以前に発生した多数の取引事例について時系列的な分析を行い、さらに国民所得の動向、財政事情及び金融情勢、公共投資の動向、建築着工の動向、不動産取引の推移等の社会的及び経済的要因の変化、土地利用の規制、税制等の行政的要因の変化等の一般的要因の動向を総合的に勘案して求めるべきである。

　イ　時点修正率は原則として前記アにより求めるが、地価公示、都道府県地価調査等の資料を活用するとともに、適切な取引事例が乏しい場合には、売り希望価格、買い希望価格等の動向及び市場の需給の動向等に関する諸資料を参考として用いることができるものとする。

　なお、時点修正を行う具体的な算定方法については、第5章第4節1（2）で述べるものとする。

（8）　標準化補正

　農地の標準化補正は、宅地における標準化補正と同様に、取引事例地の存する類似地域内に標準画地を設定し、取引事例に係る個別的要因を分析し、相互に比較したうえで行うものとする。
　例を挙げれば、次のとおりである。

標　準　化　補　正　例

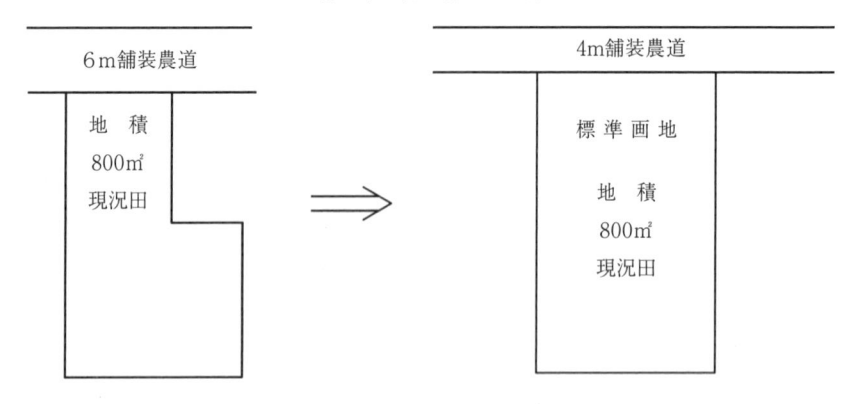

```
┌─────────────┐                    ┌─────────────┐
   6m舗装農道                          4m舗装農道
┌─────────────┐                    ┌─────────────┐
│             │                    │   標 準 画 地  │
│  地　積      │                    │             │
│  800㎡      │      ⇒             │  地　積      │
│  現況田      │                    │  800㎡      │
│             │                    │  現況田      │
│             │                    │             │
└─────────────┘                    └─────────────┘
```

・交通・接近条件　　農道の状態　　$\dfrac{103}{100}$　　農道の幅員が標準画地と比較して広く、優れている。

・画地条件　　　　　形状　　　　　$\dfrac{95}{100}$　　標準画地と比較して形状による減価が認められる。

　∴　標準化補正率　　$\dfrac{98}{100}$　$\left(\dfrac{103}{100}\times\dfrac{95}{100}\right)$

　　　標準化補正　　　$\dfrac{100}{[98]}$

（9）　地域格差

　地域格差とは、対象地が存する近隣地域内の標準画地と事例地が存する類似地域内の標準画地とを相互に比較し、優劣を求めることである。この場合の比較項目は、地域要因格差率表の中で述べるものとする。
　例を挙げれば、次のとおりである。

　（注）事例地を中心に考えれば近隣地域となるが、表現が複雑となるため、以下類似地域とする。

第4章 農地の鑑定評価

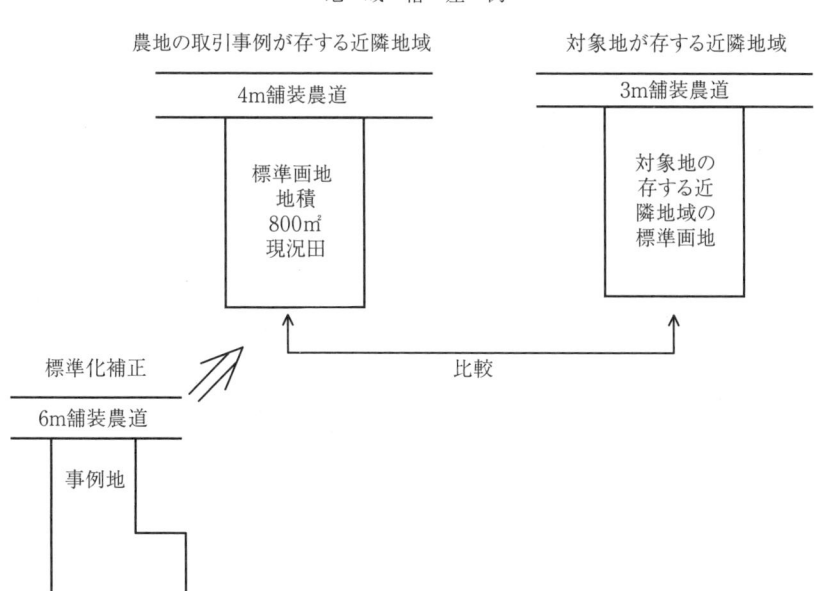

地 域 格 差 例

農地の取引事例が存する近隣地域　　対象地が存する近隣地域

4m舗装農道　　　　　　　　　　　3m舗装農道

標準画地
地積
800㎡
現況田

対象地の
存する近
隣地域の
標準画地

標準化補正

6m舗装農道

事例地

比較

・交通・接近条件　農道の状態　$\dfrac{103}{100}$　　事例地が存する近隣地域の標準画地の農道の幅員が、対象地が存する近隣地域の標準画地の幅員と比較して優れている。

∴　地域要因格差率　$\dfrac{103}{100}$

　　地域格差　$\dfrac{100}{[103]}$

(10) 個別格差

　様式に定められた個別格差とは、不動産鑑定評価基準に定められる個別的要因の比較をいう。この個別的要因の比較とは、近隣地域における

標準画地と対象地との個別的要因を比較し、その格差率を標準画地価格に乗じて、対象地の試算値を求めることである。

【例】

対象地が存する近隣地域

3m舗装農道

対象地が存する近隣地域の標準画地

対象地

個別的要因格差率…対象地の地積が大きいため、格差率を＋3％とした。

$$\frac{103}{100}$$

(11) 比準価格判定の理由

各取引事例から求めた試算値は、取引事例の規範性及び比準作業の過程の精度において一長一短を有するため、それぞれの試算値が有する性格を考慮して比準価格を決定すべきである。比準価格の決定に当たっては、実務上、次の点を重視し、これらを総合的に考慮して決定するものとし、各取引事例から求めた試算値について、単純に平均化して試算価格を求めることのないように留意すべきである。

ア　取引事例が正常な取引であること

取引価格に買い進み又は売り急ぎの取引事情が有る場合、事情補正に

より正常な取引価格への補正を行うこととなる。しかし、実務上は、その補正率の具体的かつ正確な数値の把握が困難である場合が多く、できる限り正常な取引事例又は補正率の低い取引事例から求めた試算値を重視すべきである。

イ　取引事例が最近の取引時点であること
　取引事例に係る取引時点と鑑定評価における価格時点とが異なれば、時点修正が必要となる。この場合、その期間が短いほど精度の高い時点修正が可能である。特に、近年のように地価変動が大きく認められる状況においては、都市部では半年以内、地方でも1年以内の取引事例から求めた試算値を重視すべきである。

ウ　取引事例が更地であること
　取引事例の中には、果樹、園芸施設等を含んだ場合があるが、これらの価値をどう判断するかによって、更地価格の判定に影響を与えることから、これらを含まない更地の取引事例から算定した試算値を重視すべきである。

エ　取引事例が標準的な画地であること
　取引事例の個別的要因が標準画地と異なる場合は、標準化補正を行うことが必要となる。この場合、標準化補正が適正に行えるか否かが試算値を求めるための重要な要素となるため、標準画地又はそれに近い個別的要因を有する取引事例から求めた試算値を重視すべきである。

オ　取引事例が近隣地域に存すること
　取引事例が類似地域に存する場合は、土地価格比準表、実際の地域要因等を参考に地域格差率を求め、地域要因の比較を行うことが必要となる。この場合、地域要因格差率の把握は、鑑定評価の実務上における判断を多く要することとなるため、相対的に規範性が欠ける一面を有する

こととなる。したがって、なるべく近隣地域内に存する取引事例から求めた試算値を採用することが望ましい。

6　原価法

農地の鑑定評価において、原価法を適用することはほとんどないため、本書では省略する。なお、農地の原価法も、基本的には宅地の原価法と同様の算定方法により適用することとなる。

7　収益還元法

農地の収益還元法には、次の三手法がある。

(1)　純収益が永続的に得られる土地の場合において、純収益を還元利回りで還元する方法

この方法は、第2章第1節2（2）で例示した収益還元法である。収益還元法は、農地が本来有する収益性に着目して求めるものであり、総収益から総費用を控除して得た純収益を還元利回りで除して算定する。

したがって、この方法は、宅地評価における収益還元法（土地残余法）と基本的な考え方は同じである。

収益還元法の一般式は次のとおりであるが、通常宅地化の影響の少ない純農地の鑑定評価において用いられる。

$$P = \frac{a}{r}$$

P：収益価格
a：純収益
r：還元利回り

本書「第2章農地の価格形成要因」で述べたように、農作物の収入に

ついては、年度によって生産高が異なることが多いことから、価格が安定しているとはいえず、収益還元法の適用に必要な収入の把握が困難なことが多い。

総費用については、生産の規模をどの程度に想定するかにより減価償却費等が大きく異なり、特に労働費（自家労働費）については客観性に欠けている。

また、還元利回りを見ても、通常で採用する利回りは3～8％程度とかなりの弾力性が見られるが、採用する還元利回りにより、その価格は大きく異なることとなる。

例えば、第2章第1節2（2）における還元利回り3％での収益価格は1,933,333円であるが、異なる還元利回りにより収益価格を算定すれば、次のとおりである。

　145,000円 ÷ 還元利回り2％ ÷ 2.5／10アール ＝ 2,900,000円
　145,000円 ÷ 還元利回り3.5％ ÷ 2.5／10アール ＝ 1,657,142円
　145,000円 ÷ 還元利回り4％ ÷ 2.5／10アール ＝ 1,450,000円

したがって、農地に収益還元法を適用し、かなり精度の高い収入及び支出が求められた場合においても、比準価格に対しては検証程度の規範性しか有しないこととなる。

なお、先に述べたとおり、不動産鑑定評価基準において、農地の鑑定評価額は、「比準価格を標準とし、収益価格を参考として決定するものとする。」と定められているが、これは、主に上記のような理由によるものである。

（2） 純収益が一定の趨勢をもって、逓増（変動）する場合において、純収益を還元利回りで還元する方法

近年採用されている宅地の鑑定評価における収益還元法（土地残余法）の新しい手法と同様の方法であり、次式のとおりとなっている。

$$P = \frac{a}{r-g}$$

　　P：収益価格
　　a：純収益
　　r：基本利率（利回り）
　　g：純収益の変動率（但し r＞g）

(3) 将来の宅地開発等が予測され、宅地転用等を加味した価格を求める方法

　この方法は、価格時点における現在の農地の純収益を基に、宅地見込地となるであろうまでの期間の純収益の総和を求め、これに、宅地見込地としての価格の現価を加算して求める方法である。

（農地の純収益が上記（1）と同様の場合）

$$P = a \times \frac{(1+r)^N - 1}{r(1+r)^N} + \frac{P^N}{(1+r)^N}$$

　　P：収益価格
　　a：純収益
　　r：還元利回り
　　N：宅地見込地となるであろうまでの期間
　　P^N：N年後の宅地見込地の価格

（農地の純収益が上記（2）と同様の場合）

$$P = a \times \frac{1 - \frac{(1+g)^N}{(1+r)^N}}{r-g} + \frac{P^N}{(1+r)^N}$$

第4章　農地の鑑定評価

　　P：収益価格
　　a：純収益
　　r：基本利率（利回り）
　　g：純収益の変動率（ただし、r＞g）
　　N：宅地見込地となるであろうまでの期間
　　P^N：N年度の宅地見込地の価格

8　地域要因格差率表

　地域要因の比較は、対象地の存する近隣地域の標準画地と同一需給圏内類似地域の標準画地とを比較して行う。この場合において、比較する項目を挙げれば、次のとおりである。

（様式5－2）

地域要因格差率表（農地・林地）　　第1鑑定地

地域要因	対象地	取　　　　　引　　　　　事　　　　　例					
		事例符号：3		事例符号：9		事例符号：16	
		項目・率	近隣	項目・率	近隣	項目・率	近隣
(1)交通接近条件	$\frac{100}{100}$	農道の状態 ＋○％（幅員・舗装）	$\frac{000}{100}$	集落への接近性 ＋○％　農道の状態 ＋○％	$\frac{000}{100}$	農道の状態 ＋○％　集落への接近性 －○％	$\frac{000}{100}$
(2)自然的条件	$\frac{100}{100}$	土壌の良否 －○％　排水の良否 －○％　水害の危険性 －○％　日照の状態 －○％	$\frac{000}{100}$	排水の良否 ＋○％　水害の危険性 ＋○％　日照の状態 ＋○％	$\frac{000}{100}$	日照の状態 ＋○％　土壌の良否 －○％　排水の良否 －○％	$\frac{000}{100}$
(3)行政的条件	$\frac{100}{100}$		$\frac{000}{100}$		$\frac{000}{100}$		$\frac{000}{100}$
(4)その他	$\frac{100}{100}$	宅地化の影響 －○％	$\frac{000}{100}$			宅地化の影響 －○％	$\frac{000}{100}$
格差率	$\frac{100}{100}$		$\frac{000}{100}$		$\frac{000}{100}$		$\frac{000}{100}$

（1）　交通・接近条件

　交通・接近条件は、農業生産性のうち主に費用性に係る要因であり、

具体的な比較内容としては、集落への接近性、集出荷場への接近性、農道の状態等が挙げられる。

ア　集落への接近性
　集落への接近性の格差率は、耕作者が耕作地へ通う場合の利便性に影響を与えるか否かにより異なるが、個別的要因では各画地間の距離が比較的近接するため、格差が発生しにくいのに対し、地域要因ではかなり離れることがあるため、大きな格差が発生する場合がある。
　比較方法としては、それぞれの農地地域と密接な関連を有する各集落又は市町村の中心部への接近の程度について、それぞれの近隣地域内における標準画地との直接的な道路距離により比較し、格差率を決定するものとする。
　比較する場合の留意点としては、同一の耕作圏である場合は同一集落との距離、異なる場合はそれぞれの農地地域と密接な関連を有する集落及び市町村の中心部への距離を比較して格差を求めるものとする。

イ　集出荷場等への接近性
　集出荷場等への接近性とは、農作物を出荷する場合における費用性に係る要因である。近年は、農作物を軽トラック等により運搬する場合が多く、また、集出荷場についても各農家集落付近に存することが通常であるため、格差は小さい。
　比較の方法は、各農家が所有する農業用倉庫で農作物を商品化することが通常であるため、対象地、事例地共にそれぞれの農地地域と密接な関連を有する各集落から集出荷場への距離を比較することにより、格差を求めることとなる。

ウ　農道の状態
　農道の幅員及び舗装の状態によっては、運搬車輌及び耕作機械が各画地へ進入するに当たり阻害要因となることがある。したがって、宅地地

域と同様に、農道の幅員及び舗装の状態によって格差を求めることとなる。

この場合、対象地と事例地とが存するそれぞれの近隣地域の標準画地が接面する前面道路の幅員及び舗装の状態について直接比較して、格差を求めることとなる。

（2） 自然的条件

地域要因としての自然的条件は、土壌の状態、かんがいの良否等個別的要因と共通する項目のほかに、近隣地域を全体的に見た場合の傾斜の方向、傾斜の角度等がある。

ア　傾斜の方向

農地地域の中でも田地は、各画地がそれぞれ個々に傾斜していることはなく、すべて平坦地となっているが、地域的に見れば、下図のように段々状に傾斜している場合がある。このような場合、傾斜する方向によっては日照等が劣り、農作物の成長に重要な温度等に影響を与えることとなる。

したがって、傾斜の方向は、自然的条件の中でも比較的重要な要素であり、方位の優劣については、南、東、西、北の順となっている。

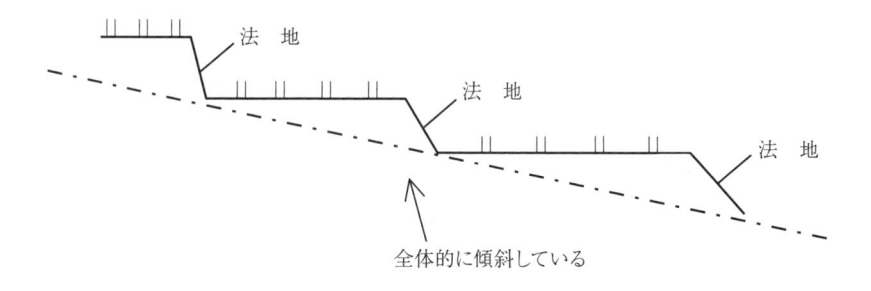

イ　傾斜の角度

近隣地域が全体的に傾斜している場合は、傾斜の方向のほかに、傾斜

の角度によっても自然的条件に影響を受けることがある。したがって、対象地の存する近隣地域の全体的な傾斜の角度の状態と事例地の存する類似地域の全体的な傾斜の角度の状態とを相互に比較して、格差率を決定することとなる。

ウ　土壌の良否
　土壌の良否は、個別的要因としての格差が大きいだけでなく、地域要因としても重要な価格形成要因のひとつである。比準に当たっては、対象地の存する近隣地域の標準画地と事例地の存する類似地域の標準画地との土性、作土の深さ等を総合的に比較して、格差率を決定すべきである。

エ　かんがいの良否、排水の良否
　かんがいの良否及び排水の良否については、対象地の存する近隣地域の標準画地と事例地の存する類似地域の標準画地とを直接的に比較する。

オ　災害の危険性
　災害の危険性については、水害の危険性のほか、塩害、煙害、鳥獣害、風害、霜害等の危険性についても比較することとなる。この中でも、特に水害の危険性については、農地の価格に直接的な影響を強く与えるため、浸水の回数及びその程度を総合的に分析して、格差率を決定するものとする。

（３）　行政的条件
　農地の価格に影響を与える法律としては、都市計画法、農地法、農業振興地域の整備に関する法律、土地改良法等がある。しかしながら、これらの法律は、農地の収益性に直接影響を与えることは少なく、むしろ宅地化の影響に与える要因となることが多い。

したがって、行政的条件では、主として宅地化の影響に着目して比較するものとし、特に農業振興地域の整備に関する法律に係る農用地区域の指定の有無、農地転用許可に係る農地の区分及び土地改良法の適用の有無を比較して、格差を求めることとなる。

(4) その他

　農地の価格は、宅地化の影響を反映して価格形成要因を構成している場合が多いが、本鑑定評価の例の様式では、宅地化の影響を反映する比較項目がないため、「その他」の項目として相互に比較することとなるが、宅地化要因部分が多くなるE4点～D4点にかけては、第3章第1節2（4）で述べたような細項目が必要となる。

ア　市街地への接近の程度

　通常、宅地化の影響は、市街地に近くなるほど大きく、遠くなるほど小さくなる傾向がある。したがって、宅地化の影響は、各事例地の存するそれぞれの地域の標準画地から市街地及び中心地への距離により比較を行うこととなる。

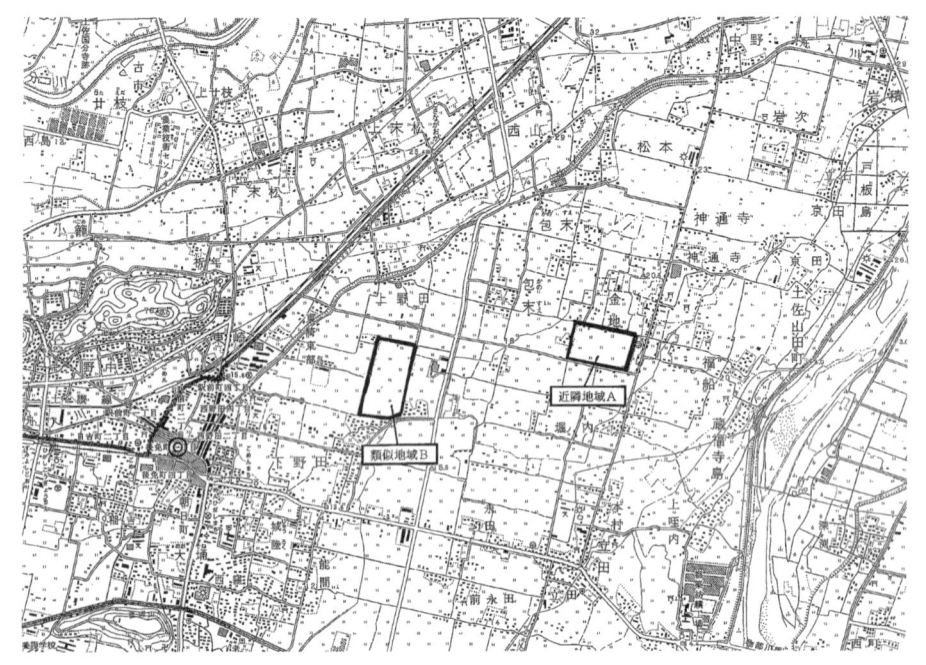

上記の例では、中心市街地が西方の◎で示した付近となるため、近隣地域Aと比べて類似地域Bの方が、中心地への接近の程度は優れることとなる

イ　周辺の利用状態

　宅地見込地地域における市街化進行の程度と同様であり、近隣地域内及びその周辺の利用状況を分析したうえで格差率を求めることとなる。この場合、それぞれの地域の周辺に存する宅地の集積度のほか、各画地の用途によっても宅地化の影響が異なることに留意すべきである。

ウ　将来における宅地地域としての要因

　宅地化の影響を受けた農地地域では、将来宅地地域に転換された場合の価格形成要因が重要となるが、宅地見込地と異なり熟成度が低いことから、宅地地域転換後の地域要因が具現化することは少ない。したがって、本要因の比較は、概略的な把握で行うこととなる。また、造成の難

易性についても同様である。

9　個別的要因の比較

　個別的要因は、宅地地域と同様に、標準画地と対象地とを比較することによって行うものとする。

(様式6-2)

個別的要因格差率表（農地・林地）　　　　第 1 鑑定地

個別的要因	対象地				取引事例					
					事例符号：1			事例符号：2		
	標準画地	項目・率		格差率	標準画地	項目・率		格差率	標準画地	項目・率	格差率
交通接近条件	$\frac{100}{100}$			$\frac{100}{100}$	$\frac{100}{100}$	集落との接近性 +○% 農道の状態 +○%		$\frac{○○○}{100}$	$\frac{100}{100}$	農道の状態 +○%	$\frac{○○○}{100}$
自然的条件	$\frac{100}{100}$			$\frac{100}{100}$	$\frac{100}{100}$	土壌の良否 +○% 保水の良否 +○%		$\frac{○○○}{100}$	$\frac{100}{100}$	かんがいの良否 +○% 排水の良否 +○%	$\frac{○○○}{100}$
画地条件又は宅地化条件	$\frac{100}{100}$			$\frac{100}{100}$	$\frac{100}{100}$	地積過小 0.00 形状 0.00		$\frac{○○○}{100}$	$\frac{100}{100}$	地積 0.00	$\frac{○○○}{100}$
行政的条件	$\frac{100}{100}$			$\frac{100}{100}$	$\frac{100}{100}$			$\frac{○○○}{100}$	$\frac{100}{100}$		$\frac{○○○}{100}$
その他	$\frac{100}{100}$			$\frac{100}{100}$	$\frac{100}{100}$			$\frac{○○○}{100}$	$\frac{100}{100}$		$\frac{○○○}{100}$
格差率	$\frac{100}{100}$	$\frac{○○○}{100}$		$\frac{100}{100}$		$\frac{○○○}{100}$		$\frac{100}{100}$		$\frac{○○○}{100}$	

個別的要因	取引事例				造成事例				基準地			
	事例符号：3				事例符号：				番号：			
	標準画地	項目・率		格差率	標準画地	項目・率		格差率	標準画地	項目・率		格差率
交通接近条件	$\frac{100}{100}$	繁華街との接近性	−○%	$\frac{○○○}{100}$	$\frac{100}{100}$			$\frac{}{100}$	$\frac{100}{100}$			$\frac{}{100}$
自然的条件	$\frac{100}{100}$	日照の状態 水害の危険性	＋○% −○%	$\frac{○○○}{100}$	$\frac{100}{100}$			$\frac{}{100}$	$\frac{100}{100}$			$\frac{}{100}$
画地条件又は宅地化条件	$\frac{100}{100}$	形　状	0.00	$\frac{○○○}{100}$	$\frac{100}{100}$			$\frac{}{100}$	$\frac{100}{100}$			$\frac{}{100}$
行政的条件	$\frac{100}{100}$			$\frac{100}{100}$	$\frac{100}{100}$			$\frac{}{100}$	$\frac{100}{100}$			$\frac{}{100}$
その他	$\frac{100}{100}$			$\frac{100}{100}$	$\frac{100}{100}$			$\frac{}{100}$	$\frac{100}{100}$			$\frac{}{100}$
格差率	$\frac{100}{100}$	$\frac{○○○}{100}$			$\frac{100}{100}$	$\frac{}{100}$			$\frac{100}{100}$	$\frac{}{100}$		

第4章 農地の鑑定評価

第2節 宅地見込地の鑑定評価

1 宅地見込地の意義

(1) 想定する地域及び価格形成要因

宅地見込地は、「宅地化要因部分」を中心に、「収益性部分」及び「収益の未達成部分」から価格形成要因が構成されるが、本例において想定する宅地見込地は、「現況農地の価格構造図」における C^4 地点に該当する地域に存する農地とする。

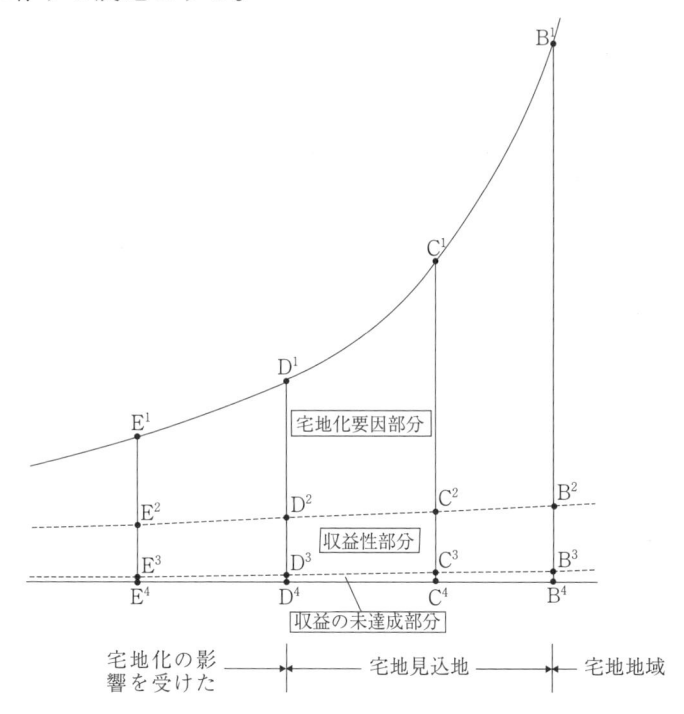

243

（2） 価格への接近方法

　宅地見込地は、「宅地化要因部分」を中心に「収益性部分」及び「収益の未達成部分」から価格形成要因が構成されるため、鑑定評価に当たっては、それらの価格形成要因を反映した評価方法を適用しなければならない。

　宅地見込地の鑑定評価方式には、取引事例比較法及び転換後・造成後の更地価格からの試算方法があり、両方式を適用するものとする。

2　価格形成要因の分析

　宅地見込地域とは、農地地域、林地地域等から宅地地域へと転換しつつある地域であり、将来的に見れば、現況での利用方法である農業生産活動、林業生産活動等に利用するよりも建物等の敷地として利用する方が、自然的、社会的、経済的及び行政的観点から見て合理的と認められ、かつ、その蓋然性を有する地域である。

　したがって、価格形成要因の分析に当たっては、宅地見込地地域としての熟成度の高低に応じて、現況での利用方法、開発の時期、規模、転換後・造成後の利用方法等を分析すべきこととなることから、鑑定評価の作業は複雑となる。

(様式2－4)　　　　　　　価格形成要因分析表（宅地見込地）　　　第○鑑定地

（1）	対象地の位置及び近隣地域の範囲：対象地②は、いの町○○に存し、宇治川に架かる「○○○橋」の南方約○○○mに位置する現況田であり、近隣地域の範囲は、対象地②を中心として東方約○○○m、西方約○○○m、南方約○○○m，北方約○○○mの範囲のうち現況農地部分と認定される。
（2）	地域分析：対象地②の存する近隣地域は、いの町○○地区のやや西部に位置する平坦地地域であり、付近は農地が多く見られるが、高知市近郊農地であること及び宅地地域に近接することから、鑑定評価上は、宅地見込地地域に分類される。 　　地域要因を分析すれば、次のとおりである。 　　ア　交通・接近条件…宅地見込地としての小学校等への接近性については普通程度となっているが、商店街への接近性については同一需給圏内類似地域と比較してやや劣る地域となっている。近隣地域内は約4m舗装農道が標準のため、他の地域と比較して良好となっている。 　　イ　環　境　条　件…日照・通風等の気象の状態、市街化進行の程度については普通程度となっている。 　　ウ　宅地造成条件…造成の難易については比較的容易となっており、有効利用度についても比較的高い地域となっている。 　　エ　行　政　的　条　件…市街化調整区域及び農業振興地域（農用地）に指定されている。 　　オ　そ　の　他…特になし。 　　以上、総合的に分析すれば、対象地②の存する近隣地域は、地域要因が普通程度の宅地見込地地域であると判断される。ちなみに、転換後・造成後の標準的使用は一戸建住宅敷地であり、価格水準は、上記地域要因を反映して1㎡当たり○○○円程度で推移している。
（3）	個別分析：対象地②は、近隣地域内では標準的な宅地見込地である。最有効使用の判定に当たっては、上記地域要因及び個別的要因から判断し、さらに転換後・造成後に類似するであろうと認められる宅地地域の標準的使用を考慮して、対象地②の転換後・造成後の最有効使用を一戸建住宅敷地と判定した。

（1）　近隣地域の範囲

　宅地見込地地域における近隣地域の範囲の認定に当たっては、地域要因が現在の農地等の利用状態から宅地地域へと転換しつつある地域ということも考慮して判定することとなる。

　この場合における近隣地域の範囲の認定方法は、宅地の鑑定評価と同様に、基本的には用途共通、機能同質及び社会的、経済的位置の同一性

から判断すべきであるが、宅地見込地という特殊性を有することから、具体的には、次に挙げた要因の同一性が必要とされる。

　なお、転換しつつある地域であるという意味は、必ずしも宅地開発、建築物の建築等が増加している状態であるとかという具体的な事実によって認められるというものではなく、鑑定評価を行う者が、客観的な資料に基づく分析により、将来的に見れば宅地として利用することが合理的であり、かつ、その蓋然性が有ると判断した地域をいうものである。

　例えば、地方都市の周辺に存する市街化調整区域内の農用地区域の指定を受けている現況農地の地域は、近隣地域内に農地以外が存していなくても、駅等の公共施設及び市街地に隣接又は近接している場合は、農地地域から宅地地域へと転換しつつある地域ということができる。

ア　現況での利用状態の同一性

　各画地が同一の近隣地域と認定されるためには、転換前の各画地の利用状態が田地又は林地である等現況での用途が同一でなければならない。この理由として、熟成度が高い宅地見込地を除き、現在の利用状態を前提とした土地の収益性が、宅地見込地の重要な価格形成要因となっているからである。

　例えば、熟成度が普通程度である現況田の宅地見込地は、転換後・造成後の利用状態である宅地としての価格形成要因と当面利用可能な現況での利用状態である田としての収益性とが一体となって価格が形成されている。

イ　開発形態の同一性

　宅地見込地地域は、将来的には宅地開発される可能性が高いと認められる地域であるため、各画地の開発が周辺と一体的に行われることが合理的と判断される場合は、その範囲を含んで近隣地域と認定することとなる。また、各画地ごとに単独で宅地開発が行われると判断される場合は、それぞれの開発形態が同一と認められる範囲で近隣地域を区分すべ

きである。
　仮に、開発形態が異なれば、それに伴う開発費用及び有効宅地化率が異なることとなり、それぞれの価格に大きな開差が生じるため、近隣地域を区分すべきである。

ウ　宅地地域への転換時期の同一性
　対象地の周辺に存する各画地の中で同一の近隣地域として区分されるためには、宅地地域への転換が同一の時期と判断されることが必要である。これは、鑑定評価方式の適用における熟成度が同じであるという意味であり、仮に宅地地域への転換の時期が異なれば、各画地間の代替性に欠けるため、近隣地域を区分することが必要となる。

エ　転換後・造成後に想定される宅地の用途の共通性、機能性等の同一性
　一般的に、近隣地域内の各画地は、用途の共通性を有すべきであるから、宅地見込地地域の転換後・造成後に想定される宅地についても、住居系、商業系等の用途が共通するほか、機能等の同一性も有する必要がある。仮に、これらが共通しない画地は、代替性に欠けることとなるため、近隣地域からは除外すべきである。

オ　公法上の規制の同一性
　都市計画法による市街化区域及び市街化調整区域の区分並びに農地法第4条等に基づく転用許可の区分は、将来における宅地開発の可能性に大きな影響を与える。したがって、近隣地域の区分に当たっては、公法上の規制が同一又は類似することが必要である。

　以上ア～オのように、宅地見込地地域における近隣地域の範囲の区分は、宅地地域等と比較してかなりの相違点が有るが、次に挙げる鑑定評価の例に基づき、具体的にその範囲の根拠を分析するものとする。

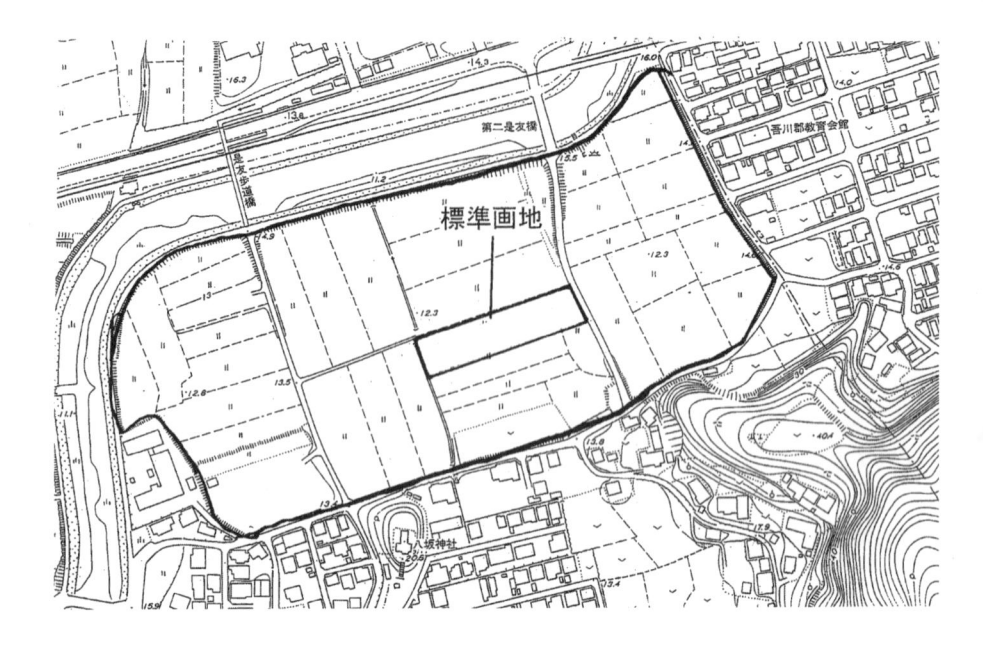

前記例で示した近隣地域は、現況での利用状態が田である。このため、アで述べた現況での利用状態の同一性の要件を満たし、開発形態についても一体性及び同一性が認められることから、イで述べた開発形態の同一性の要件を満たしている。さらに、宅地地域へ近接し、宅地地域への転換見込時が同一と判断されるため、ウで述べた宅地地域へ転換時期の同一性を満たしている。また、転換後・造成後は、周辺の利用状態から住居系と推定されることから、エで述べた転換後・造成後に想定される宅地の用途、機能等の同一性を満たしている。そして、いずれも市街化調整区域であり、かつ、農用地区域の指定を受けているため、オで述べた公法上の規制等の同一性を満たしている。
　以上のように、ア～オのすべての要件を満たすことによって、近隣地域の範囲が前記例のように特定されることとなる。

(2)　地域分析

宅地見込地地域の地域分析は、宅地見込地地域が農地地域、林地地域等から宅地地域へと転換しつつある地域であることから、近隣地域の熟成度及び価格水準により分析内容が異なる。

例えば、熟成度が低い宅地見込地地域及び価格水準が低い宅地見込地地域においては、従前の利用状態である田、畑等の収益性に着目した価格形成要因が重視されるため、価格形成要因の分析も農地としての収益性と転換後・造成後の宅地としての価格形成要因の両方に着目して行われることとなる。

これとは逆に、熟成度が高い宅地見込地地域及び価格水準が高い宅地見込地地域は、転換後・造成後の宅地としての価格形成要因が重視されるため、価格形成要因の分析については、転換後・造成後の宅地地域の価格形成要因、有効宅地化率、造成に要する費用等が重視されることとなる。

(3) 個別分析

近隣地域内の標準的使用と対象地の個別的要因との分析により、最有効使用を判定する。この場合の最有効使用は、宅地見込地地域が宅地地域に転換しつつあることを考慮し、転換後・造成後の宅地としての最有効使用に着目して判断することとなる。

(4) 地域要因の表示等

宅地見込地評価における地域要因及び個別的要因の例は、次のとおりである。

条件	項　目	地　域　要　因	条件	項　目	個　別　的　要　因
交通接近条件	駅、バス停への接近性 都心への接近性 商店街への接近性 幹線街路への接近性 公共施設への接近性 そ　の　他	(JR四国「枝川」)　駅　（○○○）km （　は　友　）バス停（○○）m （はりまや橋）　まで　（約○○）m （サニーマートいの店）まで（約○○）m （国道 33 号線）まで（約○○）m （伊野小学校）まで（約○○）m	画地条件	接　面　街　路 形　　　状 地積、間口、奥行 高　圧　線　下　地 そ　の　他	有　（　農　道　　　　） 　　巾員（約4）m 　　舗装（アスファルト） 無：街路名（　　　　　） 　　近接道路（　　　　　　） 　　巾員（　　）m 　　舗装（　　　　　　　） （　　長方形　　　　　） 対象地②　　間口　　　　奥行 （○○○）㎡、（○○）m、（○○）m 有（　　　　　　　　　）%
	日照、通風　等 眺望、景観　等 上水道、電気 下水道、ガス 周辺地域への状態 市街化進行の程度 災害発生の危険性 危険施設　等 そ　の　他	優・普通・劣 優・普通・劣 （　　　　あり　　　　） （　　　　なし　　　　） （　　　　畑地が多い　　　　） （早い・普通・遅い） （　　特に認められない　　　） （無・有　　　　　　　　　）	行政的条件	区　　　域 用　途　地　域 容　積　率　等 そ　の　他	市街化 調整、その他都計、都計外 1住専、2住専、住居、（　　）、無 容積率（　　）%、建蔽率（　　）% 農業振興地域
宅地造成条件	価　格　水　準 地勢、地盤　等 有効宅地化率 そ　の　他	（　　　　○○○ 円／㎡　　） （　　　　普　通　　　　　） （　○○　）%程度	その他	地　盤　の　高　低 地勢、地質 有効宅地化率	（　約○○m低い　　　　） （　普通　　　　　　　　） （　○○　　　　　　　）%
行政的条件	区　　　域 用　途　地　域 容　積　率　等 そ　の　他	市街化 調整、その他都計、都計外 1住専、2住専、住居、（　　）、無 容積率（　　）%、建蔽率（　　）% 農業振興地域（農用地）			
その他	土　壌　汚　染 埋　蔵　文　化　財	・土壌汚染対策法第3条に規定する有害物質使用特定施設に係る工場又は事業所の敷地であった履歴を有する土地を含まない。 ・周知の埋蔵文化財包蔵地に指定されていない。		土　壌　汚　染 埋　蔵　文　化　財	現地調査及び資料調査より影響はない。 （　　　　同　　　　左　　　　）

　ア　地域要因

　地域要因は、近隣地域内標準画地について具体的な数値を分析する。熟成度が高い場合は、上記記載例で十分であるが、熟成度が普通程度及び低い場合は、その他の項目で現況での利用状態である田、畑等の収益性等を分析する。

　イ　個別的要因

　個別的要因は、主として画地条件及び行政的条件が中心となるため、交通・接近条件及び環境条件において格差が発生していると認められる場合には、その他の項目で補正することとなる。

3　鑑定評価額の決定

不動産鑑定評価基準によると、「宅地見込地の鑑定評価額は、比準価格及び当該宅地見込地について、価格時点において、転換後・造成後の更地を想定し、その価格から通常の造成費相当額及び発注者が直接負担すべき通常の付帯費用を控除し、その額を当該宅地見込地の熟成度に応じて適切に修正して得た価格を関連づけて決定するものとする。」と定められている。

したがって、鑑定評価額の決定に当たっては、両試算価格共に重視することとなるが、宅地見込地の熟成度及び想定される開発形態によって両試算価格の精度が異なるため、対象地の価格形成要因を分析したうえで両試算価格の規範性を考慮し、相互に関連付けて鑑定評価額を決定すべきである。

宅地見込地の鑑定評価額の決定例を挙げれば、次のとおりである。

(様式3)

鑑 定 評 価 額 決 定 表　　第2鑑定地

試算価格の調整及び鑑定評価の決定：
　　比準価格は、現実の取引市場に着目して求めたものであり、市場性を反映した説得力の高い価格である。本件の場合は、試算値も均衡しており、〇〇地区の宅地見込地の価格を反映するものとして、規範性は高いと判断される。
　　転換後・造成後の更地価格からの試算価格は、開発業者の投資採算値に着目して求めたものであり、本鑑定評価の場合等宅地見込地としての熟成度が比較的高く、かつ、転換後・造成後の最有効使用が一戸建住宅敷地と判定される場合は、十分に尊重すべきである。本鑑定評価の場合は、比準価格と転換後・造成後の更地価格からの試算価格に近似して求められ、検証は得られたものと判断される。
　　よって、鑑定評価額の決定に当たっては、比準価格を標準に、転換後・造成後の更地価格からの試算価格は検証するに止め、単価と総額との関連にも十分留意して、鑑定評価額を以下のとおり決定した。

(1)　比準価格の規範性

取引事例比較法の適用により求められた比準価格は、本例のように現況農地で熟成度が普通程度の宅地見込地の場合は、周辺に取引事例が比

較的多く存することから客観性に富んでいるほか、取引価格についても均衡していることが多いため規範性は高い。

これに対して、熟成度及び価格水準が高い宅地見込地の場合は、取引事例が比較的少ないことが通常であり、また取引価格そのものが当該取引事例の個別性の影響を受けて形成されることが多いため、補修正が適正に行われたと判断される場合においても、精度の高い比準価格を求めることができない場合がある。

したがって、比準価格の規範性については、対象地の存する地域に係る熟成度等の地域要因、取引事例の性格等に大きく左右されることとなるため、これらの要因を分析したうえで、比準価格を重視するか否かを判断すべきである。

(2) 転換後・造成後の更地価格からの試算価格の規範性

転換後・造成後の更地価格からの試算価格は理論的であるが、その算定方法が当該宅地見込地又はそれを含む広域的な土地の宅地造成した場合を想定しているため、造成工事費、有効宅地化率等の予測要因に試算価格の精度が左右されることとなる。

したがって、転換後・造成後の宅地の価格形成要因及び造成工事の概要の把握が容易である熟成度が高い宅地見込地並びに大規模開発予定地でマスタープランが作成されている宅地見込地を除けば、造成工事費及び有効宅地化率の把握において不確実な要素が介在し易く、試算価格についても客観性に欠けることとなる。

よって、試算価格の調整に当たっては、転換後・造成後の更地価格からの試算価格は比準価格に比較して相対的にやや劣ると判断されることが、実際の鑑定評価では多い。

ただし、市街化区域内に存する熟成度が極めて高い宅地見込地で、転換後・造成後の最有効使用が低層一戸建住宅と判断され、かつ、造成費等の把握が容易である場合は、比準価格よりも精度の高い試算価格が得られることがあり、この場合の鑑定評価額の決定に当たっては、転換

後・造成後の更地価格からの試算価格を重視する必要が有ることに留意すべきである。

（3） 鑑定評価額の決定

　鑑定評価額の決定に当たっては、対象地の特性及び取引事例等の資料の精度に応じて、比準価格又は転換後・造成後からの更地価格からの試算価格のいずれかの一方又は両方を重視し、相互に関連づけて決定することとなる。

　試算価格及び鑑定評価額の表示例は、次のとおりである。

試　算　価　格	比　準　価　格	転換後・造成後からの試算価格	収　益　価　格	鑑　定　評　価　額	
				総　　額	㎡当たりの価格
総　　額	00,000,000円	円	円	円	円
（㎡当たりの価格）	（　　00,000円）	（　　　　円）	（　　　　円）	00,000,000	00,000

4　取引事例比較法の適用

　取引事例比較法の適用に当たって留意すべき点を、例に沿って項目ごとに述べると、次のとおりである。

（様式4－2）　　　　試　算　価　格　算　出　表　（　宅　地　見　込　地　）　　　第　2　鑑定地

手法	事例符号	取引時点	取引価格 Ⓐ	事情補正 Ⓑ	時点修正 Ⓒ	標準化補正 Ⓓ	地域格差 Ⓔ	個別格差 Ⓕ	試算 Ⓐ×Ⓑ×Ⓒ×Ⓓ ×Ⓔ×Ⓕ
取引事例比較法	1 2	年 月 〇・〇	円/㎡ 00,000	100/100	〇〇〇/100	100/〇〇〇	100/〇〇〇	100/100	円/㎡ 00,000
	1 3	〇・〇	00,000	100/100	〇〇〇/100	100/〇〇	100/〇〇		00,000
	2 0	〇・〇	00,000	100/100	〇〇〇/100	100/〇〇〇	100/〇〇〇		00,000
	比準価格判定の理由	上記のとおり近似した試算値を得た。同一需給圏内類似地域3事例から求めたものであり、補修正の適否等は同程度と判断される。よって、比準価格の決定に当たっては、ほぼ中庸値を採用して㎡当たり〇〇,〇〇〇円と決定した。						比準価格 円/㎡ 00,000	

（1） 取引事例の収集

取引事例比較法の適用に必要となる取引事例の収集に当たっては、本章第1節5（2）で述べた四要件のすべてを満たす取引事例を収集するほか、宅地見込地特有の要因である次の要件を満たす取引事例を収集すべきである。

ア　現況での利用状態の類似性

熟成度が普通程度又は低い宅地見込地地域の鑑定評価は、現況での利用状態である田、畑等の収益性を鑑定評価額に反映させる必要があるが、現況での利用状態により収益性はそれぞれ異なる場合が多い。したがって、収集する取引事例は、現況での利用状態が類似することが必要である。

ただし、熟成度が高い宅地見込地の場合は、現況での利用状態よりも転換後・造成後の価格形成要因が主となるため、必ずしも現況での利用状態の類似性を必要としない場合が多い。

イ　開発形態の類似性

宅地見込地の鑑定評価で収集すべき取引事例は、将来予測される宅地開発の形態が単独開発か大規模開発なのかといった、対象地について予測される開発形態と類似する取引事例を採用すべきである。なお、例外的に熟成度が低い宅地見込地の場合は、現況での利用状態が重視されるため、開発形態の類似性を必要としない場合があることに留意すべきである。

ウ　熟成度の類似性

宅地見込地は、熟成度によって重視すべき価格形成要因が異なるが、この熟成度が大きく異なれば代替性に欠けることとなるため、取引事例の収集に当たっては、比較可能な取引事例の要件として、熟成度の同等性が必要である。

エ　転換後・造成後に想定される宅地の利用状態の類似性
　宅地見込地の類似性は、現況での利用状態の類似性のほか、転換後・造成後に想定される宅地としての利用状態の類似性も必要である。仮に、取引事例の現況での利用状態の類似性が強くても、転換後・造成後の宅地の用途及び機能が異なれば、価格形成要因も大きく異なることとなり、比較が困難となることがあるため、留意が必要である。

オ　公法上の規制の同一性
　都市計画法において規定される市街化区域及び市街化調整区域の区域区分、自然公園法による保護地区の区分等は、宅地見込地の価格形成要因に大きな影響を与えるため、取引事例は可能な限り同等の規制を有するものを採用すべきである。
　宅地見込地は、以上のとおり価格形成要因が変化しつつある地域内に存する土地であるから、価格形成要因が複雑である。したがって、採用する取引事例は、比較が容易である近隣地域内取引事例が重要であり、多少取引時点が古い事例であっても、近隣地域内の取引事例を積極的に収集し採用すべきである。

（2）　取引価格
　宅地見込地の取引事例は、現況での利用状態が田、畑、山林等であることから、地上には農作物、立木等が存する場合が多い。このため、取引事例を採用するに当たっては、取引価格にこれらの補償費、立木価格等が含まれているか否かを十分に考慮すべきである。
　また、取引価格については、価格水準が高い場合、公共用地の取得に係る場合等を除き、公簿面積で取引されることが多い。農地及び林地の評価で述べたとおり、公簿面積と実測面積とは異なる場合が多いため、取引価格を総額として収集した場合には、単価と地積との関連にも留意しなければならない。

（3） 事情補正

　宅地見込地の取引事例は価格形成要因が複雑なため、取引事例の個別性が強いほか、事情補正を考慮すべき特殊な事情が存することが多い。このため、事情補正を行うに当たっては、本章第1節5（6）で述べた事項のほか、次に挙げる事項にも十分留意すべきである。

ア　取引当事者の双方が同一地域内に存する場合
　この場合の取引事例は、取引当事者が転換後・造成後の宅地を想定した要因よりも現況での収益性等を重視することが多いため、取引価格はやや割安となる傾向があることに留意すべきである。

イ　売主が多数で、開発業者と団体交渉等によって価格が成立した場合
　このような取引形態で成立する取引価格は、開発業者の投資採算値に着目して取引価格が決定されることが多いため、周辺の土地の地価水準と比較して、かなり割高な取引価格となることが多い。このため、事情補正に当たっては、価格交渉の経緯を十分に分析したうえで行うべきである。

ウ　場所的限定のある取引の場合
　大規模開発地における用地買収の経緯で見られるように、未買収となっているいわゆる「穴あき地」を買収する取引であるときは、その土地の開発予定地全体に寄与する度合いが高くなるため、通常の取引と比べてかなり高く取引される場合が多い。また、このほか開発予定地内に進入するための取付道路の取引も、場所的限定がされることから、買い進みとなるケースが多い。
　したがって、このような取引事例は、通常の事情補正では正常な取引価格へと補正が行えないため、取引事例比較法の適用において採用することが困難な場合があることに留意すべきである。

エ　多数の土地を取得するため、地目別に価格を設定した場合
　価格水準の低い大規模開発予定地の用地取得は、地目別に単価を設定し、それぞれの種別ごとに同一単価で開発予定地の宅地見込地を買収する場合がある。
　このような場合は、取引価格に各画地の個別性が反映されることがないため、個別性が良好な画地は安く、劣る画地は高く取引されることとなる。
　したがって、開発予定地内を統一単価で買収している場合、地目別で買収している場合等取引事例に個別的要因が反映されていない場合は、事情補正を行うこととなる。

オ　相当規模にまとめられた土地の取引
　大規模開発を行うために土地を買収し一定規模となった面大地は、一体画地となることで開発が容易となる等付加価値が発生することとなる。このため、一体画地となった面大地の取引価格は、周辺の各画地の標準的な取引価格と比較して、高めに設定されることとなる。ただし、この場合は、一体となることで土地自体の価値が増加し、価格が上昇したものと判断されるため、事情補正ではなく、地域要因の比較又は標準化補正で考慮することとなる。

（4）　時点修正

　宅地見込地は、農地地域、林地地域等から宅地地域へ転換しつつある地域内に存する土地であるから、一般的には都市の外延的発展に従って地域要因が向上し、地価水準は上昇傾向が認められる。しかし、近年における地価動向のように宅地価格に下落傾向が認められる場合は、宅地見込地の価格も下落することがあるため、時点修正に当たっては、本章第1節5（7）で述べた事項のほか、次の点に留意すべきである。

ア　宅地の地価水準の動向

熟成度が高い宅地見込地では、近接する宅地の価格水準の動向が地価の変動に大きく影響するため、転換後・造成後に想定される宅地への需要、供給等の動向を調査し、地価変動要因を把握したうえで時点修正率を判断すべきである。

イ　農地の地価水準の動向
　熟成度が低い宅地見込地では、現況での利用方法である農地の収益性の動向が取引価格に反映されるため、農地の収益性に留意することはもちろんのこと、純農地の地価動向にも十分留意すべきである。

ウ　地域要因の向上の状況
　宅地見込地地域は、宅地地域へ転換しつつある地域のため、宅地地域、農地地域及び林地地域と比べて公共事業が行われることが多い。
　この場合、道路改良等の公共事業の影響及び民間等の宅地造成の動向によっては地域要因の向上が見込まれ、地価は上昇することが多い。したがって、取引事例の存する地域及びその周辺に存する地域要因の変化及び公共事業の進展にも十分に留意すべきである。

（5）　地域要因の比較
　同一需給圏内類似地域の取引事例から地域要因の比較を行う場合は、次の細分化された地域要因を相互に比較するものとする。

第4章　農地の鑑定評価

(様式5－1)

地域要因格差率表（宅地・(宅地見込地)）　　　　第2　鑑定地

地域要因	対象地	取引事例		事例			
		事例符号： 12		事例符号： 13		事例符号： 20	
		項目・率	近隣	項目・率	近隣	項目・率	近隣
交通接近条件	100/100	都心への接近性 ＋○％ 最寄商店街への接近性 ＋○％	000/100	都心への接近性 －○％ 周辺街路の状態 －○％	00/100	最寄商店街への接近性 ＋○％ 周辺街路の状態 ＋○％	000/100
環境条件	100/100	市街化進行の程度 ＋○％	000/100	市街化進行の程度 －○％	000/100	市街化進行の程度 ＋○％	000/100
宅地造成条件	100/100	造成の難易及び必要の程度 0.00	000/100	造成の難易及び必要の程度 0.00	00/100	造成の難易及び必要の程度 0.00	000/100
行政的条件	100/100		100/100		100/100		100/100
その他	100/100		100/100		100/100		100/100
相乗積	100/100		000/100		00/100		000/100

ア　交通・接近条件

　最寄駅への接近性及びその性格並びに最寄駅から都市中心への接近性を相互に比較する。また、最寄商店街の配置の状況として、その距離、その性格等を比較するほか、学校、公園、病院等の配置の状態も比較する。

　道路幅員及び舗装の状態の格差については、多くの土地価格比準表が交通・接近条件の内訳の中で分析しているほか、国土交通省で例示された様式でも同様であるため、交通・接近条件の内訳の一つである周辺街路の状態として比較する。主要幹線街路への接近性も同様である。

　交通・接近条件の比較項目の留意点は、次のとおりである。

（ア）　中心市街地との距離及び交通施設の状態

　最寄駅までの距離について、事例地の存する類似地域の標準画地からの距離と対象地の存する近隣地域の標準画地からの距離とを相互に比較

して格差率を求める。なお、最寄駅が異なれば、列車の停車数だけでなく、急行、快速の停車駅であるか否かについても異なることがあるため、この場合は、最寄駅の性格の比較も行うほか、最寄駅から中心市街地までの距離が異なることとなるため、時間、料金等を考慮したうえで相互に比較する。

(イ)　商店街への接近性

　商店街、スーパーマーケット等までの距離について、事例地の存する類似地域の標準画地からの距離と対象地の存する近隣地域の標準画地からの距離とを相互に比較して格差率を求める。この場合において、商店街、スーパーマーケット等の規模及び性格が異なるときは、それぞれの施設の利便性を相互に比較する。

(ウ)　学校、病院等公共公益施設との接近性

　宅地地域への転換後に必要とされる幼稚園、小学校、公園、官公署、銀行、郵便局等との距離を相互に比較して格差率を求める。なお、宅地地域転換後は近隣地域周辺に一部の公共公益施設が新たに設置される場合があるため、格差率は、将来の動向も考慮したうえで求めるべきである。

(エ)　周辺街路等の状態

　宅地地域転換後は幹線道路への接近性が重要となるため、幹線道路への距離及びその状態を相互に比較するほか、近隣地域及び同一需給圏内類似地域のそれぞれの地域内に存する既存の道路についても分析し、比較を行うものとする。具体的な比較項目としては、幅員、舗装の状態等が中心となる。

イ　環境条件

　主に、転換後・造成後の宅地の環境条件について分析する。比較項目

としては、自然的環境は日照、通風、眺望、景観等、社会的環境は市街化進行の程度、嫌悪施設の状態等である。なお、熟成度が低い宅地見込地の場合は、現況での利用状態である田、畑等の収益性についても比較を行うものとする。

　環境条件の比較項目は、次のとおりである。

（ア）　日照、温度、湿度、風向等の気象の状態
　日照、温度、湿度等の自然的環境は、宅地地域転換後の価格形成要因に大きく影響を与える。したがって、それぞれの地域の自然的環境を相互に比較するが、この場合、大規模開発が想定される地域においては、造成工事の内容によって開発される区域の傾斜の角度及び方位が異なり、日照等の条件に変化を与えることがあることに留意すべきである。

（イ）　眺望、景観等の自然的環境の良否
　眺望、景観、地勢、地盤等の自然的環境の良否を分析し、相互に比較して格差を求める。この場合、上記（ア）と同様に、想定される造成工事の内容によって宅地地域転換後の環境条件が大きく異なることがあることに留意すべきである。

（ウ）　上・下水道、ガス等の供給処理施設の状態
　上・下水道、ガス等の供給処理施設は、通常では宅地見込地地域には存しないため、宅地地域転換時に設置されることが多い。したがって、将来的な上・下水道等の設置の難易によって地域格差が発生するが、実務上は、既存の供給施設からの引込みの難易性によって格差率を分析することとなる。

（エ）　周辺地域の状態
　小規模開発が見込まれる宅地見込地地域においては、周辺における既存の宅地地域の性格、規模等が、宅地地域転換時の環境条件に影響を与

えることとなる。したがって、周辺地域において利用されている宅地の種類、規模、品等を分析して比較を行う。

（オ）　市街化進行の程度

　一般的に、宅地見込地地域は市街地に近接し、公共施設の整備が進み急速に住宅地域化しつつある地域においては、市街化進行の程度は早い。これに対して、公共施設が未整備で利便施設等への接近性が劣り、宅地地域化するにも相当の期間が必要と判断される場合は、市街化進行の程度は相対的に遅くなる。

　したがって、公共施設の整備の動向等を分析したうえで市街化進行の程度について相互に比較し、格差率を決定するものとする。なお、市街化進行の程度については、熟成度と密接な関連性を有するものであり、宅地見込地地域の地域要因の中でもかなり重要な要因となっている。

（カ）　その他嫌悪施設等の状態

　近隣地域内及びその周辺地域に存する変電所、ガスタンク、汚水処理場、焼却場等の存否及び配置の状態を相互に比較して行う。また、台風等における洪水、地すべり、高潮、崖崩れ等の危険性が認められる場合及び公害による影響が認められる場合は、いずれも考慮する。

（キ）　現況での利用状態

　熟成度が低い宅地見込地は、現況での利用状態である田、畑等の収益性を反映して価格が決定される。このため、このような場合の地域要因の比較に当たっては、それぞれの地域の農地としての収益性を相互に比較して格差率を求めるものとする。

ウ　宅地造成条件

　宅地造成条件としては、造成の難易及び必要の程度、宅地としての有効利用度等が挙げられる。

（ア）　造成の難易及び必要の程度

　造成工事の難易度は、造成工事費に反映され、素地である宅地見込地の価格に影響を与えることとなる。したがって、造成工事の難易度を分析し、開発形態に応じた造成工事費を推定して、相互に比較を行う。

　この場合、宅地見込地の価格水準によっては、造成工事費の比率が異なることに留意すべきである。例えば、価格水準が低い宅地見込地地域では造成工事費の占める比率が高く、逆に価格水準が高い宅地見込地地域ではその比率が低くなるが、比率によっては造成費の格差率が異なることがあるため、これらを考慮したうえで格差率を決定すべきである。

（イ）　宅地としての有効利用度

　宅地としての有効利用度とは、近隣地域内に存する各画地が有する有効宅地面積の素地面積に対する比率をいう。近隣地域内に存する各画地は、それぞれ個別性を有するため、宅地としての有効利用度は異なることが通常であるが、地域的に見れば、開発形態の同一性及び転換後・造成後の宅地の用途が同一であるため、一定の範囲内で同一性又は同等性が認められることとなる。

　したがって、近隣地域内の標準画地の有効宅地化率と事例地の存する近隣地域の標準画地の有効宅地化率とを相互に比較して格差を求めることとなる。

エ　行政的条件

　都市計画法による規制、農地法の適用の有無、農地転用の許可の難易等を、総合的に分析して判定するものとする。

（ア）　都市計画法による要因

　市街化区域と市街化調整区域とに区域区分された都市計画区域では、この区分により開発行為の制限が大きく異なるため、それぞれ同一の区域の事例地からの比準を行うものとする。また、市街化区域内にあって

も、第一種中高層住居専用地域と第二種中高層住居専用地域といったように公法上の規制が類似する場合は、比較が可能であるが、第一種住居地域と第一種低層住居専用地域といったように、建ぺい率、容積率、用途等の制限が大きく異なる場合は、比較そのものが困難なことに留意すべきである。

　地域要因の比較に当たっては、都市計画法による制限について、対象地の存する近隣地域内の標準画地に係る規制と事例地の存する類似地域の標準画地に係る規制とを相互に比較して格差を求める。

(イ)　農地転用許可の難易
　第2種農地と第3種農地とのように農地法第4条に係る転用許可の難易が異なれば、開発の難易性が異なることとなるため、相互に比較を行い格差を求めるものとする。なお、この場合において、第1種農地と第3種農地とのように開発許可の難易性が大きく異なる場合は、比準そのものが困難であることに留意すべきである。

(ウ)　その他
　自然公園法等に定められる保護地区の種類によっては規制が大きく異なるほか、宅地造成等規制法に定められる宅地造成規制区域の有無によっても規制が異なっている。このため、各法令の定める規制を分析したうえでそれぞれの格差率を求めることとなる。

オ　その他
　上記ア～エの要因のほかに、必要と判断される項目を本項で比較する。

（6） 標準化補正及び個別的要因の比較

第3章で述べた個別的要因を参考に、通常の宅地及び農地の鑑定評価と同様の方法で標準化補正及び個別的要因の比較を行う。

個別的要因格差率等の算定例は、次のとおりである。

（様式6－1）

個別的要因格差率表（宅地・宅地見込地）　　　　　第 2 鑑定地

個別的要因	対象地			取引事例 事例符号：12			事例符号：13			事例符号：20		
	標準画地	項目・率	格差率	標準画地	項目・率	格差率	標準画地	項目・率	格差率	標準画地	項目・率	格差率
街路条件	$\frac{100}{100}$			$\frac{100}{100}$	$\frac{100}{100}$		$\frac{100}{100}$	$\frac{100}{100}$		$\frac{100}{100}$	$\frac{100}{100}$	$\frac{100}{100}$
交通接近条件	$\frac{100}{100}$			$\frac{100}{100}$	$\frac{100}{100}$		$\frac{100}{100}$	$\frac{100}{100}$		$\frac{100}{100}$	$\frac{100}{100}$	$\frac{100}{100}$
環境条件	$\frac{100}{100}$			$\frac{100}{100}$	$\frac{100}{100}$		$\frac{100}{100}$	$\frac{100}{100}$		$\frac{100}{100}$	$\frac{100}{100}$	$\frac{100}{100}$
画地条件	$\frac{100}{100}$			$\frac{100}{100}$	$\frac{100}{100}$		$\frac{100}{100}$	$\frac{100}{100}$	角地 1.03	$\frac{103}{100}$	$\frac{100}{100}$	$\frac{100}{100}$
行政的条件	$\frac{100}{100}$			$\frac{100}{100}$	$\frac{100}{100}$		$\frac{100}{100}$	$\frac{100}{100}$		$\frac{100}{100}$	$\frac{100}{100}$	$\frac{100}{100}$
その他	$\frac{100}{100}$			$\frac{100}{100}$	$\frac{100}{100}$	地質－2%	$\frac{98}{100}$	$\frac{100}{100}$		$\frac{100}{100}$	$\frac{100}{100}$	$\frac{100}{100}$
格差率	$\frac{100}{100}$	$\frac{100}{100}$		$\frac{100}{100}$		$\frac{98}{100}$	$\frac{100}{100}$		$\frac{103}{100}$	$\frac{100}{100}$		$\frac{100}{100}$

宅地見込地における標準化補正及び個別的要因の比較は、熟成度が高い宅地見込地においては、宅地地域と同様に、街路条件、交通・接近条件及び環境条件についても分析したうえで考慮すべきである。しかし、熟成度が普通程度及び低い宅地見込地等においては、このような要因が個別の価格に反映されることは少ない。

したがって、本節では、画地条件、行政的条件及びその他について分析するものとする。

ア　画地条件

画地条件に係る要因としては、対象地に接面する道路に係る要因及び対象地の形状の要因が主となる。

(ア)　道路との位置関係
　接面道路の幅員は、宅地の価格には大きく影響を与えるが、宅地見込地では、大規模開発等に見られるように道路を含んだ開発が多いこと、また、中小規模の開発においても道路が改良又は新設されることが多いことから、実際に接面する街路による格差率は、宅地地域と比較すれば小さくなる傾向がある。なお、このほかに道路の位置及び系統並びに幹線道路への接近性も重要な要因の一つとなっている。

(イ)　画地の形状等
　事例地並びに対象地に係る形状、間口、奥行、地積及び高低差について、それぞれ標準画地と比較を行い、格差率を求める。

(ウ)　その他
　宅地見込地地域では、事例地及び対象地で個別に粗造成が行われている場合がある。このような場合、市場では造成費等を考慮して取引されることから、標準画地と比較すれば、通常では増価要因となるため、本項で考慮するものとする。

イ　行政的条件
　土地の利用方法に関する公法上の規制の態様について、事例地及び対象地をそれぞれ標準画地と比較するものとする。

ウ　その他
　熟成度が高い宅地見込地以外の鑑定評価では、従前の利用状態である田又は畑の収益性について考慮することとなるが、事例地及び対象地が休耕されている場合又は原野状態となっている場合においては、元の田

又は畑として利用するための原状回復に要する費用が必要となることから減価要因となる。

5 転換後・造成後の更地価格からの試算

転換後・造成後の更地価格からの試算は、素地価格に造成費等を加えて宅地価格を求める原価法とは逆に、造成後の宅地価格から造成費等を控除することによって素地価格、すなわち宅地見込地の試算価格を求める方法である。

控除方式による試算価格は、一般的には次の算定式により求められる。

$$X = \left[A \times \frac{f}{100} - \left\{ (B+K+Q) \times (1+P)^n + \left(A \times \frac{f}{100} \times a \right) \right\} \right] \times \frac{1}{(1+P)^{n'}} \times \frac{1}{(1+P)^{N''}}$$

　　X：素地の平均価格
　　A：転換後・造成後の更地価格
　　f：有効宅地化率
　　B：造成工事費（造成工事費合計÷総取得面積）
　　K：公共公益施設負担金（公共公益施設負担金合計÷総取得面積）
　　Q：その他の付帯費用（その他の付帯費用額÷総取得面積）
　　P：年投下資本収益率
　　n：期間（年）
　　n'：土地に対する投下資本回収期間
　　n"：宅地開発事業に着手するための客観的状況が整うまでの待機期間
　　a：販売費・一般管理費率
　　r：宅地開発事業に係る危険率（年率）

$A \times \dfrac{f}{100} \times a$:販売費及び一般管理費

$\dfrac{1}{(1+P)^{n'}}$:対投下資本（土地）収益等控除

$\dfrac{1}{(1+P)^{n''}}$:熟成度修正

国土交通省例の算定式は、次のとおりである。

転換後・造成後の更地価格からの試算									
転換後・造成後の更地を想定した価格	有効宅地化率	造成費等	販売費及び一般管理費	対投下資本収益（造成費等×np）	差引計	対投下資本等控除後の価格（×1/1+n'p'）	熟成度修正率 [1/(1+r)m]	個別格差	試算価格（積算価格）
(注) 円/㎡ 〇〇,〇〇〇	〇〇/100	円/㎡ 〇〇〇	円/㎡ 〇〇〇	円/㎡ 〇〇〇	43,385	1/(1+0.09) 円/㎡ 〇〇〇	1/(1+0.04) 15年	100/100	〇〇〇 円/㎡ (〇〇〇)
想定開発区域の概況及び想定開発工事の概要	開発区域面積 約〇〇〇〇㎡、一画地平均面積 約〇〇〇㎡、平均盛土高 約〇〇m、縦 約〇〇〇m、横 〇〇〇m、公共減歩率〇〇%、その他造成画地数 〇〇画地、既存公共用地率 0%								

転換後・造成後の想定更地価格の試算									
事例等符号	取引時点等	取引価格等	事情補正	時点修正	建付減価等の補正	標準化補正	地域格差	個別格差	試算価格
10	年月 〇・〇	円/㎡ 〇〇,〇〇〇	100/100	〇〇〇/100		100/〇〇〇	100/〇〇〇	100/100	円/㎡ 〇〇,〇〇〇
11	〇・〇	円/㎡ 〇〇,〇〇〇	100/100	〇〇〇/100	100/〇〇	100/〇〇〇	100/〇〇	100/100	〇〇,〇〇〇
事例符号	敷地に帰属する純収益（事情補正後）		時点修正	標準化補正	地域格差	個別格差	想定画地の純収益	還元利回り	試算価格
	円/㎡		100/100	100/100	100/100	100/100	円/㎡		円/㎡
判定理由	上記のとおり近似した試算値を得たため、想定更地価格を㎡当たり〇〇,〇〇〇円と決定した。						想定更地価格		円/㎡ 〇〇,〇〇〇

（1） 転換後・造成後の更地を想定した価格

　転換後・造成後の更地を想定した価格とは、当該宅地見込地を含む近隣地域が宅地地域に転換し、当該宅地見込地が宅地造成により宅地となった場合に想定される宅地としての更地価格をいう。
　この場合、想定される宅地は、価格時点における近隣地域の周辺に存する既存の宅地とは価格形成要因が異なることが多いことに留意すべき

である。
これを具体的に説明すれば、次のとおりである。
　転換後・造成後の更地を想定した価格は、周辺の宅地見込地との一体的な宅地開発が想定されるため、街路条件、環境条件等は、隣接する既存の宅地等と異なり、良好な場合が通常である。
　これに対して、価格時点における宅地見込地地域の周辺及び近接する地域に存する現況建物敷地については、農家住宅敷地及び既存の一戸建住宅敷地が多く、宅地としての価格形成要因は劣ることが多い。
　したがって、転換後・造成後の更地を想定した価格を求めるに当たっては、周辺において同様に宅地開発された宅地の価格形成要因を考慮すべきであり、想定する宅地開発に応じた価格形成要因を分析し、更地価格を決定すべきである。
　例えば、市街化調整区域において大規模開発による住宅団地を想定した場合、このような大規模住宅団地内では、周辺部の農家集落地域等とは異なった価格形成要因を有することとなる。したがって、転換後・造成後に想定される更地価格を求めるに当たっては、周辺地域における既存の住宅地域の価格形成要因ではなく、転換後・造成後に予想される大規模住宅団地の価格形成要因を分析して価格を求めることとなる。
　なお、様式には項目が存しないが、転換後・造成後の更地を想定した価格を求めるに当たっては、同一需給圏内の類似地域内に存する地価公示地価格等を規準としなければならない。

ア　取引事例の収集
　取引事例の収集は、転換後・造成後の更地を想定した宅地と同様の価格形成要因を有する同一需給圏内類似地域に所在する造成宅地のうちから、できるだけ新しく開発された事例を収集し選択すべきである。
　この場合、近隣地域の周辺に存する農家住宅、既存の一戸建住宅等の取引事例をどう扱うかが問題となるが、前述のとおり、通常では転換後・造成後の更地を想定した宅地との類似性を欠くことが多いため、対

象地と近接する場合においても採用することができず、参考程度の資料として扱うこととなる。

イ　標準化補正等
　事情補正、時点修正、建付減価等の補正及び標準化補正については、通常の宅地の鑑定評価と同様の作業を行うこととなる。

ウ　地域要因の比較
　地域要因の比較は、近隣地域が宅地地域に転換し、対象地が宅地造成された場合における標準画地を想定したうえで、取引事例地の存する類似地域の標準画地と相互に比較を行う。
　この場合、転換後・造成後の更地を想定した画地との比較項目のすべてが想定要因となる。したがって、地域要因の比較は、通常で行われる方法とは異なり、細項目での比較が困難であるため、概略的かつ包括的に行うこととなる。

エ　個別的要因の比較
　対象地を含む近隣地域の範囲全体について開発を想定すれば、想定される宅地の標準画地の価格は、開発想定地の分譲価格の平均値と同程度となるため、個別的要因の比較は必要ない場合が通常となる。
　これに対して、宅地見込地の近隣地域の一部の開発を想定する場合は、環境条件等の個別的要因が異なることがある。
　したがって、対象地の転換後・造成後の更地を想定した画地とその地域内の標準画地との環境条件等の個別的要因が異なると判断される場合は、個別的要因の比較を行うこととなる。

オ　収益還元法の適用
　転換後・造成後の更地を想定した画地に収益還元法を適用することは、理論的には可能であるが、賃料や建物価格といった採用する数値の

すべてが想定要因となり、客観性に欠けるため、実務上で適用することはほとんどない。

(2) 有効宅地化率

有効宅地化率は、想定される開発区域のうちの販売可能な面積の割合をもって示すもので、次式によって求められる。

$$\text{有効宅地化率} = 1 - \frac{\text{造成後の公共公益施設用地の総面積} - \text{既存の公共公益施設用地の総面積}}{\text{開発区域の総面積} - \text{既存の公共公益施設用地の総面積}}$$

一般的に、想定される開発区域の面積が広いほど公共公益施設に対する負担割合が高くなることから有効宅地化率は低く、狭いほど高くなる傾向がある。採用する有効宅地化率は、対象地の個別性を反映して決定されるが、平均的には、市街化区域内で60～85％、市街化調整区域の大規模開発予定地で30～50％程度である。

(3) 造成工事費

造成工事費は、原則として原価法の再調達原価を求める場合の直接法を準用して求めるものであり、宅地開発を想定した造成地の工事内容を反映する直接工事費及び間接工事費とし、建設業者の請負利潤も含めて求める。

なお、宅地造成工事と併せて施行する必要のある公共公益施設の建設費は、本来公共公益施設負担金(注)に含めるべきであるが、工事が同時に施行され区分が困難なため、便宜上造成工事費に含めて計算するものとする。

> (注) 公共公益施設負担金とは、宅地開発指導要綱により、水道負担金、ごみ処理負担金、学校施設負担金（教育負担金）等の市町村から現金で課せられると予想される負担金をいい、現物負担も含んでいる。

(4) 販売費及び一般管理費

販売費及び一般管理費は、造成後の宅地の販売に要する経費のほか、会社の経営に必要な本店の経費も含むものとする。この場合、具体的な金額の把握が困難なため、転換後・造成後の更地価格の単価又は販売総額に適正な比率を乗じて求める。

その他の付帯費用とは、仲介手数料、登記手数料、鑑定評価報酬料、開発申請費、公租公課等をいうが、これらについても、転換後・造成後の更地価格等に適正な比率を乗じて求めるか、個別に積算して求める。

(5) 対投下資本収益

投下資本収益率とは、投下資本に対応する収益率をいう。内訳は、借入金利率、自己資本に対する配当率等開発利潤率及び危険負担率により構成される投下資本に対応する標準的な収益率である。本項における対投下資本収益とは宅地造成を行うための工事費に対応する収益をいい、次項で述べる対投下資本収益等控除後の価格とは土地に対応する収益を控除した後の価格をいうものである。

・借入金利率

一般的に、宅地開発業者が宅地開発を行う場合は、資金の一部又は大部分を借入金により調達するため、借入金の金利は投下資本収益に含まれることになる。この場合の借入金の金利は、金融市場の標準的な貸出金利が基準となる。

なお、開発業者が自己資本のみで開発事業を行う場合においても、理論上は自己資本に対する配当は必要であり、開発原価の中に算入すべきである。この場合の配当率は、標準的な貸出金利以上が基準となる。

・開発利潤率

開発利潤率は、宅地開発業者が対象となる土地の開発に当たって得るべき標準的な利潤率をいうものである。

・危険負担率
　宅地開発に当たっては、ある程度のリスクを伴うこととなるが、このリスクを一定の負担率として投下資本収益率に含める必要がある。
　危険負担率は、開発行為を行う時期の経済情勢、対象地の存する地域要因、開発に当たっての個別性等によって異なることが多い。

　対投下資本収益の具体的な算定方法は、造成工事費、通常の付帯費用及び公共公益施設負担金に係る借入金に対する平均的な支払金利に自己資金に対する報酬相当額を加算して求めるが、この投下資本収益について求める期間は、造成工事が開始されてから販売完了に至る期間となる。
　この場合、造成工事費等は、一般的に出来高払により支払われるが、販売が開始されると資金が回収され始めるので、造成工事費等の支払時期、販売による入金時期を想定し、標準的な期間を求めることとなる。
　例を挙げて説明すれば、次のとおりである。なお、この場合の投下資本収益率は、月当たり1％と仮定する。また、この場合の用地取得期間、造成工事期間、分譲期間等については、通常重複することが多いが、理解を容易にするため、以下のとおり単純化して想定するものとする。

　用地取得
　平成18年4月1日～平成19年3月31日
　用地取得期間は1年とし、$\frac{1}{4}$ずつ買収するものとする。

　造成工事期間
　平成19年4月1日～平成19年9月30日

　分譲予定期間
　平成19年10月1日～平成20年6月30日

分譲期間は9ヶ月とし、まず分譲時に$\frac{1}{4}$売却し、以後3ヶ月ごとに各期$\frac{1}{4}$ずつ売却されるものとする。

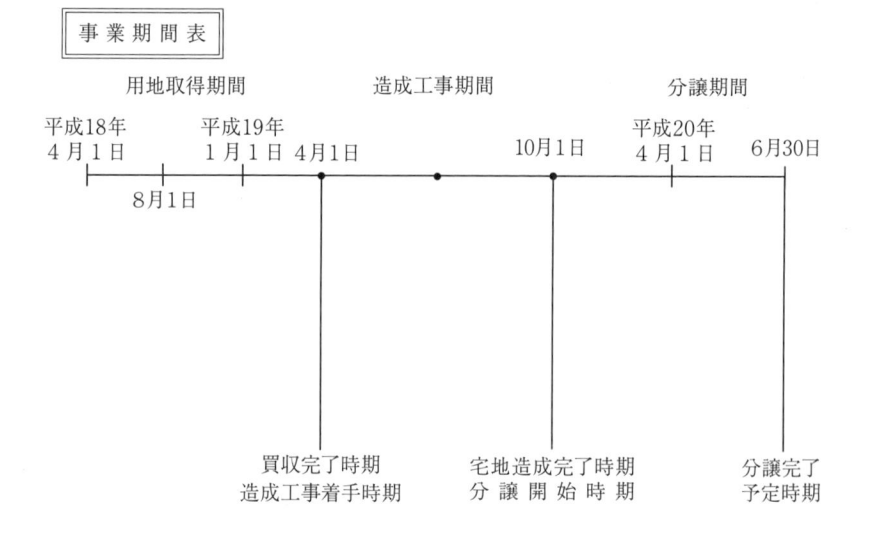

事業期間表

用地取得期間　　造成工事期間　　分譲期間

平成18年　平成19年　　　　　　　　　　平成20年
4月1日　1月1日　4月1日　　10月1日　　4月1日　6月30日
　　　　8月1日

買収完了時期　　宅地造成完了時期　　分譲完了
造成工事着手時期　分譲開始時期　　　予定時期

本例の投下資本収益は、次のとおり算定される。
　造成工事費は、着手時$\frac{1}{3}$、中間時$\frac{1}{3}$、完成時$\frac{1}{3}$を支払うものと想定する。

・造成工事完了時までの投下資本収益率
　（6ヶ月 × 1％ × $\frac{1}{3}$）＋（3ヶ月 × 1％ × $\frac{1}{3}$）＝ 3％

・販売完了時までの投下資本収益
　（9ヶ月 × 1％ × $\frac{1}{4}$）＋（6ヶ月 × 1％ × $\frac{1}{4}$）＋
　（3ヶ月 × 1％ × $\frac{1}{4}$）÷ 4 ＝ 1.125％

　3％ ＋ 1.125％ ＝ 4.125％

　　　　　　≒ 4 %
造成費の対投下資本収益は4%となる。

（6） 対投下資本収益等控除後の価格

　対投下資本収益等とは、素地価格を買収するための借入金利と宅地開発業者の利益をいうものである。前記（5）では、造成工事費等の投下資本収益を控除したが、本項では、土地についての投下資本収益を控除するものとする。

　素地購入等の投下資本収益についての期間は、素地の購入開始時から造成地の販売完了の全期間を事業期間表により求めるものとする。

　前例から求めれば、次のとおりである。

・用地取得期の投下資本収益
　　〔(12ヶ月 × 1% × $\frac{1}{4}$) + (8ヶ月 × 1% × $\frac{1}{4}$) +
　　(4ヶ月 × 1% × $\frac{1}{4}$)〕÷ 4 = 1.5%

・造成工事期間の投下資本収益
　　(6ヶ月 × 1%) = 6%

・分譲期間中の投下資本収益
　　〔(9ヶ月 × 1% × $\frac{1}{4}$) + (6ヶ月 × 1% × $\frac{1}{4}$) +
　　(3ヶ月 × 1% × $\frac{1}{4}$)〕÷ 4 = 1.125%
　　　　　　　　　1.5% + 6% + 1.125% = 8.625%
　　　　　　　　　　　　　　　　　　　　≒ 9%

土地に対する対投下資本収益は、9%となる。

（7） 熟成度修正

　熟成度修正は、宅地地域に転換するまでの期間及び蓋然性を考慮し、

価格時点における評価額を求めるものであるから、対象地の存する地域要因によって異なるほか、開発を行う規模及び方法によっても異なる。

例えば、同一の近隣地域であっても、大規模開発を想定した場合は、宅地造成完了と同時に宅地地域に転換することもあるし、小規模開発を想定した場合は、近隣地域の熟成の期間を待って宅地地域化することとなる。

したがって、転換後・造成後の更地価格から求める試算価格は、開発形態により熟成度修正の弾力性が認められ、これが試算価格の精度が劣る原因の一つとされている。

(8) 個別格差

本例では、対象地を含む30000m^2の開発を想定したため、対象地の個別的要因の比較を行うことが必要である。この場合、二つの問題点が発生する。

ア 付加価値の割引率の問題

本項で試算した価格は、対象地を含む30000m^2の土地の価値であり、近隣地域内の個々の画地と比較すれば、開発が合理性を有する規模となることによる価値増分が発生していることとなる。

したがって、各個別の画地の価格を求めるときは、この価値増分をどのように扱うかが問題となるが、現在一般的に用いられている評価方法では、この価値増分が考慮されていないことが多く、規範性が失われている原因となっている。

イ 個別格差の問題

本項で得られた価格は、標準画地を想定しているため、個別的要因を考慮していない。しかし、個別性を有する画地については、個別的要因格差率を求める必要があり、近隣地域内標準画地$\frac{100}{100}$とした場合における対象地の個別的要因格差率を乗じて求めるか、開発区域内における画

地間の中での相互比較により求めるかが問題となる。通常では、後者が採用されているが、異論も有り、この点から見ても、中規模開発が見込まれる宅地見込地のこの試算価格は、規範性に欠ける一面を有している。

6　公示価格等を規準とした価格

宅地地域の鑑定評価と同様に、近隣地域又は同一需給内類似地域に宅地見込地の公示地等が存する場合は、規準としなければならない。

公示価格等を規準とした価格

標(基)準地番号	公示(標準)価格	時点修正	標準化補正	地域格差	個別的要因の比較	規準とした価格
規準可能な公示地等が存しない	平成　年　月　日 円/㎡	$\dfrac{}{100}$	$\dfrac{100}{100}$	$\dfrac{100}{100}$	$\dfrac{}{100}$	円/㎡
	平成　年　月　日 円/㎡	$\dfrac{}{100}$	$\dfrac{100}{100}$	$\dfrac{100}{100}$	$\dfrac{}{100}$	円/㎡

7　時点修正

時点修正の内訳は、宅地見込地及び宅地の取引事例について、それぞれ同様の方法により求める。

時点修正の内訳	時点修正に必要な地価変動率は、平成18年7月〜平成20年価格時点まで±0％を基準とした。 2事例地… $\dfrac{○○○}{100}$　　13事例地… $\dfrac{○○○}{100}$　　31事例地… $\dfrac{○○○}{100}$ 6事例地… $\dfrac{○○○}{100}$　　20事例地… $\dfrac{○○○}{100}$ 11事例地… $\dfrac{○○○}{100}$　　21事例地… $\dfrac{○○○}{100}$ 12事例地… $\dfrac{○○○}{100}$　　23事例地… $\dfrac{○○○}{100}$

第3節　宅地地域内農地の鑑定評価

1　宅地地域内農地の意義

（1）　想定する地域及び価格形成要因

　第2章第2節5で述べたように、宅地地域内に存する農地は、田又は畑として利用されていても、価格形成要因には農地の「収益性部分」及び「収益の未達成部分」は反映されず、造成後に想定される宅地としての要因、造成工事費等を反映して形成されている。

　本節では、まず宅地地域内の価格形成要因を述べることとするが、本例において想定する宅地地域内農地は、「現況農地の価格構造図」におけるM^4地点に該当する地域に存する農地とする。

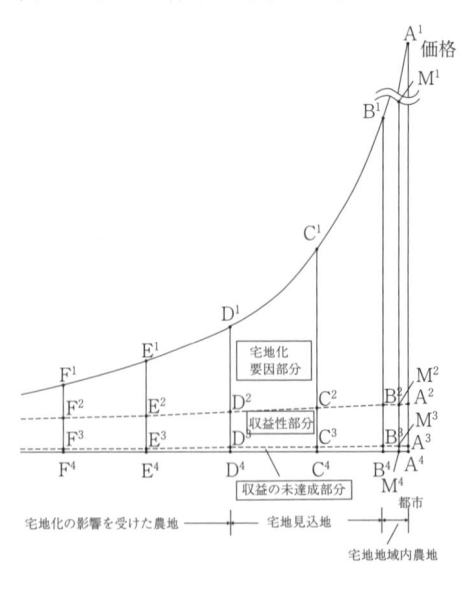

（2） 価格への接近方法

　現況が田又は畑であっても、価格形成要因が「宅地化要因部分」から形成されるため、鑑定評価に当たっては、宅地と同様の評価方法となる。

　宅地の鑑定評価方式には、取引事例比較法、収益還元法及び原価法があるが、原価法は、現況農地が再調達原価を求めるための素地価格となるため、適用することができない。

　宅地地域内農地の評価の具体的な手順を簡単に述べれば、次のとおりである。

2　価格形成要因の分析

　不動産鑑定評価基準によると、「宅地地域とは、居住、商業活動、工業生産活動等の用に供される建物、構築物等の敷地の用に供されることが、自然的、社会的、経済的及び行政的観点からみて合理的と判断される地域」と定められている。

　したがって、価格形成要因の分析に当たっては、現況が田又は畑であっても、宅地造成によって宅地として利用されるであろうという前提に基づき行うこととなる。

（様式2－4）

価格形成要因分析表（住宅地）　　　第1鑑定地

※1	対象地の位置及び近隣地域の範囲：対象地は、高知市〇〇〇〇に存し、「〇〇〇〇〇公園」の北西〇mに位置する建物敷地であり、近隣地域の範囲は、対象地を中心として北方約〇〇m、南方約〇〇m、東方約〇〇m、西方約〇〇mの範囲と認定される。
※2	地域分析：対象地の存する近隣地域は、〇〇〇〇地区の北西方に位置しており、付近は一戸建住宅のほか、共同住宅等が多く見られるため、鑑定評価上は、住宅地域に分類される。 次項地域要因を分析すれば、次のとおりである。 　（ア）街路条件……約5m舗装市道が標準的となっており、幅員、系統及び連続性共に、同一需給圏内類似地域と比較して普通程度となっている。 　（イ）交通・接近条件……小学校、バス停、スーパー等への接近性については、比較的近距離に存することから良好となっている。 　（ウ）環境条件……日照・通風等の気象の状態、居住者等の社会的環境の良否等は、普通程度となっている。 　（エ）行政的条件……市街化区域内、第一種高層住居専用地域に指定されている。 　（オ）その他……特になし。 　以上、総合的に分析すれば、対象地の存する近隣地域は、交通・接近条件に比較的恵まれた住宅地であると判断される。ちなみに、価格水準は、上記地域要因を反映して、1m²当たり〇〇〇円程度で推移している。
※3	個別分析：対象地は、現況田であるが、造成工事を行えば宅地として利用可能な土地である。最有効使用の判定に当たっては、近隣地域の標準的使用の現状と将来の動向及び対象地の個別的要因から分析して、対象地の最有効使用を宅地分譲を前提とした一戸建住宅敷地と判定した。

（1）近隣地域の範囲（様式2－4・※1）

　宅地地域内における近隣地域の区分は、下図のように区分する。この場合、現況が田、畑であっても造成工事完了後に想定される宅地が標準画地と類似すると判断される画地は、近隣地域に含めるものとする。このため、宅地地域の近隣地域に存する各画地は、価格形成要因が宅地として利用することによる効用を前提として形成されるため、宅地以外の雑種地、田、畑、山林等であっても、同一の近隣地域に含めて区分されることとなる。

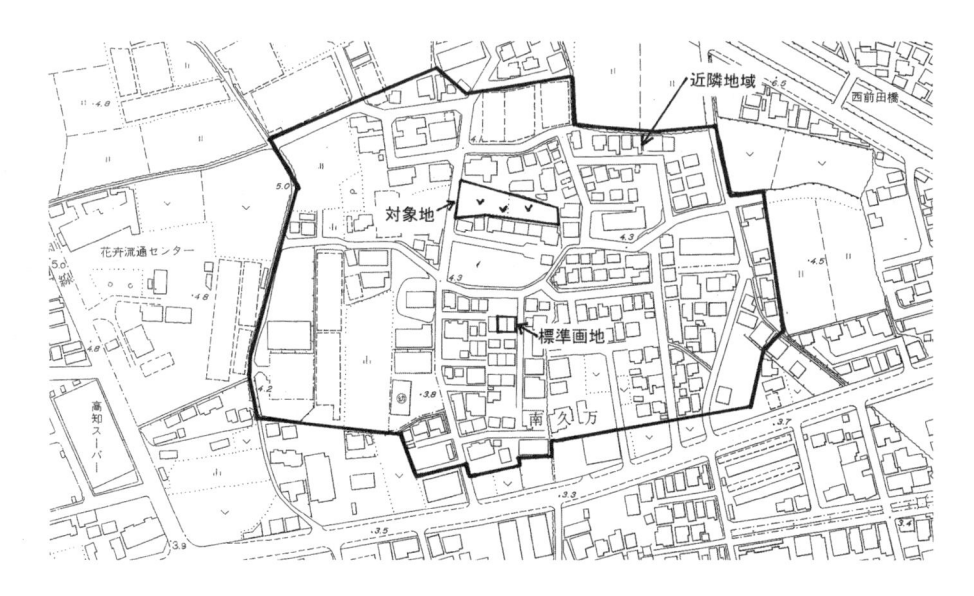

（2）　標準画地の選定

標準画地は、近隣地域が住宅地域であるため、住宅地の標準画地を選定する。次に、間接比準方式を用いるのであるから、対象地の評価を行う以前に間接的にこの標準画地の評価を行うこととなるが、この方法は通常の住宅地の評価方法で行うこととなる。

（3）　対象地の評価

標準画地と現況畑である対象地とを比較して、対象地の鑑定評価額を求めることとなる。この場合の格差は、通常では宅地として利用するために必要な造成費相当額等である。

（4）　地域分析（様式2－4・※2）

宅地地域における地域分析は、近隣地域内と類似地域との相対的位置の比較が重要な作業となる。

ア　街路条件

近隣地域内の標準画地が接面する街路の状態について分析すると共に、同一需給圏内類似地域との比較により、相対的な街路条件の格差を分析する。

イ　交通・接近条件
　小学校、中学校等の公共公益施設、交通施設等への接近性について分析し、同一需給圏内類似地域との比較により、相対的な格差を分析する。

ウ　環境条件
　日照・通風等の自然的環境と各画地の地積・配置及び利用の状態等の人文的環境との両面について近隣地域内を分析すると共に、同一需給圏内類似地域との比較により、相対的な格差等を分析する。

エ　行政的条件
　都市計画法、建築基準法等の規制により制限がなされている内容について分析する。

オ　その他
　用途の多様性、市場性等前記要因以外についても分析するものとする。

(5)　個別分析（様式2−4・※3）
　個別分析とは、対象地が有する街路条件、画地条件等の個別的要因が、対象地の用途及び利用形態並びに市場における価格の形成について、どの程度影響を与えているかを分析して、その最有効使用を判定することをいうものである。本例では、現況が畑であるが、造成後は住宅地となる可能性が高いため、分譲地としての分析が重要である。

第4章　農地の鑑定評価

（様式2－1）

　　　　　　　　　　（地　域　要　因）　　　　　　　　　　（個　別　的　要　因）
　　　　　　　　　　　　　　　　　　　　※4　　　　　　　　　　　　　　　　　　　　※5

条件	項目	地域要因	条件	項目	個別的要因
街路条件	系統及び連続性 巾員、歩道 舗装、種別、程度 その他	一般街路 （市　道） 巾員（約5）m 歩道（　）m 無、㊲(アスファルト)	街路条件	系統及び連続性 巾員、歩道 舗装、種別、程度 その他	一般街路 （市　道） 巾員（約5）m 歩道（　）m 無、㊲(アスファルト)
交通接近条件	駅、バス停への接近性 都心への接近性 公益施設、商店街への接近性 その他	(JR 四国高知)　駅 (3.5) km (南久万)バス停 (210)m (ｻﾆｰﾏｰﾄ中万々店) まで (5)分 (初月小学校まで (550) m（　）	交通接近条件	駅、バス停への接近性 都心への接近性 公益施設、商店街への接近性 その他	(JR 四国高知)　駅 (3.3) km (南久万)バス停 (190)m (ｻﾆｰﾏｰﾄ中万々店) まで (5)分 (初月小学校まで (400) m（　）
環境条件	日照、通風等 眺望、景観等 画地の配置 上水道 下水道 都市ガス （含集中方式） その他	優、㊲普通 劣 優、㊲普通 劣 優、㊲普通 劣 ㊲有 可能、無 ㊲有 可能、無 有、可能、㊲無	環境条件	日照、通風等 地勢、地盤等 隣接地の状況 上水道 下水道 都市ガス （含集中方式） その他	優、㊲普通 劣 優、㊲普通 劣 （普通） 優、㊲普通 劣 優、㊲普通 劣 優、㊲普通 劣
画地条件	地積、間口、奥行 その他	標準画地(140)㎡ 間口（約10）m、 奥行（約14）m	画地条件	地積、間口、奥行 形状 接面道路等 高低差 その他	対象地(1200)㎡ 間口（約20）m、 奥行（約60）m （　） 対象地の(西)方、 (一)方路、角地 対象地が(1.0)m 高、㊲低
行政的条件	区域 用途地域 容積率等 防火規制等 その他	㊲市街化 調区、その他都計、都計外 1低住専、2低住専、 ㊲1中住 2中住、 1住居、2住居、準住居、無 容積率(200)%、建ぺい率(60)% 防火、準防火、㊲無 高度限度（　）m (土地区画整理事業)	行政的条件	区域 用途地域 容積率等 防火規制等 その他	㊲市街化 調区、その他都計、都計外 1低住専、2低住専、 ㊲1中住 2中住、 1住居、2住居、準住居、無 容積率(200)%、建ぺい率(60)% 防火、準防火、㊲無 高度限度（　）m （　）
その他		特になし	その他		

283

(6) 地域要因の表示等（様式2－1・※4）
　地域要因の表示は、近隣地域内における標準画地そのものが有する街路条件、交通・接近条件等についての現況を表示するものであり、取引事例比較法の適用に当たって基礎となるものである。また、ここで表示される地域要因が、第5章で述べる標準画地から対象地へ比準するに当たっての基準となるものであることに十分に留意すべきである。

(7) 個別的要因の表示等（様式2－1・※5）
　個別的要因の表示は、対象地が有する街路条件、交通・接近条件等について現況を表示するものである。この場合においては、対象地と標準画地の格差について分析するものとする。
　田、畑等と標準画地との格差について分析すれば、次のとおりである。

ア　標準画地
　近隣地域が宅地地域であるため、近隣地域内における標準画地は、宅地として利用されている土地の中で、最も標準的と判断される画地をいうものである。

イ　現況農地の価格の算定
　標準画地価格が決定されると、次に標準画地と対象地とを比較して個別的要因格差率を求め、これを乗じて対象地の価格を求める。
　この場合の格差率は、概ね次の価格形成要因で構成される。

(ア)　道路との高低差
　農地は、一般的に道路に対して低く接面する場合が多いが、この場合は、道路と等高にするための造成費相当額が減価要因となる。

(イ)　水道工事費等

農地には上・下水道、ガス等が存していないことが通常であり、宅地として利用するためにはこれらが必要なことから、工事費相当額が減価要因となる。

（ウ）　画地条件等

上記のほかに、農地は、宅地と比較して地積過大、奥行逓減、奥行長大等の要因を有する場合が多い。したがって、これらの項目を十分に分析したうえで減価すべきである。

3　鑑定評価額の決定

（様式3）

鑑定評価額決定表　　　　　　　　　　　　　　　　第1　鑑定地

※1　※2
試算価格の調整及び鑑定評価額の決定：

　比準価格は、宅地の現実の市場に着目して求めたものであり、市場性を反映した説得力の高い価格である。本鑑定評価においては、近隣地域内1事例、同一需給圏内類似地域内2事例を採用しており、その精度は高いと判断される。

　積算価格は、対象地の費用性に着目して求めたものであり、客観性に富むが、本件の場合、地域要因の類似性にやや乏しく、説得力に欠ける。

　収益価格は、対象地の収益性に着目して求めたものであり、理論的であるが、本件の場合等収益性よりも快適性を重視する住宅地域の鑑定評価に当たっては、やや規範性に欠ける一面を有している。

　本鑑定評価は、宅地地域内に存する農地の鑑定評価であり、対象地の個別的要因の分析が重要であるが、高低差、地積過大等について十分に分析がなされていると判断される。

　よって、鑑定評価額の決定に当たっては、収益価格は検証するに止め、現実の市場性を反映した比準価格を標準に、単価と総額との関連だけでなく地価公示地とのバランスにも十分留意して、鑑定評価額を以下のとおり決定した。

(様式3)

試算価格	比準価格	積算価格	収益価格	鑑定評価額	
				総額	㎡当たりの価格
総額	00,000,000円	円	00,000,000円	円	円
(㎡当たりの価格)	(00,000円)	(円)	(00,000円)	〇〇,〇〇〇,〇〇〇	〇〇,〇〇〇
公示価格等を規準とした価格					
標(基)準地番号	公示(標準)価格	時点修正	標準化補正	地域格差	個別的要因の比較	規準とした価格
高知-10	平成〇年1月1日 〇〇,〇〇〇 円/㎡	$\frac{〇〇〇}{100}$	$\frac{100}{100}$	$\frac{100}{〇〇}$	$\frac{100}{100}$	円/㎡ 〇〇,〇〇〇 (〇〇,〇〇〇)
	平成 年 月 日 円/㎡	$\frac{}{100}$	$\frac{100}{100}$	$\frac{100}{100}$	$\frac{}{100}$	円/㎡

(注: 上表の「個別的要因の比較」列は7列目、「規準とした価格」は8列目)

(1) 試算価格の調整(様式3・※1)

第1節と同様に行う。

(2) 鑑定評価額の決定(様式3・※2)

前記で述べた手順を十分に尽くした後、専門職業家としての良心に従い、適正であると判断される鑑定評価額を決定すべきこととなる。

鑑定評価の理論的な側面から見れば、各試算価格は、等しく妥当性があるものとして尊重し、活用すべきものであるが、本例は住宅地としての価格形成要因が重視されることから、鑑定評価の実務上は、比準価格が大きなウェイトを占めることとなる。

(3) 公示価格等を規準とした価格(様式3)

地価公示法第8条により、不動産鑑定士は、公示区域内の土地の正常な価格を求めるときは、公示価格を規準としなければならないものとされている。

農地については、宅地見込地を除き、地価公示地等が存することはないが、対象地は、評価上が宅地であることから、規準の必要性が生じる

こととなる。

　この場合における規準とは、対象地の価格を求める場合において、対象地と類似する一つ又は二つ以上の公示地について、街路条件、交通・接近条件、環境条件等の価格形成要因を比較し、その公示価格と対象地の価格との間に均衡を保たせることをいう。

　国土利用計画法により、各都道府県が行う地価調査基準地についても、同様に規準とする必要性がある。

4 取引事例比較法の適用（様式4－3）

（様式4－3）

試算価格算出表（宅地） 第1 鑑定地

手法	事例符号	※2 取引時点	※3 取引価格 Ⓐ	※4 事情補正 Ⓑ	※5 時点修正 Ⓒ	※6 建付減価等の補正 Ⓓ	※7 標準化補正 Ⓔ	※8 地域格差 Ⓕ	※9 個別格差 Ⓖ	試算 Ⓐ×Ⓑ×Ⓒ×Ⓓ ×Ⓔ×Ⓕ×Ⓖ
※1 取引事例比較法	H	年月 ○・○	円/㎡ 00,000	100/100	○○○/100		100/○○○	100/○○○		円/㎡ ○○,○○○
	I	○・○	00,000	100/○○○	○○○/100		100/○○○	100/○○○	100/100	○○,○○○
	J	○・○	00,000	100/○○○	○○○/100		100/○○○	100/○○○		○○,○○○

比準価格判定の理由	※10 上記のとおり近似した試算値を得た。近隣地域内1事例、同一需給圏内類似地域2事例から求めたものであるが、補修正の適否等は同程度と判断される。よって、比準価格の決定に当たっては、ほぼ中庸値を採用して、1㎡当たり○○,○○○円と決定した。	比準価格 円/㎡ ○○,○○○

手法	事例符号	素地価格		造成費		付帯費用		計	有効宅地化率	地域格差	個別格差	積算価格
		補正後	時点修正	補正後	時点修正	補正後	時点修正					
※11 原価法	I	円/㎡ 120,370	103/100	円/㎡ 10,741	100/100	円/㎡ 11,400	100/100	円/㎡ 146,122	100/75	100/78	100/100	円/㎡
適用できない理由												

手法	事例符号	敷地に帰属する純収益（事情補正後）	時点修正	標準化補正	地域格差	個別格差	対象地の純収益	還元利回り	収益価格
※12 収益還元法		円/㎡	100/100	100/	100/100		円/㎡ ○,○○○	0.○○○	00,000円/㎡ (○○,○○○)
適用できない理由									

時点修正の内訳	国土交通省発表の地価公示地の変動率、当該地域の特性等総合的に勘案して、次のとおり決定した。時点修正に必要な地価変動率は、平成○年度＋3％、平成○年度＋3％、平成○年度＋3％、平成○年度＋2％、平成○年4月から平成○年価格時点まで±0％を基準とした。 H 事例地・・・ $\dfrac{○○○}{100} \times \dfrac{○○○}{100} \times \dfrac{○○○}{100} \times \dfrac{○○○}{100} \times \dfrac{○○○}{100} = \dfrac{○○○}{100}$ I 事例地・・・ $\dfrac{○○○}{100} \times \dfrac{○○○}{100} \times \dfrac{○○○}{100} \times \dfrac{○○○}{100} = \dfrac{○○○}{100}$ J 事例地・・・ $\dfrac{○○○}{100} \times \dfrac{○○○}{100} \times \dfrac{○○○}{100} = \dfrac{○○○}{100}$ 地価公示地・・・ $\dfrac{100}{100}$

(1) 取引事例比較法（様式4－3・※1）

ア　取引事例の収集方法

取引事例比較法は、取引事例から試算価格を求めるため、取引事例の収集が重要となるが、宅地の事例収集に当たっては、次の方法が採られている。

（ア）　宅地建物取引業者

現在の不動産取引市場は、宅地建物取引業者が存しない小規模町村を除き、ほとんどの不動産に対して宅地建物取引業者の関与が認められる。この場合において、宅地建物取引業者には一定の守秘義務があるため、資料の収集が難しい面を有しているが、直接面談すること等により取引事例を収集することに努めるべきである。

（イ）　地方公共団体等

公共用地の取得等に係る取引事例は、正常価格を前提としていることから規範性が高い。
したがって、地方公共団体等の起業者の買収事例等を積極的に収集すべきである。

（ウ）　売買当事者

不動産市場において、通常売り手はその地域における価格水準より高めに希望価格を提示し、買い手は価格水準より低めに希望価格を提示するものであるが、そこには多数の売り手と買い手とが存し、それぞれが競合した結果として希望価格は淘汰され、売買価格が決定されるのである。
したがって、取引事例の収集に当たっては、取引の当事者に直接面談し、売買に至った経緯等についての情報の提供をしてもらうことが望ましい。

しかし、取引当事者のうち特に売り手については、何らかの特殊な事情があることが多いこと及び税金対策等もあって、提供を拒否される場合が多いことから、資料の収集が困難な場合が多い。

(エ)　地元精通者
　農業委員、農協関係者、銀行等についても、不動産取引に接する機会が多く、また、不動産市場及び価格形成要因に精通していることが多いため、資料の収集が可能な場合がある。

(2)　取引時点（様式4－3・※2）
　宅地の一般的な取引においては、売主と買主との間で価格等の交渉が行われ、価格等が合意に達した時点において契約の日時の取決めがなされる。そして、契約の日において手付金の交付を行い、残金取引及び不動産の引渡しの日が定められ、残金取引の日に所有権移転登記がされる。
　この場合において、何時を取引時点とすべきかの問題が生じるが、売買契約の内容によっては、契約日及び手付金交付の日と引渡日又は所有権移転登記日とが1年以上開いている場合がある。このような場合、何時を取引時点とすべきであるかは、次の4つの時点が考えられる。

ア　売買交渉により契約の合意があった日
イ　売買契約書作成日及び手付金交付の日
ウ　残金取引及び所有権移転登記の日
エ　不動産の引渡しの日

　鑑定評価における取引時点とは、上記ア又はイを標準として採用すべきである。民法上、売買契約に伴う効力の発生はアであり、本来ならこの時点を採用すべきであるが、鑑定評価の実務上では、取引事例の存在そのものを問われる場合があるため、保守性及び安全性を考慮し、イを

第4章　農地の鑑定評価

採用することが多い。
　なお、ア及びイ時点が把握できない場合においては、ウも容認されている。

（3）　取引価格（様式4－3・※3）

　宅地の取引事例には、更地、建付地、借地権、底地等様々な取引形態が存在する。
　様式の鑑定評価書は、1㎡当たりの単価による比準が原則であるため、実務上は次のとおり取り扱うこととなる。

ア　更地
　更地の取引価格については、総額を地積で除して求める。この場合において、公簿面積と実測面積とが異なることがあるため、取引事例収集の段階において、単価、総額及び地積について確認すべきである。

イ　建付地
　取引事例が、土地と建物との複合不動産の場合がある。

（ア）　新築住宅
　実際に建築に要した費用を求め、取引総額から配分法により土地価格を求める。この場合において、注文住宅等に見られるように、土地価格と建物価格とが別で提示されている場合もあるため、留意が必要である。

（イ）　中古住宅
　中古住宅についても、土地価格と建物価格とを別々に定めて取引する場合もあるが、一括の総額取引が一般的である。この場合においても、前記同様に配分法を適用して土地価格を求めるが、取引事例収集の段階において、売買当事者が土地価格と建物価格との配分についてどの程度

の認識を持っているのかも調査し、参考とすべきである。

　中古建物の価格は、建物の構造、程度及び保守状況によっても異なるが、不動産市場では、再調達原価に対して概ね次のような割合で取引されている。

経過年数 （未使用は除く）	現　価　率
建築後 1、2 年	80％
建築後　　5 年	50〜70％
建築後　　10 年	40〜50％
建築後　　20 年	20〜30％
建築後　　30 年	0〜10％

（ウ）　借地権、底地

　借地権取引事例については、借地権の取引慣行が有り、価格割合等が把握可能な場合は採用することができるが、一般的には取引に当たって当事者の権利関係等が複雑であるため、規範性に乏しい一面を有している。

　しかし、価格割合が慣行として成立している地域で、更地価格等を当

事者間により決定して取引した場合については、補正により採用は可能である。

（4） 事情補正（様式4－3・※4）

　宅地の取引事情には、地縁的選好、情報不足等にあることが多いが、具体的には第1節宅地化の影響を受けた農地と同様に、売り急ぎ、買い進み等を詳細に分析して行うこととなる。

（5） 時点修正（様式4－3・※5）

　第1節宅地化の影響を受けた農地と同様に行う。

（6） 建付減価等の補正（様式4－3・※6）

　更地とは、地上に建物等の定着物がなく、かつ、使用収益を制約する権利が付着していない宅地であるから、当該宅地の最有効使用に基づく経済価値を享受することができる。これに対して、建物等が存在する建付地は、その建物等が最有効使用の状態にあるときを除いて、既存の建物等の存在が最有効使用の実現への障害となることから、更地と比較すれば、利用方法に制限を受けると考えられる。建付減価とは、このような建物等が存することによる最有効使用の制約をいうものである。

　建付地は、地上建物等を取り壊すことによって更地とすることができるため、当該建物等の取壊費用との範囲内において、建付減価率を求めるという考えが一般的である。

　実際の土地評価に当たっては、地価水準と取壊費用との関係において算定することとなるが、1～10％程度の減価が一般的となっている。

（7） 標準化補正（様式4－3・※7）

　宅地の標準化補正は、取引事例の存する地域内の標準画地と取引事例地との個別的要因を比較し、取引事例価格からその取引事例地の存する地域内の標準画地の価格を求めることをいう。

標準化補正の具体的な方法は、第1節5（8）と同様に行う。

（8） 地域格差（様式4－3・※8）

　宅地の地域要因の比較は、各事例地が存する地域の標準画地と鑑定評価を行う対象地が存する近隣地域の標準画地とについて相互の価格形成要因を比較し、その格差率をもって対象地が存する近隣地域の標準画地価格を求めることである。

　地域要因の比較方法は、第1節5（9）と同様に行う。

（9） 個別格差（様式4－3・※9）

　宅地の個別的要因の比較は、近隣地域の標準画地と対象地との個別的要因を比較し、その格差率を標準画地価格に乗じて対象地の試算値を求めることである。

（10） 比準価格判定の理由（様式4－3・※10）

　前記第1節5（11）と同様に行うものとする。

（11） 原価法（様式4－3・※11）

　「5　原価法の適用」のとおり本書では省略する。

（12） 収益還元法（様式4－3・※12）

　後記「6　収益還元法の適用」で述べる。

（13） 地域要因格差率表（様式5－1・※13）

　地域要因の比較は、近隣地域の標準画地と各事例地の存する地域の標準画地との価格形成要因を細部にわたって比較し、格差率を求める。

第4章 農地の鑑定評価

(様式5-1)

※13 地域要因格差率表 (宅地 ・ 宅地見込地)　　第 1 鑑定地

地域要因	対象地	取引事例						近隣
		事例符号: H 項目・率	近.類	事例符号: I 項目・率	近.類	事例符号: J 項目・率	近.類	
交通接近条件	100/100		100/100		100/100		100/100	100/100
環境条件	100/100		100/100		100/100			100/100
宅地造成条件	100/100		100/100		100/100	社会的環境の良否 +1%	101/100	
行政的条件	100/100		100/100		100/100	公法上の規制 -1%	99/100	
その他	100/100		100/100		100/100	方位の補正 +3%	103/100	
相乗積	100/100	100/100		100/100		103/100		

地域要因	造成事例		収益事例		※14 標準地・基準地			
	事例符号: 項目・率	近.類	事例符号: 項目・率	近.類	番号: 高知-10 項目・率	近.類	番号: 項目・率	近.類
街路条件		100		100		100/100		100
交通接近条件		100		100	都心への接近性 +3%	103/100		100
環境条件		100		100	眺望・景観等 -3% 社会的環境の良否 -3%	94/100		100
行政的条件		100		100	公法上の規制 -1%	99/100		100
その他		100		100	市場性 -10%	90/100		100
相乗積		100		100		86/100		100

(14) 標準地・基準地（様式5－1・※14）

　標準地とは地価公示法に基づく公示地を、基準地とは国土利用計画法に基づき都道府県が行う地価調査基準地をいい、標準地等の価格に規準することを地価公示法等で定められているため、宅地地域内の現況農地の鑑定評価に当たっては、可能な限り規準すべきである。

(15) 個別的要因格差率表（様式6－1・※15）

　個別的要因の比較は、対象地とその近隣地域の標準画地との個別的要因を細部にわたって比較し、格差率を求める。本例の対象地の個別的要因格差率を算定すれば、次のとおりである。

```
　環境条件……上下水道無し　　0.96
　　　　　　　都市ガス　　　　0.99

　画地条件……高低差　　　　　0.92
　　　　　　　地積過大　　　　0.93
　　　　　　　奥行逓減　　　　0.94
　　　　　　　奥行長大　　　　0.97
```

第4章 農地の鑑定評価

(様式6－1)

※15 個別的要因格差率表（宅地・宅地見込地）　　第 1 鑑定地

個別的要因	対象地			取引事例							
				事例符号：H			事例符号：I			事例符号：J	
	標準画地	項目・率	格差率	標準画地	項目・率	格差率	標準画地	項目・率	格差率	標準画地	項目・率	格差率
街路条件	100/100			100/100			100/100			100/100		100/100
交通接近条件	100/100			100/100			100/100			100/100		100/100
環境条件	100/100	上下水道 0.96 都市ガス 0.90	95/100	100/100			100/100	日照 -0% 隣接地の利用状況 -0%	○○○/100	100/100		100/100
画地条件	100/100	高低差 0.92 奥行過大 0.93 奥行過大 0.94 奥行長大 0.98	78/100	100/100	角地 0.00 地積過大 0.00	○○○/100	100/100	方位 0.00	○○○/100	100/100	角地 0.00	○○○/100
行政的条件	100/100			100/100			100/100			100/100		100/100
その他	100/100			100/100			100/100			100/100		100/100
格差率	100/100		74/100	100/100		○○○/100	100/100		○○/100	100/100		○○○/100

個別的要因	造成事例			収益事例			※16 標準地・基準地					
	事例符号：			事例符号：			番号：			番号：		
	標準画地	項目・率	格差率	標準画地	項目・率	格差率	標準画地	項目・率	格差率	標準画地	項目・率	格差率
街路条件	100/100		100	100/100		100	100/100			100/100		100
交通接近条件	100/100		100	100/100		100	100/100			100/100		100
環境条件	100/100		100	100/100		100	100/100			100/100		100
画地条件	100/100		100	100/100		100	100/100			100/100		100
行政的条件	100/100		100	100/100		100	100/100			100/100		100
その他	100/100		100	100/100		100	100/100			100/100		100
格差率	100/100		100	100/100		100	100/100		100	100/100		100

(16) 標準地・基準地（様式6－1・※16）

　地価公示地及び地価調査基準地は、近隣地域における標準画地を採用している場合がほとんどであるため、通常は標準化補正の必要性が少ない。

　しかし、例外的に角地等が標準地として採用されている場合が有り、このような場合、公示価格等は角地であること等が考慮されて価格決定がされているため、標準化補正が必要な場合が有ることに留意すべきである。

5　原価法の適用

　不動産鑑定評価基準によれば、「原価法は、価格時点における対象不動産の再調達原価を求め、この再調達原価について減価修正を行って対象不動産の試算価格を求める手法である。」と定義されており、この手法により求められた試算価格を「積算価格」というと定められている。

　原価法は、不動産の価格の三面性のうち費用性に着目して求める手法であり、不動産市場における造成事例を試算価格の算定の根拠とするものである。

　本例のような宅地地域内における現況農地では原価法が適用できないため、本書では省略するものとする。

6　収益還元法の適用

（1）収益還元法

　不動産鑑定評価基準によれば、「収益還元法は、対象不動産が将来生み出すであろうと期待される純収益の現在価値の総和を求めることにより対象不動産の試算価格を求める手法である。」と定義されており、この手法により求められた試算価格を「収益価格」というと定められている。

収益還元法は、不動産の価格の三面性のうち収益性に着目して求める手法であり、不動産市場におけるマンション等の賃貸事例を試算価格の算定の根拠とするものである。

ア　収益還元法の種類
　収益価格を求める方法としては、次の二つの手法がある。

(ア)　直接還元法
　従来から適用されている手法であり、一期間の純収益を還元利回りによって還元する方法である。

(イ)　DCF法
　近年適用されている手法であり、連続する複数の期間に発生する純収益及び復帰価格を、その発生時期に応じて現在価値に割り引き、それぞれを合計する方法（Discounted Cash Flow法）である。
　DCF法は、土地建物から現に賃貸収益を上げている投資不動産がその適用対象となるため、本書では述べないこととする。

イ　収益還元法の適用方法
　収益還元法の適用に当たっては、直接法と間接法が存する。

(ア)　直接法
　対象地自体について、最有効使用の状態である賃貸建物（マンション、テナントビル等）が建築されたものと想定して、収益価格を求める手法である。近年の更地の鑑定評価においては、直接法が一般的となっている。

(イ)　間接法
　最近建築し、賃貸された収益事例（賃貸マンション）等について、実

際に支払われている賃料等を分析し、事例地の純収益を求める。さらに、賃貸事例比較法を適用して対象地の純収益を算定し、収益価格を求める手法である。

　なお、収益事例については、取引事例比較法と同様に、近隣地域又は同一需給圏内類似地域に存する収益事例を採用すべきである。

　間接法は、従来多くの鑑定評価に用いられていたが、近年の鑑定評価においては、用いられることが比較的少ない。

　なお、具体例等詳細については、自著「公共用地の取得に係る土地評価の実務」第4章第7節収益還元法の適用を参照されたい。

第4章　農地の鑑定評価

第4節　その他の農地の鑑定評価

　本節では、第1～3節で述べた現況農地に該当しない農地の鑑定評価について述べるものとするが、基本的には、いずれも第1～3節で述べた評価方法のいずれかと同様であるため、鑑定評価に当たっての留意事項のみを述べるものとする。

1　農業本場純農地

(1)　農業本場純農地の価格形成要因

　農業本場純農地では、「収益性部分」のみ又は「収益性部分」及び「収益の未達成部分」から価格形成要因が形成されるが、本例において想定した農業本場純農地は、「現況農地の価格構造図」におけるK^4地点に該当する地域に存する農地とする。

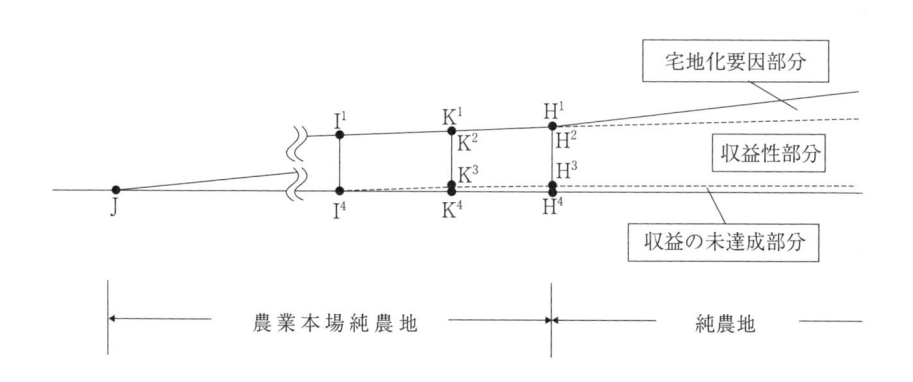

(2) 価格への接近方法
　K⁴地点では、価格形成要因が「収益性部分」及び若干の「収益の未達成部分」から形成されるため、鑑定評価に当たっては、農地が本来有する収益性を反映した評価方式を適用しなければならない。
　農地の鑑定評価方式には、取引事例比較法、収益還元法及び原価法があるが、原価法を通常では適用することがないため、取引事例比較法と収益還元法を適用して鑑定評価額を求めることとなる。
　なお、解説に当たっては、第1節で述べた宅地化の影響を受けた農地と農業本場純農地との実際の評価方法において共通点が多いため、その相違点のみを述べるものとする。

(3) 価格形成要因の分析
　農業本場純農地の価格形成要因には「宅地化要因部分」が存しないため、価格形成要因は、農地の「収益性部分」及び「収益の未達成部分」を分析することとなる。

ア　近隣地域の範囲
　宅地化の影響を受けた農地とほぼ同じ方法で区分するが、各画地の価格形成要因が農作物の生産性に係る要因のみとなるため、空地や農業用施設用地であっても、ほとんどが近隣地域の範囲に加えられることとなる。

イ　地域分析、個別分析
　地域分析、個別分析ともに、農地が有する「収益性部分」を中心に分析を行うこととなる。なお、「収益の未達成部分」は、その他の項目の用途の多様性等で考慮することとなる。

(4) 鑑定評価額の決定
　農地の比較項目は「収益性部分」が中心となり、比準作業が単純化さ

れることから、比準価格の精度は高くなり、鑑定評価額の決定に当たっては、比準価格を標準として決定することとなる。
　収益価格は、農業本場純農地が農地としての収益性のみを反映する地域であるため、比準価格に近似する試算価格が得られることとなる。また、「収益の未達成部分」が存する場合は、収益価格に反映されないため、比準価格と比較してやや低めに算定されることとなる。

(5)　取引事例比較法の適用
　比較項目のうち「宅地化要因部分」を除いて比較を行うほかは、宅地化の影響を受けた農地の場合と同様である。

(6)　収益還元法の適用
　第4章第1節7で述べた収益還元法のうちいずれかを採用することとなるが、通常ではアを採用することが多い。

ア　純収益が永続的に得られる土地の場合において、純収益を還元利回りで還元する方法

イ　純収益が一定の趨勢をもって逓増（変動）する場合において、純収益を還元利回りで還元する方法

(7)　地域要因格差率表及び個別的要因格差率
　「宅地化要因部分」を除けば、宅地化の影響を受けた農地とほぼ同様である。

2　純農地

(1)　純農地の価格形成要因
　純農地の価格形成要因は、「収益性部分」を中心に、「収益の未達成部

分」と若干の「宅地化要因部分」とから形成される。

本例において想定された純農地は、「現況農地の価格構造図」における L^4 地点に該当する地域に存する農地とする。

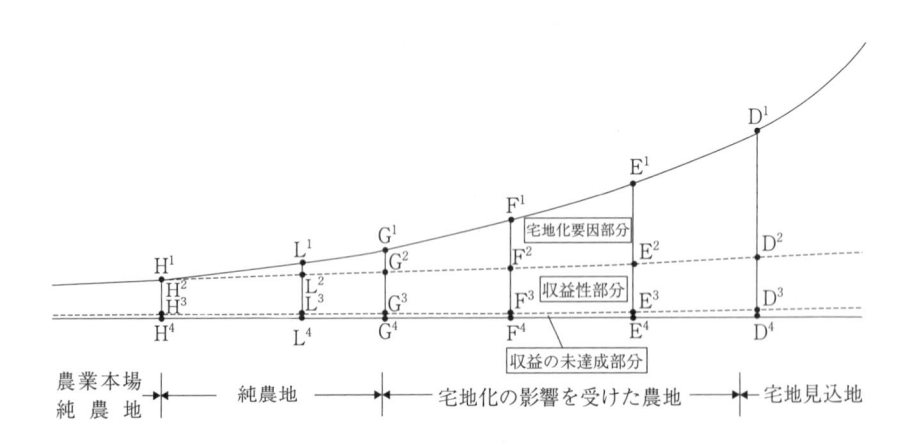

農業本場純農地／純農地／宅地化の影響を受けた農地／宅地見込地

(2) 価格への接近方法

純農地の価格形成要因は、宅地化の影響を受けた農地と比較すれば、「宅地化要因部分」が少ないだけであり、また、農業本場純農地から比較すれば、「宅地化要因部分」を若干有するのみである。したがって、評価方法はどちらにも類似するが、「宅地化要因部分」を有することを重視して、宅地化の影響を受けた農地と同様の鑑定評価を行うこととなる。

(3) 価格形成要因の分析

価格形成要因の分析は、宅地化の影響を受けた農地とほぼ同様であるが、「収益性部分」に重点を置いて分析するものとする。

(4) 鑑定評価額の決定

農業本場純農地及び宅地化の影響を受けた農地と同様に、比準価格を標準として鑑定評価額を決定するものとする。

（5） 取引事例比較法の適用

宅地化の影響を受けた農地と同様であるが、「収益性部分」に重点を置くこととなる。

（6） 収益還元法の適用

宅地化の影響を受けた農地と同様である。

（7） 地域要因格差率及び個別的要因

宅地化の影響を受けた農地とほぼ同様である。

第5章

公共用地の取得に係る農地の評価

第1節　公共用地の取得に係る農地評価の意義

　公共用地の取得に係る農地を評価する場合、標準画地（標準地）の評価を行った後、標準画地と各農地とを比較して各農地の評価額を求めることとなるが、標準画地の評価の方法は、第4章農地の鑑定評価で述べた方法と同様であるため、本章では、標準画地と各農地との比較について詳細に述べるものとする。

1　公共用地の取得に係る農地の意義

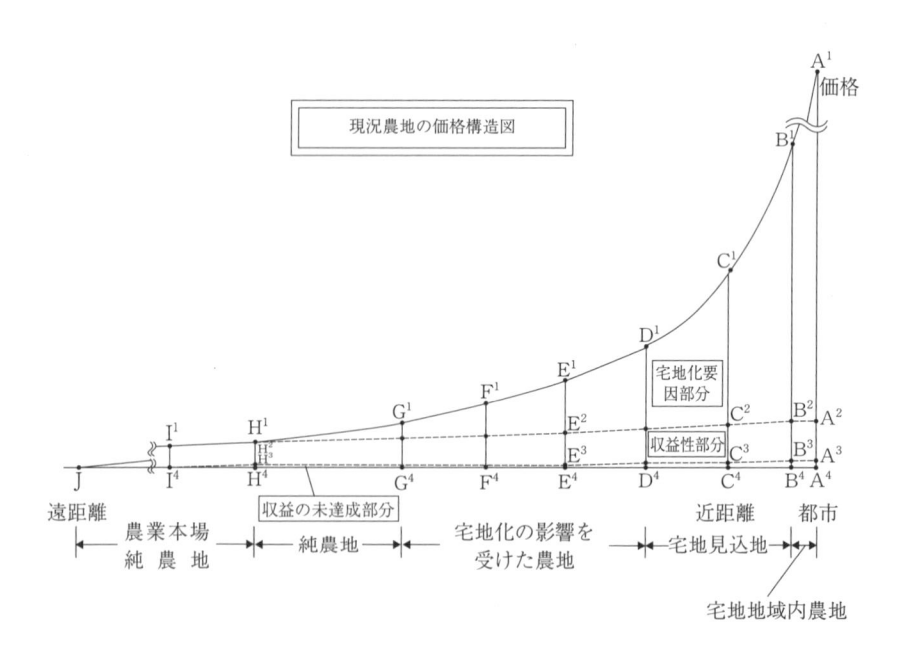

現況農地の価格構造図

公共用地の取得に係る農地評価は、後述する固定資産税農地評価と異なり、純農地、宅地化の影響を受けた農地、宅地見込地等それぞれの農地が有する客観的交換価値に即応した価格を求めるため、評価の方法は、「現況農地の価格構造図」で示したそれぞれの農地が有する価格形成要因により異なることとなる。

この場合の現況農地の評価方法は、不動産鑑定評価基準に定められており、農地地域、宅地見込地地域、宅地地域及び林地地域の区分により、それぞれの地域の種別に応じて定められている。

2 現況農地の評価区分

公共用地の取得に係る農地の評価における区分は、次のとおりである。

(1) 農地地域内の現況農地

不動産鑑定評価基準によると、農地とは「農地地域のうちにある土地」をいい、農地地域とは「農業生産活動のうちで、耕作の用に供されることが、自然的、社会的、経済的及び行政的観点からみて合理的と判断される地域をいう」と定められている。

農地地域内の現況農地の価格形成要因は、「収益性部分」を中心として、「収益の未達成部分」及び「宅地化要因部分」から形成される。

鑑定評価の方法としては、農地の「収益性部分」からのアプローチが中心となるが、「宅地化要因部分」を有する場合は、「宅地化要因部分」の分析も加味される。「現況農地の価格構造図」における農業本場純農地J地点から宅地化の影響を受けた農地であるD^{4}地点までに存する農地は、本項で述べた方法で評価が行われる。

(2) 宅地見込地地域内の現況農地

不動産鑑定評価基準によると、宅地見込地とは宅地地域に「転換しつ

つある地域のうちにある土地」をいい、宅地見込地域とは農地地域や林地地域から宅地地域へと「転換しつつある地域」と定められている。

　宅地見込地の価格形成要因は、「宅地化要因部分」が占める割合が大きく、現時点での利用方法である農地の「収益性部分」を若干反映して形成される。

　鑑定評価の方法としては、主に「宅地化要因部分」を分析し、「収益性部分」も加味したうえで求める。「現況農地の価格構造図」におけるD^4地点からB^4地点の間に存する農地は、本項で述べた方法で評価が行われる。

(3)　宅地地域内の現況農地

　不動産鑑定評価基準によると、宅地とは「宅地地域内のうちにある土地」をいい、宅地地域とは「居住、商業活動、工業生産活動等の用に供される建物、構築物等の敷地の用に供されることが、自然的、社会的、経済的及び行政的観点からみて合理的と判断される地域」と定められている。このため、宅地地域に存する土地は、現況が農地であっても、鑑定評価上は宅地と判断される。

　宅地地域内の現況農地の価格形成要因は、「宅地化要因部分」のみにより形成される。

　鑑定評価の方法としては、最有効使用が建物敷地と判断されるため、農地の「収益性部分」が価格形成要因に反映されることはほとんどなく、「宅地化要因部分」のみからアプローチされる。具体的には、当該土地が宅地に造成された場合の価格からこれに要する造成費を控除して求めることとなる。

　「現況農地の価格構造図」におけるB^4地点からA^4地点の間に存する農地は、本項で述べた方法で評価が行われる。

(4)　林地地域内の現況農地

　不動産鑑定評価基準によると、林地とは「林地地域内のうちにある土

地」をいい、林地地域とは「林業生産活動のうち木竹又は特用林産物の生育の用に供されることが、自然的、社会的、経済的及び行政的観点からみて合理的と判断される地域をいう」と定められている。このため、林地地域に存する農地は、現況が田又は畑であっても、鑑定評価上は林地と判定される。

具体例としては、山林の中の立木を伐採してゼンマイ畑として利用している例、栗等の果樹園として利用している例が多く見られる。

鑑定評価の方法としては、価格形成要因が林地の影響を強く受けているため、林地の標準画地から比準した対象地の従前の利用状態である林地の価格に、農地として利用するための造成費用等を加算して求めることとなる。

「現況農地の価格構造図」における農業本場純農地J地点から宅地化の影響を受けた農地D^4地点のうちで、現況農地が農地地域として地域を構成せず、林地地域と区分される中に点在する現況農地は、本項で述べた方法で評価が行われる。

3　公共用地の取得に係る農地評価の手順

(1)　公共用地の取得に係る農地評価の意義

公共用地の取得に係る農地評価は、公共用地の取得に伴う損失補償基準細則別記1土地評価事務処理要領（以下、「土地評価事務処理要領」という）第4条により、「原則として標準地比準評価法により行うものとする。」と定められている。

これは、前述の「正常価格」を求めるための手法であり、原則として取得される各農地のすべてに適用しなければならない。しかし、後述するように、特殊な土地については、例外的に個別に評価する方法及び路線価式評価法も認められているが、いずれも取得する各画地の正常価格を求めるための一つの手法に過ぎず、基本的には標準地比準評価法と同じ内容の評価を行うこととなる。

したがって、本節では、標準地比準評価法に沿って解説するものとする。

（２） 標準地比準評価法

標準地比準評価法は、土地評価事務処理要領により、次のとおり定められている。

（評価の手順）
第５条　標準地比準評価法によって土地を評価するときは、次の手順により行うものとする。
　（１）　用途的地域を地域的特性に着目して同一状況地域に区分する。
　（２）　同一状況地域ごとに一の標準地を選定する。
　（３）　標準地を評価する。
　（４）　標準地の評価格から比準して各画地の評価格を求める。

これは、農地地域、宅地見込地域、宅地地域及び林地地域に存する各画地のすべてに適用されている手法であるが、農地地域を例に挙げて手順を簡単に示せば、次のとおりである。

ア　同一状況地域の区分

まず、地域の用途性に基づいて、農地を田地地域、畑地地域等の用途的地域に区分するものとする。

次に、区分された用途的地域を同一状況地域ごとに細区分する。同一状況地域とは、第２節で述べるように、ある特定の用途に供されることを中心として、地域的にまとまりのある地域で、価格水準が同程度の地域をいう。

下図は、地域分析により同一状況地域ごとに区分された地域区分図であるが、Ａ地域、Ｂ地域、……Ｄ地域は、それぞれ価格形成要因が異なるほか、価格水準も異なっているため、地域区分されている。

図1

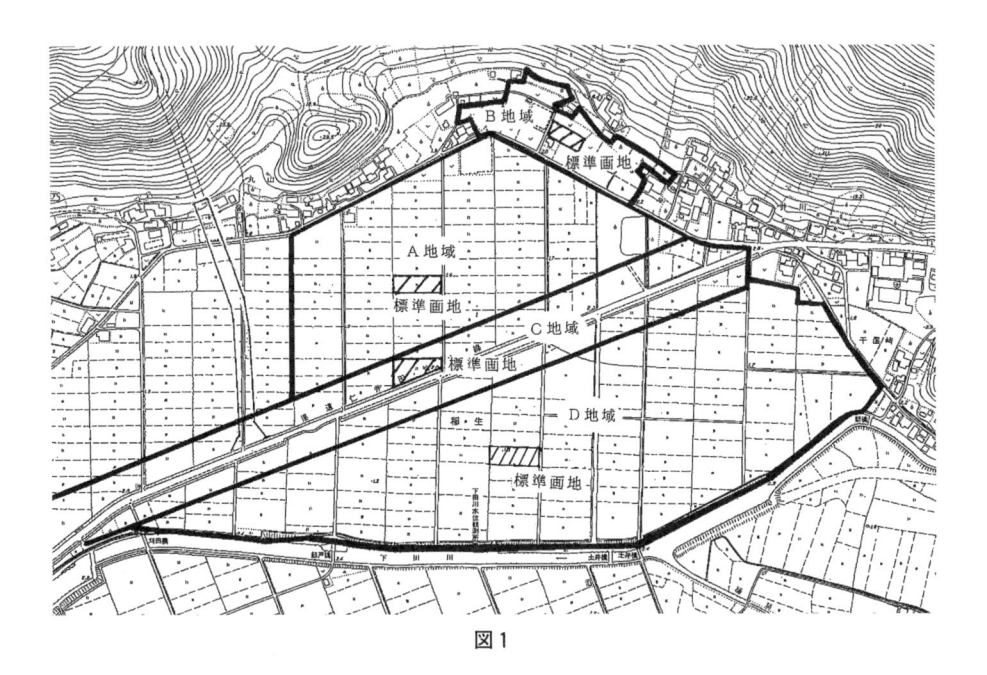

イ 同一状況地域ごとに標準地を選定

　標準地とは、後述するように、同一状況地域内の各農地の中で最も多く存する標準的な農地のうちの一つであり、その同一状況地域の価格形成要因が標準的に表される一つの農地である。この標準地は、各農地を評価するための基準となる農地であるため、選定に当たっては、十分に留意しなければならない。

　図1では、A～D地域のそれぞれのほぼ中央部に標準地が選定されている。

ウ 標準地の評価

　第4章で述べたとおり、標準地の鑑定評価の方式としては、取引事例比較法、原価法及び収益還元法がある。取引事例比較法は市場性に乏しい土地については精度が低く、原価法は農地では適用が困難であり、収

益還元法は「宅地化要因部分」を有する農地では規範性に欠けるといったように、各手法は一長一短であり、求められた価格も各々特徴を有する。

したがって、求められた各試算価格の特徴、採用した資料等について十分に吟味して、農地の標準地の鑑定評価額を決定することとなる。

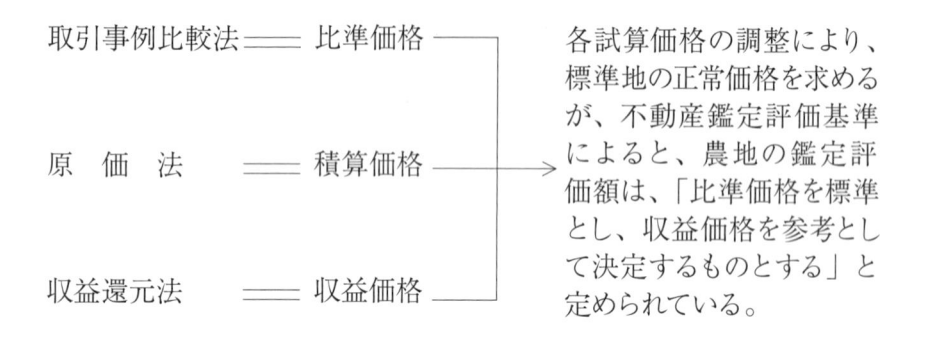

取引事例比較法 —— 比準価格 ——┐	各試算価格の調整により、標準地の正常価格を求めるが、不動産鑑定評価基準によると、農地の鑑定評価額は、「比準価格を標準とし、収益価格を参考として決定するものとする」と定められている。
原　　価　　法 —— 積算価格 ——→	
収益還元法 —— 収益価格 ——┘	

エ　各画地の評価

同一状況地域内の標準地の評価額が決定されれば、これを基準として同一状況地域内に存する各農地の評価額を求めることとなる。

（ア）　画地認定

農地の評価を行うためには、対象となる農地の範囲の確定が必要である。この作業を画地認定というが、この作業は、評価を行う者の主観に左右されることなく、客観的に行わなければならない。このため、土地評価事務処理要領第1条において、土地評価の単位として画地認定に関する基準が定められており、これに基づいて画地認定を行うこととなる。

なお、第5、6章で示す比準実例は、解説のために各条件について想定したものであり、現実のものとは異なるものである。

(イ) 各画地の評価

　画地認定の作業が終われば、標準地と各農地との比準作業を行うこととなる。この際に使用する資料が、第3章で作成した土地価格比準表であり、一定のルールに従って各農地の評価額を求めることとなる。これを例示すれば、次のとおりである。

資料 第75068号	田地地域		個別的要因調査表及び算定表 （近隣地域）				
条件	細項目	標準画地		比準地 No(00) 436外		格差	計
		内訳		内訳			
交通接近条件	集落への接近性	伊達野集落まで 約 270 m	普通	伊達野集落まで 約 350 m	普通	0.0	
	農道の状態	約 3.5 m	普通	約 4.0 m	普通	2.0	102/100
自然的条件	日照の良否	日照時間が普通	普通	日照時間が普通	普通	0.0	
	土壌の良否	普通		普通		0.0	
	保水の良否	保水1日半程度	普通	保水1日半程度	普通	0.0	
	礫の多少	普通		普通		0.0	
	灌漑の良否	普通		普通		0.0	
	排水の良否	普通		普通		0.0	
	水害の危険性	普通		普通		0.0	100.0/100
	その他の災害の危険性	普通		普通		0.0	
画地条件	地積過大・過小	約 15.08 アール	やや優る	約 25.00 アール	優る	1.02	
	形状	長方形	普通	長方形	普通	1.00	
	障害物による障害度	普通		普通		1.00	102/100
宅地化条件	宅地化の影響	普通		普通		0.0	100.0/100
行政的条件	行政上の規制の程度	普通		普通		0.0	100.0/100
	補助金、融資金等による助成の程度	普通		普通		0.0	
その他	現在の利用状況	現状農地利用	普通	現状農地利用	普通	0.0	
	利便性	普通		普通		0.0	100.0/100
	格差率						104/100

1. 個別的要因格差率

$$\frac{104}{100}$$

2. 比準地価格の算定

　（標準地価格）　（個別格差率）　（時点修正）

$$5,000 \text{ 円} \times \frac{104}{100}$$

$$= 5,200 \text{ 円}$$

3. 備考
　地積については、一部公簿面積による。

　公共用地の取得等に係る農地の評価は、以上のような手順を踏んで、各農地の評価額を算定することとなる。

第2節　同一状況地域の区分

　第1節では、公共用地の取得に係る農地の評価に当たって現況農地がどのように区分され評価が行われるか、また、その評価方法である標準地比準評価法の概要について述べたが、本節以下では、標準地比準評価法の手順の各段階について、具体例を挙げながら解説するものとする。

　なお、土地評価事務処理要領では、公共用地の取得に係る農地の評価における地域の区分を同一状況地域、標準画地を標準地と定めているが、一般的な用語としては馴染みにくい名称が用いられているため、本節以下では、不動産鑑定評価で用いられる近隣地域、標準画地及び対象地という用語をそれぞれ採用して、解説を行うものとする。

1　地域分析の意義

　不動産は、単独で機能又は独立して価格を形成するものではなく、一定の自然的条件と人文的条件とが相まって個々の不動産が集合することで一つの用途性を有した地域を構成し、また、その地域内に存する個々の不動産が、相互に代替、競争等の密接な関係を有することにより価格を形成するものである。

　鑑定評価の作業に当たっては、対象地がどのような地域に存するのか、その地域はどのような特性を有するのか、また、その特性はその地域内に存する土地にどのような影響力を有しているのかを分析する必要が有り、これを地域分析という。

2 農地地域の成立

地域とは、個々の土地の集合体であり、一定の用途性等を有するものであるが、実際の農地地域を例にとって分析してみよう。

次の図は、ほ場整備事業により農地地域が形成された例である。

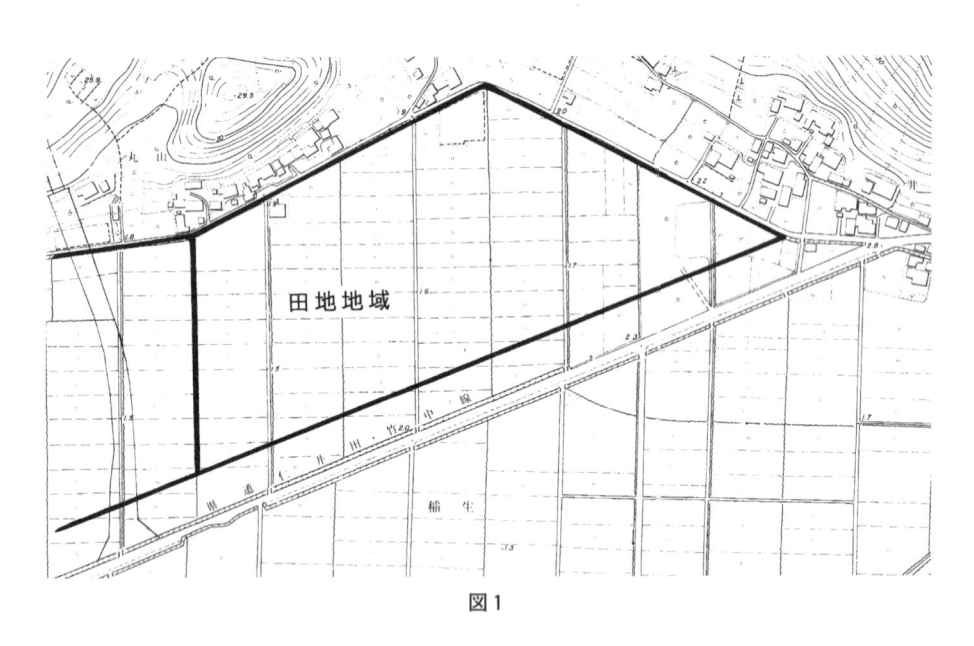

図1

(1) 自然的条件

図1のとおり、地域は農地を中心に形成され、地域内の各画地は、自然的条件の影響を同じように受けている。

日照については同程度の時間を有し、北側が山林に画されていることから、通風についても穏やかな農地地域の要因を有している。

したがって、この地域内に存する個々の農地は、かんがい、排水、土壌等の若干の個別的な相違を除けば、同等に近い自然的な影響を受けるはずである。

(2) 人文的条件

当地域は、ほ場整備事業によって一体的に農地の整備が行なわれているため、農道の状態、市場、集落への接近性等の影響が、地域内に存するほとんどの画地にほぼ均等に及んでいる。

このため、地域内に存する各農地は、農道の状態及び集落への接近性が同程度となるほか、各画地の地積、公法規制等に至るまで、ほぼ同一の価格形成要因を有することとなる。

(3) 地域の特性

このようにして成立した地域においては、その地域内に存するすべての農地について、次のような特性を有することとなる。

ア 用途共通

自然的条件及び人文的条件のほぼすべての要因について共通するため、用途の共通性が認められる。具体的には、稲作を中心として利用されている等の用途的に共通性を有するものであり、本例の場合においては、農地地域の細分である田地地域として形成される。

イ 機能同質

このような地域においては、用途共通により、機能的に見ても同程度の田が多く見られることとなる。具体的には、規模1500m^2程度の長方形の田を中心として耕作されており、ここでは、機能的に同質の良好な田地地域が形成されている。

ウ 社会的・経済的位置の同一性

このことから、地域内に存する各農地は、社会的・経済的位置について同等なものとなり、格差が生ずるとすれば、農道の状態等の交通・接近条件、かんがい、排水の良否等の自然的条件等による若干の個別的な格差に止まることとなる。

3　価格水準の成立

図2は、図1地域を拡大したものであり、この地域内における各画地の価格は、次のような特性を有することとなる。

この農地地域内に存する個々の農地は、いずれも用途共通及び機能同質となるため、一般市場における不動産の取引に関して、相互に代替、競争し合って密接な関係を生むこととなる。

これを具体的に解説すれば、次のとおりである。

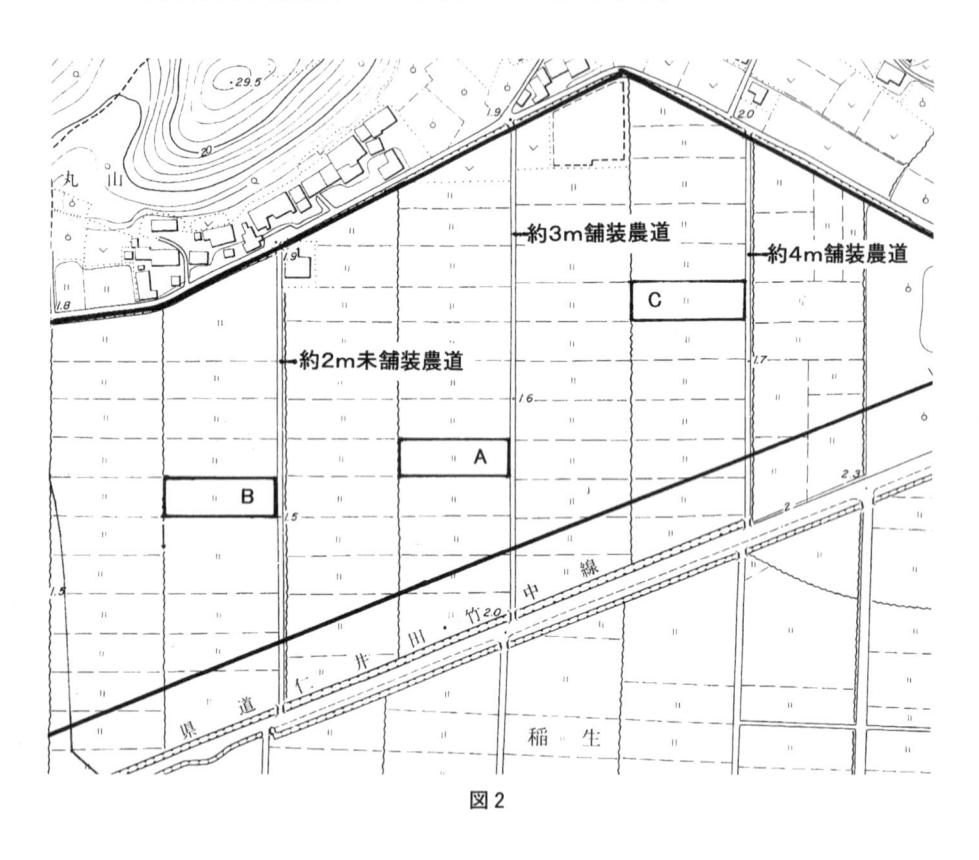

図2

なお、A～C農地の価格形成要因の格差は、農道の幅員等によるもの

とする。

　図2A～Cの農地は、農地市場において、売り希望農地として存するものと仮定する。A農地を購入しようとする人は、B農地との価格差及び価格形成要因を比較するであろうし、同時にC農地との差も比較するであろう。

　仮に、A～C農地の売り希望価格が、いずれの価格も10アール当たり3,000,000円であるならば、当然買い手は、農道の幅員の広い農地であるC農地を選択するであろう。そのため、売り手は、A及びB農地の売り希望価格を下げざるを得ないし、B農地については、A農地よりもさらに下げざるを得ない。A及びB農地の価格が下がらない場合、C農地については、売り希望価格を上げてもよいこととなる。

　また、A農地又はA農地に類似する農地は、この地域内で画地数が最も多く、価格形成要因も標準的であるため、A～C農地を含むこの地域内の土地は、A農地を標準として価格が形成されることとなる。

　このように、地域内では常に各農地間における価格の競争、対立、代替、補完等が行われており、この地域内における農地市場においては、一定の価格水準が形成されることとなる。

　具体的には、一般的又は標準的と考えられるA農地の10アール当たり3,000,000円を当該地域の価格水準と判断することとなる。

4　不動産の鑑定評価における地域の意義

　このように、各々の農地が集まることによって地域が形成され、各農地の価格も相互に関連しあって形成されるが、このような地域を近隣地域という。

　不動産鑑定評価基準によると、近隣地域とは、「対象不動産の属する用途的地域であって、より大きな規模と内容とを持つ地域である都市あるいは農村等の内部にあって、居住、商業活動、工業生産活動等人の生活と活動とに関して、ある特定の用途に供されることを中心として地域

的にまとまりを示している地域をいい、対象不動産の価格の形成に関して直接影響を与えるような特性を持つものである。」と定められている。

　各農地が一つの地域を形成するのは、前記のとおり、自然的条件と人文的条件との多数の価格形成要因が共通するからであり、各地域が有する基本的な要因の中には、この共通性が認められる。
この近隣地域においては、

（1）　用途共通
（2）　機能同質
（3）　社会的・経済的位置の同一性

が認められ、地域内の不動産は、相互に強い代替、競争等の関係に立つとともに、これらの関係を通じて相互の価格間に緊密な牽連関係を生じさせ、その結果、当該地域内において、一定の価格水準が形成されることとなる。

　したがって、近隣地域内に存する不動産の各画地の評価に当たっては、個別的要因の比較のみで評価額を求めることができるようになるのである。

　図1では、実線で囲まれた範囲が対象不動産の存する近隣地域であり、付近は稲作を中心とした田が多く見られるほか、価格水準も同程度の水準となっている。

5　地域分析の実務

　公共用地の取得に係る農地の評価は、近隣地域内における多量の農地を適正に評価することを目的とするため、同一の価格形成要因を有する農地の存する地域の範囲の確定等を行う地域分析は、重要な作業である。実務上は、次の点に留意すべきである。

（1） 近隣地域の相対的位置の把握

地域要因とは、一般的に農道の幅員、舗装の状態、集落への接近性等の交通・接近条件、土壌、かんがい、排水等の自然的条件、農用地区域の指定等の行政的条件等のことである。これらについて、隣接する地域及び同一需給圏内類似地域との比較における近隣地域の相対的な位置等を分析する必要がある。

この相対的位置等を比較することによって、対象地が存する近隣地域が有する交通・接近条件、自然的条件等の価格形成要因が、他の地域と比較してどの程度優れているのか又は劣っているのかを具体的に理解できることとなる。

（2） 近隣地域内の個別的要因

また、一方では、近隣地域内における価格形成要因の特性について細かく検討することによって、対象地が存する近隣地域における各農地の個別的要因の分析が可能となるのである。実務的には、近隣地域内の各農地に対し、どのような比準表を用いて評価すべきかを分析することが可能となるのである。

（3） 近隣地域の範囲の確定

前記（1）及び（2）に留意して分析を行えば、自ずとその範囲を確定することが可能となる。実務上、近隣地域の範囲の確定とは、どこまでが個別的要因の比較のみで比準可能な範囲であるのかを決定することである。

6 公共用地の取得等に係る農地の評価における地域分析

不動産鑑定評価基準における「近隣地域」は、公共用地の取得等に係る土地評価において「同一状況地域」と呼ばれている。

地域分析についての基本的な考え方は、「近隣地域」も「同一状況地

域」も同じであるが、同一状況地域の範囲の具体的な認定方法は、河川、道路、鉄道等によって区分するケースが多く、各画地の連続性について比較的重点が置かれている場合が多い。

なお、同一状況地域の区分に当たっては、土地評価事務処理要領において、次のとおり定められている。

（同一状況地域の区分の場合の留意事項）
第6条　同一状況地域は、次の各号に掲げるものに配意して区分するものとする。
　　一　地勢及び地盤
　　二　道路、鉄道、河川、水路及び公園
　　三　街区及び集落
　　四　土地利用の状況
　　五　市町村、大字、字等の境界
　　六　都市計画法の地域地区等
　　七　駅勢圏及び通学区域

第3節　標準画地の選定及び価格の決定

1　標準画地の選定の意義

近隣地域の区分及び分析において実務上で重要な事項としては、その範囲の確定のほか、標準画地の選定がある。

（1）　標準画地

第3章第1節2で述べたように、近隣地域内における各農地は、用途的に共通及び機能的に同質であり、このため、社会的・経済的位置は同一性を有することとなるが、近隣地域内の農地は相互に競争、補完、代替等を繰り返すことから、そこには一定の価格水準が形成されることとなる。

この価格水準とは、近隣地域内の標準的な各農地の価格を示すものであり、評価上の具体的な数字で表すならば、個別的要因が$\frac{100}{100}$の農地の価格ということとなる。

標準画地とは、価格形成要因から分析すれば、近隣地域内において最も標準的な交通・接近条件、自然的条件、画地条件等を有する農地をいい、これを別の観点から述べれば、近隣地域内において最も多く存する農地ということとなり、前述の図2でいえば、A農地が標準画地となる。

（2）　標準画地の選定方法

後述するように、標準地比準評価法は、標準画地が評価の基準となって作業が行われることから、標準画地については、近隣地域の中で代表

的な価格形成要因を有する農地を選定すべきである。したがって、実務上では、次の要件を満たす農地を標準画地として選定することとなる。

ア　交通・接近条件
　交通・接近条件は、標準的な交通・接近条件を有する画地を選定すべきであるから、近隣地域のほぼ中間点あたりに位置することが一般的である。ただし、この場合における中間点とは、単に近隣地域内における位置的な中間点をいうものではなく、標準画地の選定に当たっては、むしろ中庸的な位置をいうものであると理解すべきである。

イ　自然的条件
　自然的条件は、近隣地域内において、日照等の自然的条件、かんがい・排水の良否等が平均的に影響を受けている農地を採用すべきであり、特に減価要因が存する場合は、その影響が近隣地域内に存する農地の中で標準的又は平均的に反映される農地を選定すべきである。

ウ　画地条件
　画地条件は、地積、形状等が近隣地域内において、標準的と判断される農地を選定すべきである。この場合、標準画地を選定しようとする位置に適正な画地条件を有する農地が存しない場合は、地積、形状等を想定することも可能である。

エ　宅地化条件
　宅地化条件は、周辺地域の状況、「宅地化要因部分」に係る街路条件等が、近隣地域内の中では標準的と判断される農地を選定すべきである。

オ　行政的条件
　都市計画法による区域区分、農業振興地域に関する法律に定められる

農用地区域の指定等が標準的な農地を選定すべきである。

2　標準画地の評価

農地の標準画地の価格についても、基本的には第4章で述べた不動産鑑定士等による鑑定評価書を基本に決定することとなるが、実務上は、次のような方法が採用される。

(1)　鑑定評価書を参考とする標準地価格の決定

土地評価事務処理要領に定められている評価方法であり、次のとおりである。

```
（不動産鑑定評価格との調整）
第15条　標準地の評価に当たっては、原則として別に不動産鑑定業者に当該
　　標準地の鑑定評価を求めるものとする。この鑑定評価格と第10条の規定に
　　より求めた評価格との間に開差があるときは、必要に応じて、当該鑑定を
　　行った不動産鑑定業者に当該鑑定評価格を決定した理由について説明を求
　　めるとともに、第10条の規定により求めた評価格について、資料の選定及
　　び活用、評価方式の適用の方法等を再検討して、標準地の適正な評価格を
　　求めるよう努めるものとする。
```

この方法は、当該標準画地の評価を不動産鑑定業者に依頼して鑑定評価を求め、そこで採用している取引事例、地域要因等の分析を起業者自らが行い、これを参考に標準画地の評価を行う方法（以下「起業者評価」という。）である。これは、ある程度の土地評価知識を持つ用地担当職員には可能な方法である。

原則として、すべての公共用地の取得に係る標準地価格の決定に当たっては、この方法を適用すべきであるが、国土交通省等のように専門の用地職員がいる機関を除けば、実際には困難な場合が多く、その代替方

法として、次のような決定方法が採られている場合が多い。

（２） 鑑定評価書の採用による標準画地価格の決定
ア　二業者の鑑定評価書により求める方法

　土地評価事務処理要領においては、不動産鑑定業者による評価を参考に、起業者評価による精度の高い標準画地価格を決定するように定められている。この方法が困難な場合、実務上では、前記（１）に代わる方法として、複数（通常は二業者）の不動産鑑定業者による鑑定評価書を求め、このうちの低い鑑定評価額又は中間値を採用している。これにより、前記（１）鑑定評価書を参考とする標準画地価格の決定と同じ効果を生み出そうとする方法である。

　一般的に、地方公共団体等の職員は、３～４年程度で職場の異動及び職務内容の変更が行われており、用地担当職員についても特別な場合を除き同様であるが、幅広い用地取得業務のうち、標準画地の評価について理解し、適切な起業者評価が可能となるためには、この用地担当従事期間では十分とはいえない。

　したがって、二業者の鑑定評価による標準画地の評価については、起業者評価の作業の補完を目的とするために用いられる方法である。

イ　特殊な土地

　標準地比準評価法が馴染まない堤外農地等の特殊な農地の評価については、適用可能な土地価格比準表が存しないため、前記（１）の方法を採用して起業者評価を行うことは困難である。

　したがって、二業者による鑑定評価によって価格を求める場合がある。この場合においても、アで述べているとおり、二業者の鑑定評価書のうちの低い鑑定評価額又は中間値を採用し決定する場合が多い。

ウ　単数の鑑定評価書の採用

　公共用地の取得に係る標準画地価格の決定においては、最も多い方法

である。国土交通省等を除き、各公共団体等においては、前記のとおり用地担当期間が短く起業者評価によることが困難なことや事業も比較的小規模な場合が多いことから、標準画地の評価を単独の不動産鑑定業者に依頼し、その鑑定評価額のみによって標準地の価格を決定する方法である。

この方法は、一業者のみに鑑定評価を依頼するため、鑑定評価の精度、判断等の検討の可否において若干の問題を有するものの、全国的には最も多く行われている標準地価格の決定方法となっている。

(3) 起業者評価のみによる標準地価格の決定

鑑定評価書を徴せず、起業者評価のみによって標準地の価格を求める方法である。

この方法は、熟練した用地担当職員には可能であるが、一般の職員が取引事例の収集、地域要因の比較等を行うことは困難であるため、実際の評価においては、次のようなケースを除いてほとんど行われていない。

ア　買収面積が極めて少ない等、他の公共事業に比較的影響を与えない場合。

イ　近隣地域内において継続的に用地買収が続く場合又は追加買収等において不動産鑑定評価書を徴している場合。

ウ　用地買収の単価が極めて低い場合。

エ　他の起業者によって近隣地域内の不動産鑑定評価書が徴されており、これを参考にできる場合。

第4節　標準画地からの比準の意義

　個別的要因の比較とは、近隣地域内における標準画地と各農地とを比較して各農地の個別的要因格差率を算定し、評価額を求めることであるが、公共用地の取得に係る個別的要因の比較の作業を総称して「比準」といい、比準を行う農地を「比準地」という。

1　比準

(1)　比準の意義

　公共用地の取得に係る土地評価においては、起業地内の各農地の評価を合理的かつ適正に行う必要があることから、比準は重要な作業の一つであるといえる。

　この比準を具体的に述べれば、標準画地を$\frac{100}{100}$とし、各比準地について交通・接近条件、自然的条件等を細項目にわたって比較検討し、各比準地の適正な個別的要因格差率$\frac{X}{100}$を求め、これを鑑定評価等によって求められた標準画地価格に乗じて、各比準地の評価額を求めるものである。

　具体例を見てみよう。

　標準画地$\frac{100}{100}$、1m²当たり10,000円とすれば、各比準地の評価額は次のとおりとなる。なお、本例では、標準画地と標準地とは同じ農地と想定する。

第 5 章　公共用地の取得に係る農地の評価

```
┌─────────────┬──────────┬────────────┐
│  標準画地   │          │            │
│             │          │            │
│ 1㎡当たり   │    ②    │     ③     │
│ 10,000円    │   ①     │            │
│             │          │            │
└─────────────┴──────────┴────────────┘
            農         道
```

比準地①：10,000円 × 個別的要因格差率$\dfrac{92}{100}$ ＝ 92,000円

比準地②：10,000円 × 個別的要因格差率$\dfrac{97}{100}$ ＝ 97,000円

比準地③：10,000円 × 個別的要因格差率$\dfrac{101}{100}$ ＝ 10,100円

なお、個別的要因格差率は、地積・形状等による格差を分析し、それぞれ求めた。

（2）　時点修正

比準を行うに当たっては、標準画地の鑑定評価における価格時点と各比準地の評価を行う時点とが異なる場合がある。この場合においては、標準画地の価格を比準時点における価格に修正する必要があり、これを「時点修正」という。これは、標準画地の価格時点から各比準地の評価を行う時点までの地域要因の変化を分析し、地価水準の変動について修正するものである。

標準画地の評価は、不動産鑑定業者に依頼する場合が通例であるため、実務的には時点修正についても自ら行う場合は少ないが、時点修正の具体的な計算方法を例示すれば、次のとおりである。なお、取引事例比較法における取引事例の時点修正についても、同様の方法により行う

こととなる。

ア　地価が上昇している場合
（ア）　価格時点
　　標準画地の鑑定評価の価格時点　　平成18年7月1日
　　各比準地の評価を行う価格時点　　平成20年12月1日

（イ）　変動率
　　地価変動率を以下のとおり想定した。
　　平成18年度　　＋3％
　　平成19年度　　＋4％
　　平成20年1月～平成20年12月1日　　＋2％

（ウ）　対象地の時点修正率
　　各年における地価変動率を求めれば、次のとおりとなる。
　　平成18年7月1日～平成18年12月31日

$$+3\% \times \frac{6 \text{ヶ月}}{12 \text{ヶ月}} = +1.50\% \cdots \frac{101.5}{100}$$

平成19年度　　　　　　＋4％……$\frac{104.0}{100}$

平成20年1月1日～平成20年12月1日

$$+2\% \cdots\cdots \frac{102.0}{100}$$

よって、対象地の時点修正率は、次のとおりとなる。

$$\frac{101.5}{100} \times \frac{104.0}{100} \times \frac{102.0}{100} \fallingdotseq \frac{107.6}{100}$$

(エ) 修正後価格

鑑定評価の価格時点における標準画地価格を1m²当たり10,000円とすれば、次の価格が、比準地の評価を行う時点における標準画地の価格となる。

$$10,000円 \times \frac{107.6}{100} = 10,760円$$

イ 地価が下落している場合
(ア) 価格時点
　標準画地の鑑定評価の価格時点　　平成18年7月1日
　各比準地の評価を行う価格時点　　平成20年12月1日

(イ) 変動率
地価変動率を以下のとおり想定した。
平成18年度　　−5％
平成19年度　　−4％
平成20年1月〜平成20年12月1日　　−2％

(ウ) 対象地の時点修正
各年における地価変動率を求めれば、次のとおりとなる。

平成18年7月1日〜平成18年12月31日

$$-5\% \times \frac{6ヶ月}{12ヶ月} = -2.5\% \cdots \frac{97.5}{100}$$

平成19年度　　　　　　　　−4％　$\cdots \frac{96.0}{100}$

平成20年1月1日〜平成20年12月1日

$$-2\% \cdots \frac{98.0}{100}$$

よって、対象地の時点修正率は次のとおりとなる。

$$\frac{97.5}{100} \times \frac{96.0}{100} \times \frac{98.0}{100} \fallingdotseq \frac{91.7}{100}$$

(エ) 修正後価格

鑑定評価の価格時点における標準画地の価格を1㎡当たり10,000円とすれば、次の価格が、比準評価時点における標準画地価格となる。

$$10,000円 \times \frac{91.7}{100} = 9,170円$$

(3) 比準表の選定

　農地の比準表については、田地又は畑地に区分されるが、どの種類の比準表をどの地域に適用するかによって、求めるべき価格が大きく異なることとなる。この場合において採用する比準表は、大きく二つに分類される。

ア　不動産鑑定士が作成した比準表を採用する場合

　不動産鑑定業者が作成した比準表を採用する場合は、近隣地域の実態に合った比準表を作成してもらうこととなるため、各近隣地域ごとに、どの比準表を適用するかを指示してもらうこととなる。

イ　公的機関発行の比準表等を採用する場合

　国土交通省土地・水資源局地価調査課、各地方整備局、各自治体等が発行している比準表を採用する場合は、近隣地域の要因と類似する比準表を採用し、近隣地域内の各比準地について比準を行う。次に、価格バランス等を分析して適正か否かを判断し、適正と判断できない場合は、全体又は一部について不動産鑑定士の意見を求め比準表の修正を行い、再度比準する。

なお、公共用地の取得に係る土地評価で採用する比準表の修正については、会計検査でも指摘されているように、修正理由について述べる必要性が有り、特に格差率の修正に当たっては、近隣地域の個別的要因及び格差率について、客観性及び詳細性を持たせることが必要である。

(4) 比準表の種類
公表されている比準表は、次のとおりである。

ア　国土交通省土地・水資源局地価調査課
イ　建設省（各地方整備局監修）土地価格比準表
ウ　各都道府県監修土地価格比準表
エ　固定資産評価基準等における補正率表

これらの比準表は、それぞれ一長一短を有しているため、近隣地域の価格形成要因の分析により、地域の実態に即した比準表を選定し、採用すべきである。

(5) 土地価格比準表と比準作業
比準作業については、起業者が自ら行う場合と不動産鑑定士等の専門業者に委託する場合とがあるが、その場合の留意点を述べれば、次のとおりである。

ア　起業者評価を行う場合
起業者評価を行う場合は、各起業者発行の土地価格比準表に基づいて各農地の価格を求めることとなる。この場合において、採用する土地価格比準表が近隣地域の地域要因等の実態に適合しないと判断される場合は、近隣地域の実態に合った比準表を作成する必要が有るため、不動産鑑定業者の意見書を徴したうえで適宜に補正し、比準すべきである。

イ　専門業者に委託する場合

　最近は、標準地の鑑定評価と各農地の比準とを、一括で不動産鑑定士等の専門業者に委託する場合がある。この場合においても、起業者評価と同様に、原則的には各起業者発行の土地価格比準表に基づいて評価を行うべきであり、実態に適合しないと判断される場合は、不動産鑑定士自らが土地価格比準表を適宜に補正したうえで比準すべきである。

　なお、比準作業を不動産鑑定業者に委託する場合において、土地価格比準表を用いず不動産鑑定士の判断のみで行っている場合、また、土地価格比準表を修正せず土地価格比準表に存しない項目及び数値を採用している場合がみられる。このような場合は、算定した根拠が明確でないため、起業者は、比準内容に客観性を持たす意味においても、採用する数値の根拠となる修正された土地価格比準表及びその根拠を、業務委託の際に義務づける必要性が有ることに留意すべきである。

2　公共用地の取得に係る比準の原則

(1)　土地評価事務処理要領による規定

>　（標準地の評価格からの比準）
> 第8条　標準地の評価格からの比準は、比準表を用いて標準地の個別的要因と各画地の個別的要因を比較して行うものとする。ただし、当該同一状況地域の属する用途的地域が比準表に定められていない場合は、類似する用途的地域に係る比準表を適正に補正して使用するものとする。
> 2　比準表に定められた格差率が当該同一状況地域の実態に適合しないと認められるときは、当該格差率を当該同一状況地域の実態に適合するように補正することができるものとする。この場合において格差率の補正は、不動産鑑定業者の意見等により適正に行うものとする。

第5章 公共用地の取得に係る農地の評価

　公共用地の取得等に係る土地評価は、すべての農地について比準を行い、各農地の正常な価格（正常価格）を求めることが原則となっている。

　したがって、用地の取得に当たっては、土地価格比準表等を用いて算定した各農地の評価額によって買収価格を決定すべきである。

　しかし、地価水準が低い純農地及び農業本場純農地における実際の買収に当たっては、比準そのものを行わず、標準地のみの評価だけですべての農地の買収を行っている例がある。また、このほかに、いわゆるグルーピングと呼ばれる各農地の土地種別又は各ランクごとに単価を統一して買収する方法も見られる。これは、後述するように、比準により各農地の価格を算定し、その後一定の手法で平均化して買収単価を決定するものであり、各農地の評価を行うという点において、基本的には同じである。

　しかし、前述のとおり、公共用地の取得においては、比準を行わないで各農地の土地種別又は各ランクごとに統一の価格で買収する方法は規定されておらず、比準を行った後にグルーピングにより土地価格を決定する方法についても、採用しない起業者が増加している。

　この理由は、グルーピングを行うことによって、比準した価格の低い農地については単価が上昇するが、高い価格の農地については逆に下落する結果となり、地権者に対して説得力のある説明をすることが困難なことがあるためである。

　例を挙げて見てみよう。

	10アール当たりの比準後の評価額	グルーピング後の価　　格	開　　差
A農地	5,010,000	5,000,000	－2％
B農地	4,800,000		＋4％
C農地	4,850,000		＋3％
D農地	5,020,000		－4％
E農地	5,005,000		－1％

この例によると、A農地、D農地及びE農地は、それぞれグルーピングした場合の価格より比準した価格の方が高く算定されるが、買収に当たっては、比準により算定された価格より低い金額で買収されることから、地権者への説得力が失われることとなる。
　この様なことから、グルーピングについては、今後も減少傾向に進むものと考えられるが、グルーピングを行う場合についても、かなり厳しい制限が課せられている場合が多い。
　例を挙げれば、次のとおりである。

例：○○県土木部

　土地価格の調整（グルーピング）については次の要件を満たす場合に限ることとする。
1　土地価格の調整は、地権者等から団体交渉を要望され、かつ、団体交渉において土地価格の調整を要望された場合に限り行うものとする。
2　土地価格の調整に当たっては、次の事項を遵守のうえ行うものとする。
　　一　調整後の土地価格は、同一等級内の土地価額総額を当該等級内の総面積で除した単価又は等級を代表する単価（以下「代表評点方式」という。）とすること。
　　二　代表評点方式を採用する場合の調整に当たっては、原則として同一等級内の格差率の絶対値が5点以内となるように調整を行うこと。この場合の土地価格は当該同一等級内のほぼ中庸単価を採用すること。

（2）　比準の必要性

　公共事業の用地取得に当たっては、用地交渉の過程で、地権者から買収地の価格決定に至った経緯について説明を求められる場合が多く見られることから、各農地の買収価格の決定に当たっては、客観的な根拠が必要となる。また、価格決定に至った経緯については、法的に見ても特

に非公開とする根拠はなく、比準内容については、開示請求に応じるべきとなってきている。他の公的土地評価のうち固定資産税土地評価においても、平成15年度からは開示が義務づけられており、今後はすべての公的土地評価で開示が進むであろうと考えられる。

したがって、各農地の評価額については、標準画地と比較してどの要因が優れ、どの要因が劣るか等の説明が可能である客観的かつ説得力の高い価格を求めなくてはならず、そのためには、一定の比準表に基づく統一的で詳細な比準が必要となる。

3　比準の原則

比準についての基本的な考え方は、土地評価事務処理要領等に定められているため、本項では、具体例に沿って解説する。

(1)　交通・接近条件

交通・接近条件の細項目である幅員、舗装等の農道の状態については、現況で存する標準画地の前面道路の条件を$\frac{100}{100}$とし、これから各比準地の幅員、舗装等を加減して比準地の格差率を求めることとなる。

集落への接近性については、近隣地域の周辺に存する集落への距離を求め、そして、この距離を相互に比較して格差率を求める。なお、実際の評価に当たっては、近隣地域の範囲が比較的狭いことが多く、個別的要因としての交通・接近条件の格差は小さいことがほとんどである。

(2)　自然的条件

近隣地域内標準画地の日照・湿度等の状態、かんがい、排水の良否、土壌の良否について分析し、これを$\frac{100}{100}$とする。次に、各比準地の自然的条件について標準画地との優劣を比較して、比準地の格差率を求める。

この場合における自然的条件の格差率については、評価する者の判断

により格差率が左右されることとなるため、数値を細やかに採用する等の弾力的な運用及び各比準地間のバランスに留意すべきである。

（3） 画地条件

　通常の評価において、標準画地は、近隣地域内の標準的な交通・接近条件、自然的条件等を有する位置に存するはずである。原則として、一画地と認定された実際に存する画地を標準画地として採用し、これを$\frac{100}{100}$として各比準地の地積、形状等についてそれぞれ比較を行い、比準地の格差率を求める。しかし、近隣地域の状況によっては、標準的と判断される位置に標準画地として適切な地積及び形状を有する画地が存しない場合が有り、標準画地の画地条件のうち次の細項目については、想定せざるを得ない場合も有る。

ア　形　状

　画地条件の中で最も多く想定される要因としては、形状が挙げられる。図面上で具体的に想定することによって、形状だけでなく、地積等についても確定されることとなる。

イ　有効耕作面積

　通常の評価において、標準画地に耕作のできない法地及び進入路部分が有る場合は、その部分がないものとして標準画地を想定することは可能である。ただし、近隣地域内の多数の画地が法地及び進入路部分を有する地域であれば、法地及び進入路部分を有する農地を標準画地として採用すべきである。

（4） 行政的条件

　近隣地域内標準画地の行政的条件を$\frac{100}{100}$とし、各比準地との優劣を比較して格差率を求める。用途については、近隣地域内標準画地の用途規制と各比準地の用途規制との関連について優劣を判定すべきである。

（5） 宅地化条件

「宅地化要因部分」について分析を行い、近隣地域内標準画地の価格形成要因を$\frac{100}{100}$とし、各比準地との「宅地化要因部分」の優劣を比較して格差率を求める。

4　比準表運用上の原則

比準表の運用に当たっては、各発行者の定める比準表の運用規則等によって若干の差はあるが、概ね次のとおりとなっている。

（1）　交通・接近条件等格差率

交通・接近条件、自然的条件、宅地化条件、行政的条件及びその他の項目の格差率は、比準表により求めた各細項目の格差率の総和により、それぞれ$\frac{X}{100}$として求める。

交通・接近条件のうちで農道の状態について例示すれば、次のとおりとなる。

【例】

条件	項目	細項目	標準画地	比準地	細項目の格差率	項目の格差率
交通・接近条件	農道の状態	幅員	約4m　普通	約2.5m　劣る	−8.0	$\frac{90}{100}$
		舗装	普通	やや劣る	−2.0	

この場合において、必ずしも比準表に記載された数値をそのまま採用する必要はなく、比準表の数値の範囲内において弾力的に運用すべきである。

例示すれば、次のとおりであり、この弾力的な運用は、他の項目についても同様である。

標準画地の幅員を4mとすれば、比準地1～4の格差率は、次のとおりとなる。

【例】

細項目	格差の内訳					
幅員	対象地等 / 標準画地	6m	5m	4m	3m	2m	1m
	4m	+10	+5	0	-8	-20	-35

比準地1：幅員約6.0m　　+10.0
比準地2：幅員約5.5m　　+7.0（+6～+9の間）
比準地3：幅員約3.5m　　-4.0（-1～-7の間）
比準地4：幅員約2.5m　　-13.0（-9～-19の間）

（2）画地条件格差率

　画地条件格差率は、すべての細項目における格差率の相乗により求めるものとし、小数点第4位を切り捨てるものとする。これは、四捨五入で切り上げた場合、求められた評価額が会計検査等において過補償と指摘される可能性があるためである。
　例示すれば、次のとおりである。
　求められた画地条件格差率の相乗積は$\frac{91.18}{100}$となるが、小数点第4位以下を切り捨てて$\frac{91.1}{100}$となる。

【例】

項目	細項目	標準画地		比準地1			計
画地条件	地積過小・過大	1200m²	普通	1200m²	普通	1.00	$\frac{91.18}{100}$
	形状	長方形	普通	台形	相当に劣る	0.94	
	有効耕作面積	100%	普通	95%	やや劣る	0.97	

第5章　公共用地の取得に係る農地の評価

（3）　個別的要因格差率

個別的要因格差率は、各項目の相乗により求めるものとし、（2）と同様の考え方で、小数点第4位を切り捨てるものとする。

【例】 交通・接近条件 $\dfrac{98.^6}{100}$ × 自然的条件 $\dfrac{102.^0}{100}$ × 画地条件 $\dfrac{91.^1}{100}$

× 行政的条件 $\dfrac{100.^0}{100}$ × 宅地化条件 $\dfrac{92.^0}{100}$ × その他 $\dfrac{100.^0}{100}$

= $\dfrac{84.^{29}}{100}$

比準地の個別的要因格差率 ≒ $\dfrac{84.^2}{100}$

（4）　各画地の評価額

標準画地の価格に個別的要因格差率を乗じて求めるものであるが、一般的に標準画地の価格が千円以上の場合は、百円未満を切り捨てることが多い。

【例】

標準画地の価格5,000円（5,000,000円／10a）× 個別的要因格差率
$\dfrac{84.^2}{100}$ ＝ 4,210円

比準地の評価額 ≒ 4,200円

5　農地の比準例

農地の比準実例を示せば、次のとおりである。

近隣地域は、地方都市近郊に存する宅地化の影響を受けた農地地域であるため、農地の比準項目の中に宅地化の影響の項目を作成するものとした。

（1）　地域分析

近隣地域の範囲を次のとおり決定した。

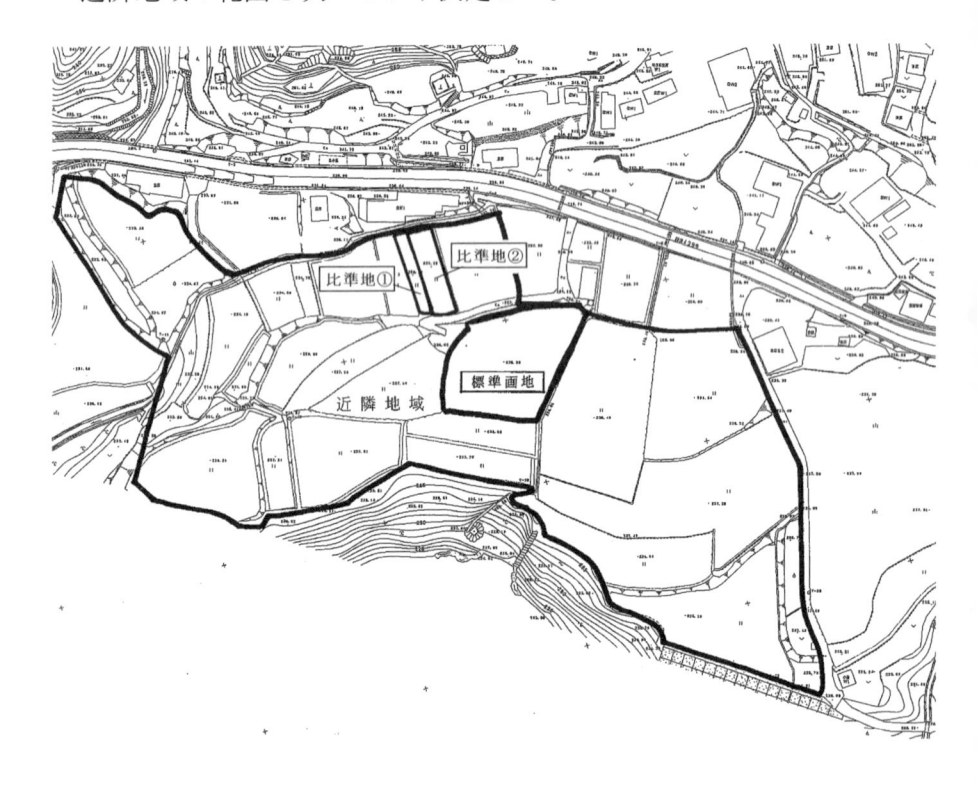

(2) 標準画地

標準地比準評価法の基本原則に従い、標準地と鑑定評価上の標準画地とを同一とした。標準画地の価格は、当社発行第〇〇〇〇号対象地③に基づき、10アール当たり3,000,000円と決定した。

ア　標準地の価格
　　3,000円／㎡（10アール当たり3,000,000円）

イ 位置図

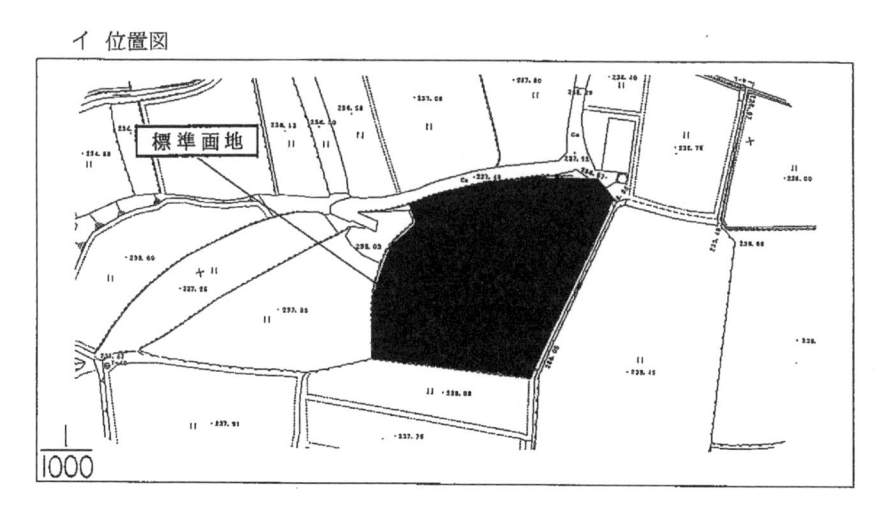

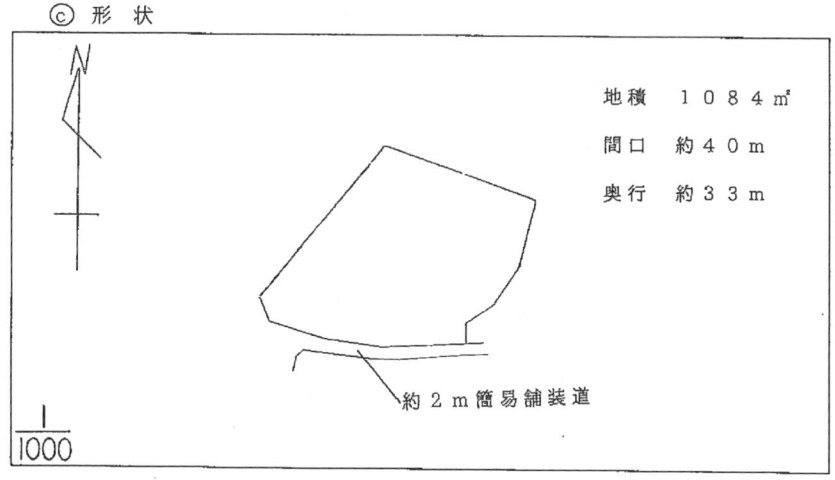

ⓒ 形状

地積　１０８４㎡

間口　約４０ｍ

奥行　約３３ｍ

約２ｍ簡易舗装道

(3) 比準地

　比準地①、②を画地認定の原則に従い決定した。なお、本例では、２画地を例示した。

画地番号①

個別的要因調査表及び算定表（近隣地域）

資料 第77003号	田地地域						
条件	細項目	標準画地		比準地 No(1) 1037外		格差	計
		内訳		内訳			
交通接近条件	集落への接近性	助藤集落まで 約 500 m	普通	助藤集落まで 格差なし	普通	0.0	
	農道の状態	約 2.0 m	—	約 2.0 m	—	0.0	100.0/100
自然的条件	日照の良否	日照時間が普通	普通	日照時間が普通	普通	0.0	
	土壌の良否	普通		普通		0.0	
	保水の良否	保水1日半程度	普通	保水1日半程度	普通	0.0	
	磙の多少	普通		普通		0.0	
	灌漑の良否	普通		普通		0.0	
	排水の良否	普通		普通		0.0	
	水害の危険性	普通		普通		0.0	100.0/100
	その他の災害の危険性	普通		普通		0.0	
画地条件	地積過大・過小	約 10.84 アール	普通	約 0.94 アール	劣る	0.95	
	形状	ほぼ台形	普通	帯状	劣る	0.99	
	障害物による障害度	普通		普通		1.00	94.0/100
宅地化条件	宅地化の影響	普通		普通		0.0	100.0/100
行政的条件	行政上の規制の程度	普通		普通		0.0	100.0/100
	補助金、融資金等による助成の程度	普通		普通		0.0	
その他	現在の利用状況	現状農地利用	普通	現状農地利用	普通	0.0	100.0/100
	利便性	普通		普通		0.0	
				格差率			94.0/100

1. 個別的要因格差率

    94.0/100

2. 比準地価格の算定

    （標準地価格）（個別格差率）（時点修正）

    3,000 円 × 94.0/100

    ＝ 2,820 円
    ≒ 2,800 円

3. 備考

    ・集落への接近性については、実質的には格差はないものと判断した。

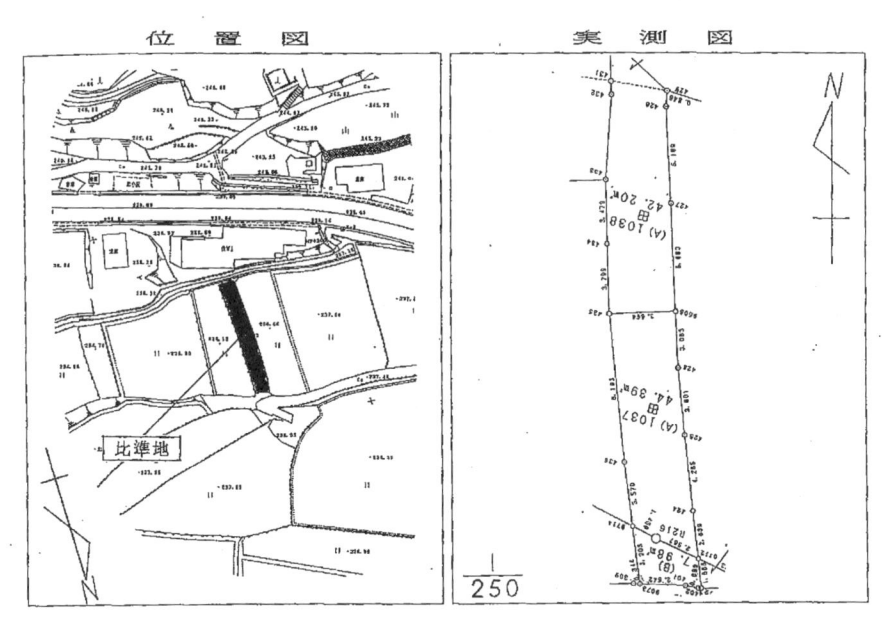

第5章 公共用地の取得に係る農地の評価

位 置 図   実 測 図

1/250

比準地の写真

備考

No. 1

画地番号②

資料 第77003号		田地地域		個別的要因調査表及び算定表（近隣地域）				
条件	細項目	標準画地		比準地 No(2) 1066-イ外		格差	計	1. 個別的要因格差率 $\frac{98.0}{100}$
		内訳		内訳				
交通接近条件	集落への接近性	助藤集落まで 約 500 m	普通	助藤集落まで 格差なし	普通	0.0		2. 比準地価格の算定
	農道の状態	約 2.0 m	―	約 2.0 m	―	0.0	$\frac{100.0}{100}$	（標準地価格） （個別格差率）（時点修正）
自然的条件	日照の良否	日照時間が普通	普通	日照時間が普通	普通	0.0		3,000 円 × $\frac{98.0}{100}$
	土壌の良否		普通		普通	0.0		= 2,940 円
	保水の良否	保水1日半程度	普通	保水1日半程度	普通	0.0		≒ 2,900 円
	礫の多少		普通		普通	0.0		
	湛水の良否		普通		普通	0.0		3. 備考
	排水の良否		普通		普通	0.0		・集落への接近性については、実質的には格差はないものと判断した。
	水害の危険性		普通		普通	0.0	$\frac{100.0}{100}$	
	その他の災害の危険性		普通		普通	0.0		
画地条件	地積過大・過小	約 10.84 アール	普通	約 3.98 アール	やや劣る	0.98		
	形状	ほぼ台形	普通	ほぼ長方形	普通	1.00		
	障害物による障害度		普通		普通	1.00	$\frac{98.0}{100}$	
宅地化条件	宅地化の影響		普通		普通	0.0	$\frac{100.0}{100}$	
行政的条件	行政上の規制の程度		普通		普通	0.0	$\frac{100.0}{100}$	
	補助金、融資金等による助成の程度		普通		普通	0.0		
その他	現在の利用状況	現状農地利用	普通	現状農地利用	普通	0.0		
	利便性		普通		普通	0.0	$\frac{100.0}{100}$	
				格差率			$\frac{98.0}{100}$	

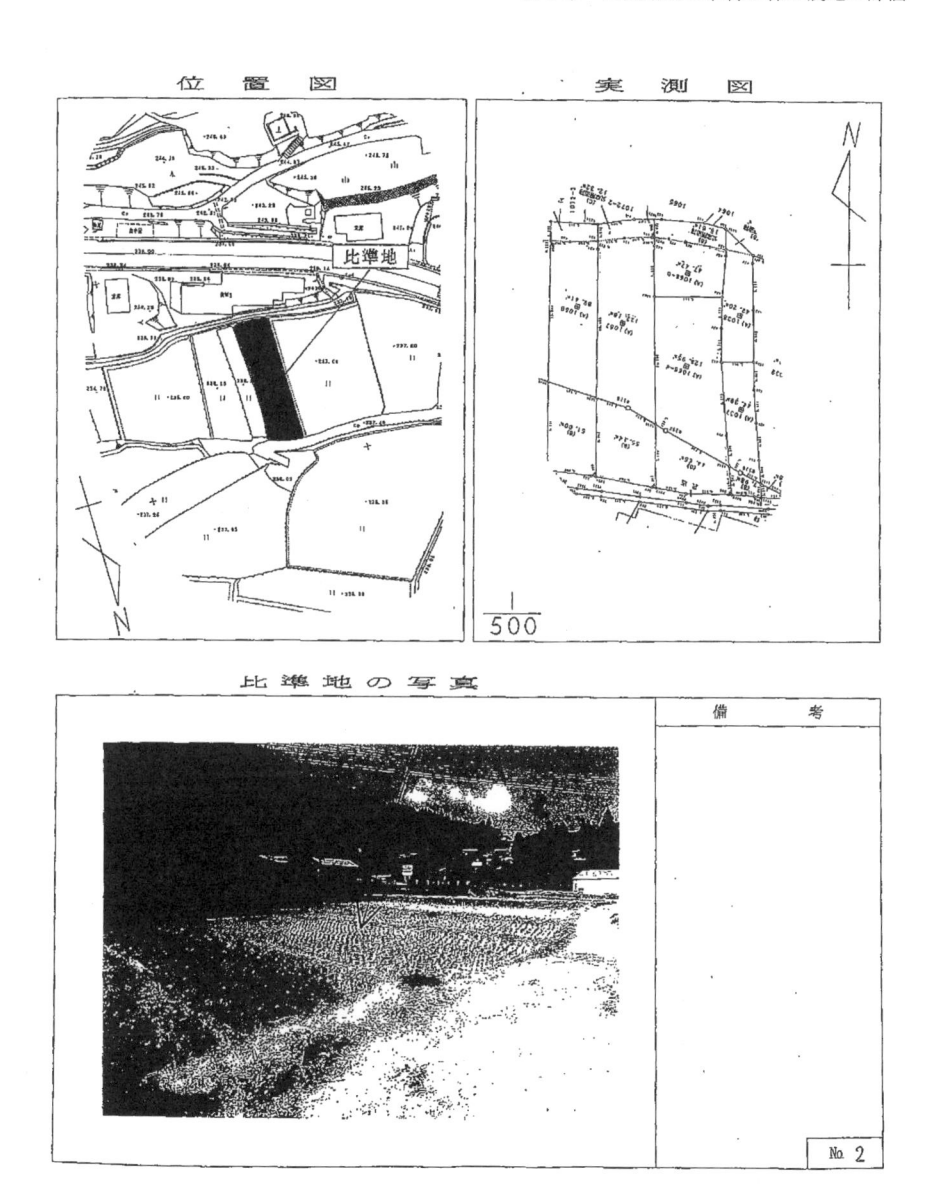

第5章　公共用地の取得に係る農地の評価

位置図　　　　　　　　　実測図

$\dfrac{1}{500}$

比準地の写真

備考

No. 2

第6章

固定資産税に係る近代農地の評価

第1節　農地の評価に当たっての基本的事項

　固定資産税土地評価における農地の評価方法も、公共用地の取得に係る農地評価と同様に、標準画地の鑑定評価を行った後、標準画地と各農地とを比較して各農地の評価額を求めるが、標準画地の価格は、第4章農地の鑑定評価で述べたため、本章では標準画地と各農地との比較について述べるものとする。

1　固定資産税土地評価における農地の区分の意義

　　一　土地の評価の基本
　土地の評価は、次に掲げる土地の地目の別に、それぞれ、以下に定める評価の方法によつて行うものとする。この場合における土地の地目の認定に当たつては、当該土地の現況及び利用目的に重点を置き、部分的に僅少の差異の存するときであっても、土地全体としての状況を観察して認定するものとする。
（1）田
（2）畑
（3）宅地
（4）削除
（5）鉱泉地
（6）池沼
（7）山林
（8）牧場

（9）原野
(10) 雑種地

(固定資産評価基準第1章第1節)

　固定資産評価基準においては、土地を9種類の地目に区分したうえで、それぞれの地目ごとに評価方法を定めており、固定資産税土地評価に当たっては、まず評価の対象となる各土地をこの9種類の地目のいずれかに区分し、その地目に応じた評価方法によって各土地を評価することとなる。

　このうち、農地に該当する地目には田及び畑があるが、固定資産税土地評価においては、この田又は畑に認定される土地について、さらに本節4で述べる3区分に評価上分類し、それぞれに定められる評価方法によって評価を行うこととなる（各区分ごとの評価方法については、本章第2節及び第3節において述べる。）。

　地目の認定の方法は、固定資産評価基準において、「土地の地目認定に当たっては、当該土地の現況及び利用目的に重点を置き」と定められており、その土地の現況及び利用目的に基づき地目を認定するという現況主義が採用されている。すなわち、固定資産税土地評価における地目認定は、不動産鑑定評価、公共用地の取得に係る土地評価等のように土地の価格形成要因に着目して認定されるのではなく、その土地が現在どのような利用状況にあるか等に着目して地目を認定することとなる。

　この場合、各地目の具体的な区分及び認定方法は、固定資産評価基準において定められていないが、不動産登記法に定められる地目の認定方法と固定資産評価基準に定められる地目認定の基本的な考え方とが同じであることから、評価実務上は、不動産登記制度における地目の認定方法に準じて行われていることが通常である。

　以下2及び3では、このような固定資産税土地評価における田及び畑について、具体的に解説するものとする。

2　固定資産税土地評価における田

(1)　固定資産税土地評価における田の意義

　農地の細区分である田とは、不動産登記事務取扱手続準則（以下「同準則」という。）第68条第1号において、「農耕地で用水を利用して耕作する土地」と規定されている。したがって、固定資産税土地評価においても同様に認定されることとなるが、具体的に述べれば、次のとおりである。

ア　かんがい設備等を有すること

　田とは、畦畔、用水溝、用水路等のかんがい施設を有し、かつ、当該設備がかんがいし得る状態であることをいう。

このように、かんがい設備が存する土地の地目は、田と認定される

イ 利用状態

耕地の利用状態が、水稲、れんこん、ひえ、わさび、くわい等の淡水を必要とする作物を栽培することを常態とする耕地であることをいう。

れんこんが栽培されている

（2） 固定資産税土地評価における実務上の具体例
ア 一時的に畑へ転作している土地

かんがい設備を有する田であっても、水はけの良好な土地では、一時的に畑へ転作し、生姜、サツマイモ等を栽培していることがある。この場合、現況が畑であっても、かんがい設備が存する土地は、田としていつでも耕作が可能な状態であることから、地目は田として認定される。

かんがい設備を有し、従来から田として利用されているが、一時的にタバコ畑として耕作されている土地である。周辺の利用状態から、田として利用されていたことがわかる

イ　休耕田

　近年は、後継者不足、田の収益力の低下等により、田を耕作せず放置し、雑草が生い茂っている状態の休耕田がよく見られるようになっている。

　このような休耕田は、現況からも判断されるように、肥培管理が行われていないため田以外の地目とすることも考えられるが、通常は一時的に耕作を中断している田であると判断され、地目は、従前の利用状態である田として認定される。

第6章　固定資産税に係る近代農地の評価

耕作が行われず、2年間放置されている休耕田である

　ただし、長期にわたって放置されることにより田として復元不可能な土地及び山間集落に存する田で過疎により放置され山林状態となっている土地は、田として認定することができず、前者は雑種地、後者は山林に地目認定されることとなる。
　なお、農地法上の農地の定義は、同法第2条第1項において、「耕作の目的に供される土地」と定められているが、この定義は、昭和27年12月20日付けの「農地法の施行について」（農林事務次官通達）において、次のように説明されている。

（ア）「耕作」とは、土地に労資を加え、肥培管理を行って作物を栽培することをいう。

（イ）「耕作の目的に供される土地」とは、現に耕作されている土地はもちろん、現在は耕作されていなくとも、耕作しようとすればいつでも耕作できるような、すなわち、客観的に見て、その状況が耕作の目的に供されるものと認められる土地（休耕地、不耕作地）をも含む。

　（ウ）　農地であるかどうかは、その土地の現況によって区分するものであって、土地登記簿の地目によって区分するものではない。

　なお、休耕地の解釈として、「現在は耕作されていないが、正常な状態のもとにおいては、耕作されるべきであり、耕作しようとすれば安易に耕作に復旧できる状態にある土地は、農地たる性格を失わない」との判例（大阪地裁判決昭和39年6月）がある。

ウ　田に永年性の作物を栽培した場合
　公簿地目及び現況の利用状態がともに田であった土地に、かんがい施設を有したまま、柿、ミカン等の永年性作物を植栽した例がある。このような場合、永年性作物を植栽した時点において、当該土地本来の利用目的が永年的に畑として利用していくことに変わったと認められることから、かんがい施設を有する場合であっても、通常畑と認定することとなる。

エ　水耕栽培地
　近年は、農業の生産性の向上のために、水耕栽培又は礫耕栽培によって農作物の生産を行うケースが増加している。このような場合における地目については、田又は畑として認定することも考えられる。しかし、農地とは、耕作の目的に供される土地であり、本例のような利用方法では、当該土地で耕作が行われているとは判断されないため農地には該当せず、地目についても田又は畑には認定されない。

このため、地目は田又は畑以外の地目に該当することとなり、地上に建物が存する場合は宅地、存しない場合は雑種地に認定されることとなる。

　なお、その敷地に付設している設備がビニール製、ゴム製等の簡易なものであり、かつ、農地としての復元が容易である場合は、田又は畑と認定することとなる。

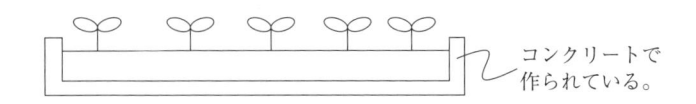

　　　　　　　　　　　　　　　　　　　　コンクリートで
　　　　　　　　　　　　　　　　　　　　作られている。

3　固定資産税土地評価における畑

（1）　固定資産税土地評価における畑の意義

　畑とは、同準則第68条第2号において、「農耕地で用水を利用しないで耕作する土地」と規定されている。固定資産税土地評価においては、農地のうち田に該当しない土地は、畑として地目認定されることとなる。

かんがい設備が存しないことから、周辺はすべて畑として利用されている

ミカンが栽培されているため、一般的には果樹園といわれるが、
固定資産評価基準上では、畑に区分される

(2) 同準則第69条で規定される畑

同準則69条第1号では、畑について、次のとおり定められている。
「牧草栽培地は畑とする。」

(3) 固定資産税土地評価における実務上の具体例

ア 公簿上宅地であっても、現況が畑の場合

公簿上が宅地であっても、一画地すべてにわたって野菜畑として耕作されている場合の地目認定は、次のとおりである。

(ア) 固定資産税土地評価の地目認定において畑として認定されるためには、耕作の状態が一時的ではなく、長期的かつ反復的に行われ

ていることが必要であり、この要件に該当しない場合は、通常宅地又は雑種地として認定される。

（イ）分譲住宅地等の宅地地域内に存し、周辺のほとんどの画地で建築物が建築されている場合で、かつ、画地内に水道及び排水施設が存する場合は、税負担の公平性から考慮して、現況が畑であっても、地目は畑と認定されず、宅地又は雑種地として認定される。

イ　農作物は栽培しているが、土地を耕作していない場合
　地上には鉄骨造の園芸施設が建ち、地面はコンクリートに覆われ、その床面上で容器を用いて農作物を栽培する場合がある。このような例では、土地に直接労費を加え肥培管理を行って作物を栽培しているとはいえず、また農地への復元も困難であるため、農地としては認められない。
　したがって、地上の鉄骨造の園芸施設が建物として認められる場合は宅地、建物として認められない場合は雑種地と認定されることとなる。

ウ　畑に苗木、庭木を植栽している場合
　従前畑として利用されていた土地に、杉や桧の苗木を育成するために植栽している場合がある。この場合は、肥培管理を行って苗木を栽培しているのであるから、畑と認定される。
　また、このような苗木、観賞用の庭木等を仮植して展示し、販売している場合があるが、このような土地は、苗木等を販売用に展示しているだけで耕作を行っているとはいえず、雑種地と認定される。

松、ウバメガシ等の庭木が植栽されているが、肥培管理が行われているため、
地目は畑と認定される

エ　市民農園等

　地方都市周辺では、いわゆる「市民農園」のように、農地の貸し付けを農業者以外の者に行って、耕作されている土地がある。

　このような場合、農地以外の地目としての余地も若干考えられるが、固定資産税土地評価上では、原則として現況の利用状態を重視し、畑と認定される。

　また、個人が行っているレジャー農園は、入園料を徴するという利用形態をとっているため、農地法第3条の適用を受けない場合もあるが、上記と同様に現況の利用状態を考慮して、畑と認定されている場合が多い。

この例は、市街地に存するレジャー農園であり、約30画地に区分され、賃貸に供されている

オ 休耕畑

　従前畑として利用されていたが、長期間にわたって休耕しているため雑草、立木等が生い茂っており、容易に農地に復元することが困難な場合は、田と同様に、状況に応じて雑種地又は山林として認定することとなる。

カ 山林の立木を伐採し、果樹を植栽した場合

　竹や雑木が生い茂っていた雑木林の一部を伐採し、果樹を植栽した例である。
　このような場合、果樹を植栽することにより、肥培管理が行われていると考えられるため、畑と認定することとなる。
　次に、いつの時点から畑と認定するべきかであるが、後述するように、畑に立木を植林した場合とは異なり、植栽した直後から肥培管理が

行われると考えられるため、植栽した時点から畑と認定される。
　また、山林を伐採したのみで、果樹の植栽が行われていない場合は、畑と認定することができず、従前の利用方法である山林と認定することとなる。

4　固定資産評価基準による農地の評価方法

　固定資産評価基準では、前記2及び3により認定した各農地について、さらに「宅地等介在農地」、「市街化区域農地」及び「一般農地」に評価上分類し、それぞれ評価の方法を定めている。

(1)　宅地等介在農地
　「宅地等介在農地」とは、すでに農地法第4条1項又は第5条第1項による農地転用許可を受けた農地等、宅地としての価格形成要因を有する農地をいうものであり、現況が田又は畑であっても、標準宅地から評価額を求める。

(2)　市街化区域農地
　「市街化区域農地」とは、都市計画法第7条第1項に規定する市街化区域内の農地で一部の農地を除いたものをいい（地方税法附則第19条の2第1項・令附則第14条第1項）、宅地等介在農地と同様に、現況が田及び畑であっても、標準宅地から評価額を求める。

(3)　一般農地
　「一般農地」とは、現況農地のうち上記の「宅地等介在農地」及び「市街化区域農地」を除いた農地をいう。固定資産評価基準では、「一般農地」という定義は存しないが、前記(1)及び(2)以外の農地という意味で一般的に用いられている。一般農地の評価に当たっては、現況に応じて標準田又は標準畑から評価額を求めることとなる。

第2節　宅地等介在農地及び市街化区域内農地の評価

　本節における市街化区域農地等とは、固定資産評価基準に定められる宅地等介在農地及び市街化区域農地をいう。宅地等介在農地は転用に係る許可を受けた農地であり、また、市街化区域農地は届出のみで開発行為が可能な農地である。このため、宅地として利用することの合理性がある点において、価格形成要因が共通している。

1　市街化区域農地等の意義

　市街化区域農地等として評価対象となる田及び畑は、次のとおりである。

(1)　宅地等介在農地

　宅地等介在農地として評価すべき田及び畑は、次のとおりである。

ア　農地法第4条第1項又は第5条第1項の規定によって宅地等への転用許可を受けた農地

　現況が田、畑等の農地である場合は、農地法の適用を受けるため農地以外への利用ができず、宅地開発が困難であるが、宅地等への転用許可を受けた農地は、宅地開発が可能である。

イ　宅地等に転用するに当たって、農地法第4条第1項又は第5条第1項の規定による許可を受けることを必要としない田及び畑で、宅地等への転用が確実と認められる田及び畑

従来から宅地として利用していたが、一時転用などにより耕作されている土地等をいう。

ウ　ア、イ以外の田及び畑で、宅地等への転用が確実と認められる田及び畑
　耕作されず放置している土地、造成工事が行われている土地等で宅地化することが外見的に明らかである土地をいう。

　前記ア～ウの農地は、外見上で田及び畑として利用されていても、その価格形成要因は、農地としての要因をほとんど有さず、宅地としての要因が中心に形成されている。
　したがって、一般の農地と同様に、これらの農地を農地の収益性、生産性等に着目して評価を行うことは合理的とはいえず、また、周辺に存する宅地との価格間に不均衡が生ずるため、宅地等介在農地として評価を行うこととなる。

(2) 市街化区域農地

　都市計画法第7条第2項では、「市街化区域は、すでに市街地を形成している区域及び概ね10年以内に優先的、かつ、計画的に市街化を図るべき区域とする。」と定められている。また、これに関連して、農地法第4条第1項第5号及び同法第5条第1項第3号の規定により、市街化区域農地は、届出のみで宅地に転用することが可能であることが定められている。
　本項で述べる市街化区域農地とは、この都市計画法第7条第2項に規定される市街化区域内に存する農地をいうものである。
　したがって、届出のみにより宅地転用が可能であることから、前記(1)宅地等介在農地と同様に、農地が本来有する収益性等の価格形成要因はほとんどなく、宅地としての価格形成要因が中心となって市場価格が形成される。このため、評価方法も一般の農地とは異なり、宅地か

ら比較して各画地の評価額を求めることとなる。

　なお、市街化区域内の農地の中にあっても、次に挙げる農地は、固定資産税務研究会編「固定資産評価基準編（土地編）」（（財）地方財務協会）において、一般農地と同様の評価方法により評価するものと述べられている。

①　都市計画法第8条第1項第14号に掲げる生産緑地地区内の農地
　　生産緑地地区内では、生産緑地法第8条第1項によって市町村長の許可を受けなければ宅地の造成等の行為をしてはならないこととされている。

②　都市計画法第4条第6項に規定する都市計画施設として定められた公園、緑地又は墓園の区域内の農地で、同法第55条第1項の規定による都道府県知事の指定を受けたもの又は同法第59条第1項から第4項までの規定による国土交通大臣若しくは都道府県知事の認可若しくは承認を受けた同法第4条第15項に規定する都市計画事業に係るもの
　　都市計画法第55条第1項では、同法第54条によって建築物の建築が許可されるべきものであってもこれを許可しないことができることとされており、また、同法第59条第1項から第4項までの規定による認可若しくは承認を受けた都市計画事業に係る土地においては、同法第65条の規定により都道府県知事の許可がなければ土地の形質の変更ができないこととされている。さらに、公園、緑地又は墓園の区域内の土地は、宅地としての利用が予定されていない土地であり、当該区域内の農地は宅地に転用されることが予定されていないと認められる。

③　古都における歴史的風土の保存に関する特別措置法（以下「古都保存法」という。）第6条第1項に規定する歴史的風土特別保存地区の区域内の農地
　　歴史的風土特別保存地区の区域内では、古都保存法第8条第1項の規定により府県知事の許可を受けなければ宅地の造成等の行為をしてはならないこととされている。

④　都市緑地法第12条に規定する特別緑地保全地区の区域内の農地

　特別緑地保全地区の区域内では都市緑地法第14条第１項の規定により都道府県知事の許可がなければ宅地の造成等の行為をしてはならないこととされている。

⑤　文化財保護法第109条第１項の規定による文部科学大臣の指定を受けた史跡、名勝又は天然記念物である農地

　史跡、名勝又は天然記念物に関しては、文化財保護法第125条第１項の規定により文化庁長官の許可を受けなければその現状を変更すること等ができないこととされている。

⑥　地方税法第348条により固定資産税を課されない農地

　固定資産税が非課税となる農地は、評価の差異が税額に反映されることはなく、特に市街化区域農地としての評価をする必要はないものである。

　これらの農地は、⑥を除き、一般の農地と同様に宅地に造成することが制限されている農地であって、これらの農地は宅地としての潜在的価値を有しているとはいえないものであり、価格的に宅地と同水準にあるものとはいえず、一般の田、畑と同等の価格水準にあるものであると考えられる。

2　評価の概要

　市街化区域農地等の評価方法は、固定資産評価基準によると、次のとおり定められている。

　　一　田及び畑の評価
　　（本文省略）
　　ただし、農地法（昭和27年法律第229号）第４条第１項及び第５条第１項の規定により、田及び畑以外のもの（以下この節において「宅地等」という。）

への転用に係る許可を受けた田及び畑並びにその他の田及び畑で宅地等に転用することが確実と認められるものについては、沿接する道路の状況、公共施設等の接近の状況その他宅地等としての利用上の便等からみて、転用後における当該田及び畑とその状況が類似する土地の価額を基準として求めた価額から当該田及び畑を宅地等に転用する場合において通常必要と認められる造成費に相当する額を控除した価額によつてその価額を求める方法によるものとする。

(第1章第2節)

第2節の2　市街化区域農地

　市街化区域農地（地方税法（昭和25年法律第226号）附則第19条の2第1項に規定する市街化区域農地をいう。）の評価については、沿接する道路の状況、公共施設等の接近の状況その他宅地としての利用上の便等からみて、当該市街化区域農地とその状況が類似する宅地の価額を基準として求めた価額から当該市街化区域農地を宅地に転用する場合において通常必要と認められる造成費に相当する額を控除した価額によつてその価額を求める方法によるものとする。

(第1章)

（1）　価格形成要因及び評価手法

　宅地等介在農地は、すでに農地転用許可を受けている農地又は開発が容易な農地であり、また、市街化区域農地は、開発許可の必要のない土地であるため、市場では、いずれも宅地としての価格形成要因を中心として価格の決定がなされている。したがって、固定資産評価基準においても、これら農地を宅地等として造成した場合を想定した価格から必要とされる造成費相当額を控除する方法によって評価を行うものと定められている。

（注）必要な場合もあるが、ほとんどの場合許可される。

（2） 固定資産評価基準に定められる評価手法の具体例

　市街化区域農地について、固定資産評価基準に定められた評価方法により、具体例を挙げて説明すれば、次のとおりである。

　なお、評価の実務上では、後述するように市街地宅地評価法又はその他の宅地評価法に準ずる方法によることが多いが、解説に当たっては、まず固定資産評価基準に定められた方法により行うものとする。

ア　類似宅地の選定及び評価額の決定

類似宅地とは、「沿接する道路の状況、公共施設等の接近の状況その他宅地等としての利用上の便からみて、転換後における当該田及び畑とその状況が類似する宅地」をいうと固定資産評価基準に定められている。

評価に当たっては、類似宅地と市街化区域農地等が宅地に転換された場合の想定画地とを比較して評価額を求めるものとされており、まず類似宅地の選定が必要となる。本例では、B及びCを選定し、類似宅地Bから①及び②画地、類似宅地Cから③及び④画地を比準し、①～④画地それぞれについて宅地と想定した価格を求めるものとする。この場合における類似宅地B及びCの価格は、状況類似地域内標準宅地（標準的画地）からB及びC画地の接面する路線価を求め、それぞれの路線価から画地計算法を適用して評価額を求める。

また、その他の宅地評価法を適用している状況類似地区の場合は、比準割合により求めるものとする。

類似宅地Bの価格

標準宅地A（標準的画地）の価格を60,000円／m²とし、この価格から市街地宅地評価法を適用して、類似宅地Bの価格を55,000円と求めた。

イ　基本価格の算定

基本価格とは、類似宅地の価額を基本として求めた価額をいうものである。この価格は、通常必要と認められる造成費に相当する額を控除する前の過程における価格であり、当該農地を宅地造成したものと想定した価格と同一であると考えられる。

したがって、①及び②画地については、類似宅地Bから比準して、それぞれ宅地造成が行われたものと想定した価格を求め、また、③及び④画地についても同様に、類似宅地Cから比準して求める。

①画地の基本価格
　類似宅地Bの価格55,000円／m²から比準して、①画地を宅地造成したものと想定した価格55,000円を求めた。

ウ　画地の造成費相当額の把握
　後述するように、「通常必要と認められる造成費に相当する額」を①の画地について求める。

①画地の造成工事費
　土盛工事費等を考慮して、1m²当たり7,000円と査定した。

エ　評価額の算定
　①画地の評価額は、基本価格の算定によって求めたイの価格からウで求めた造成費相当額を控除して求める。

　基本価格　55,000円／m²　－　造成費相当額　7,000円／m²
　　　　　　　　　　　　　　　　　　　　　　＝　48,000円／m²

　評価額　48,000円　×　250m²　＝　12,000,000円

　以上が、固定資産評価基準に定められる市街化区域農地等の評価手法である。
　②～④画地のそれぞれの画地についても、同様の手法により評価額を求めることとなる。

(3)　固定資産評価基準の問題点
　固定資産評価基準における基本価格の求め方は、前記イのとおりであるが、この評価方法は、構造上の問題点を有している。例を挙げて説明すれば、次のとおりである。

標準宅地 A = $\frac{100}{100}$ = 50,000円／m² 類似宅地 B = $\frac{110}{100}$ = 55,000円／m²

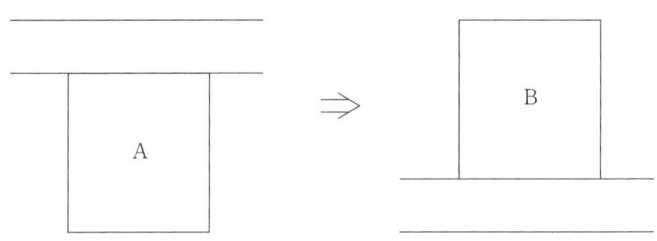

②画地 X 円

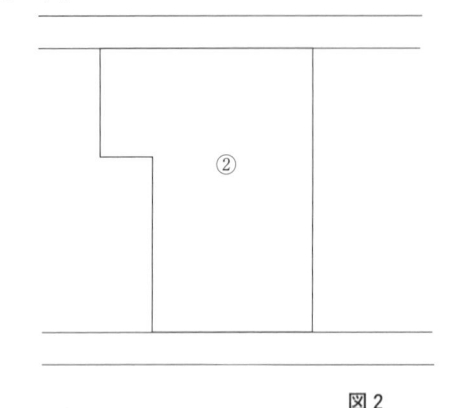

図2

　固定資産評価基準によると、類似宅地Bと②画地との比準により、②画地を宅地と想定した場合における価格を求めることとなる。この場合、類似宅地Bを$\frac{100}{100}$の基準点におかなければ、比較は困難である。類似宅地Bを基準とする場合、標準宅地Aから求めた類似宅地Bの格差率は$\frac{110}{100}$であるが、これを格差率$\frac{100}{100}$に置き換えたうえで、②画地の価格を求めなければならない。
　このような評価方法は、本来標準画地$\frac{100}{100}$でない類似宅地Bを$\frac{100}{100}$と置き換えなければならないため、比準する画地が多くなると、評価上の混乱が起きることとなる。しかし、この評価方法を採用しなければ、類

似宅地 B$\frac{110}{100}$と②画地とを直接的に比準する直接比準方式となるため、比準の客観性が弱くなる。

したがって、固定資産税土地評価においても、実務上は、次のような方法によって基本価格を求めるべきである。

(4) 実務上の基本価格の求め方

実務上では、市街地宅地評価法又はその他の宅地評価法で基本価格を求めることが多いことから、これに基づき解説するものとする。

基本価格は、造成が行われていない市街化区域農地を宅地造成を行ったものと想定して求める価格である。つまり、他の宅地と同様に、市街地宅地評価法又はその他の宅地評価法を宅地造成が完了したと想定した農地に直接的に適用して、これから各農地の基本価格を求めればよいのである。その結果、固定資産評価基準に述べられる類似宅地の設定及び評価上の混乱をクリアすることができる。

例えば、①及び②画地であれば、造成されたものと想定したうえで隣接する宅地と同様に前面街路の路線価から画地計算法を適用して、通常必要と認められる造成費に相当する額を控除して求めればよいこととなる。

(5) 造成費の求め方

基本価格から控除する造成費とは、「当該田及び畑を宅地等に転用する場合において、通常必要と認められる造成費に相当する額」である。

ア　造成費の内訳

基本価格から控除する造成費は、市街化区域農地を宅地に転用する場合において通常必要と認められる造成費相当額であるが、造成費の内訳については、現実の宅地造成の例を見ても地域や用途によって異なっており、一律に定めることは難しく、それぞれの地域で造成費を定める必要がある。

この造成費については、依命通達第2章第2節の2、14の3（1）に

おいて、「通常必要と認められる造成費の範囲は、一般的には土砂購入費、土盛整地費、擁壁費及び法止、土止費をいうものである」と述べられている。

しかし、この場合において重視すべきことは、周辺の宅地との比較においてどのような造成工事及び造成費が必要となるかということであり、通常宅地として利用するためには、上記のほか水道工事等も必要である。

したがって、上記通達に述べられている直接工事費のほかに、通常では画地内まで引き込む必要がある水道工事費、排水工事費、下水道工事費等を、評価上は考慮すべきである。

これを例に挙げれば、次のとおりである。

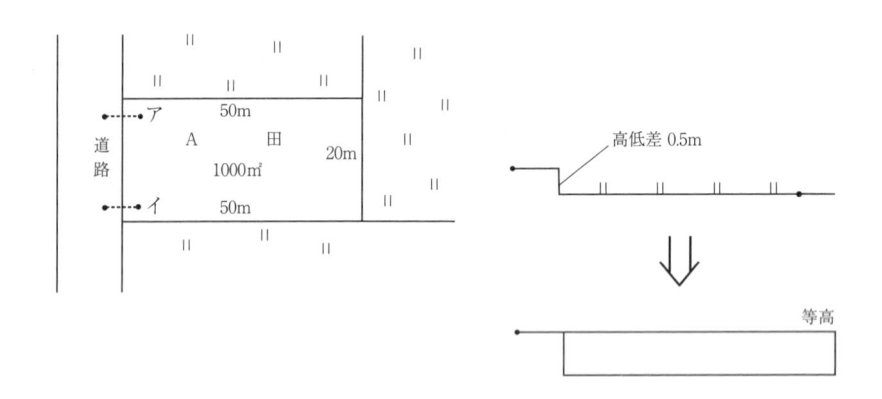

《造成費の内訳》

　上記土地を宅地に造成すると想定すれば、次の工事費が必要となる。

・土盛費　　　　　　田を道路と等高にするための費用。
　1000m² × 高さ0.5m × @1,500円 ＝ 750,000円

・擁壁費用　　　　　周辺を擁壁により囲む必要がある。
　(50m ＋ 20m ＋ 50m) × @7,000円 ＝ 840,000円

・整地費等　　　　　土盛した土地を整地する必要がある。
　　　　　　　　　　@500円 × 1000m² ＝ 500,000円

・水道工事費　　　　前面道路内に存する上水道の本管からアの地点までの水道管の引込み費用。
　　　　　　　　　　　　　　　　　　　一式　300,000円

・下水道工事費　　　公共下水道が存する地域では、前面道路に存する本管からイの地点まで引き込む必要がある。
　　　　　　　　　　　　　　　　　　　一式　200,000円

・その他雑費　　　　農地から宅地への地目変更の費用が必要なほか、開発申請を専門業者に依頼する場合は、開発申請費等が必要である。
　　　　　　　　　　　　　　　　　　　一式　300,000円

　　小計　2,890,000円　　　　　　　1m²当たり　2,890円

イ　造成費相当額の算定方法
　「通常必要と認められる造成費に相当する額」は、それぞれの農地が有する個別性により異なるものであるから、本来は、前記例のように各農地ごとに算定することが必要である。
　しかし、大量に存する市街化区域農地及び宅地等介在農地の評価を行うに当たり、各画地ごとに造成費相当額を算定することは、実務上は困難である。したがって、造成費相当額の実務上の算定に当たっては、次の方法が考えられる。

(ア)　一定割合で算定する方法

基本価格にそれぞれの市町村で定めた造成費相当額の一定割合を乗じて評価額を求める方法である。

　この造成費の内訳として挙げられるのは、前記例で算定した場合と同様に、盛土工事、水道工事、地目変更等のための費用であるが、一定割合を乗じて評価額を求める方法は、高低差、地積等に応じて造成費を区分したうえで減価する方法である。

a　高低差減価補正率

　一般の宅地評価と同様に、高低差減価を考慮する評価手法であり、標準的な画地との高低差に応じて減価する方法である。これにより、評価対象となる農地は、高低差により減価された画地の評価額が求められることとなる。

　この場合において、高低差による減価は、地域の種類と道路面との高さによる利便性により異なることに留意すべきである。

　高低差による補正率の例を挙げれば、次のとおりである。

高低差減価補正率表

地区区分 高低差（m）	普通住宅地区	分譲住宅地区	優良住宅地区	併用住宅地区	普通商業地区	路線商業地区
3.0以上高い	0.85	0.83		0.85		
2.0以上　3.0未満高い	0.92	0.90	0.90	0.92		0.90
1.0以上　2.0未満高い	0.97	0.95	0.95	0.97	0.95	0.95
0.5以上　1.0未満高い	0.99	0.98	0.98	0.99	0.98	0.98
等高から0.5未満高い	1.00	1.00	1.00	1.00	1.00	1.00
等高から0.5未満低い	0.99	0.98	0.98	0.99	0.98	0.98
0.5以上　1.0未満低い	0.97	0.95	0.95	0.97	0.95	0.95
1.0以上　1.5未満低い	0.92	0.90	0.90	0.92	0.90	0.90
1.5以上　2.0未満低い	0.87	0.83	0.83	0.87	0.85	0.85
2.0以上　2.5未満低い	0.81			0.81	0.80	0.80
2.5以上　3.0未満低い	0.75			0.75	0.75	0.75
3.0以上　低い	0.70			0.70	0.70	0.70

b　水道工事費等補正率

　前述のとおり、農地を宅地として利用するためには、盛土工事、水道工事、地目変更登記等のための費用が通常必要である。この場合、特に地積過大の土地については、分譲又は分割により宅地として利用される場合が多く、画地数が増加することから、諸費用が大きくなる傾向がある。

　水道工事費等による補正率の例を挙げれば、次のとおりである。

水道工事費等補正率表

地積（m²）＼地区区分	普通住宅地区	分譲住宅地区	優良住宅地区	併用住宅地区	普通商業地区	路線商業地区
300未満	0.98	0.98	0.98	0.98	0.98	0.99
300以上　600未満	0.96	0.95	0.95	0.96	0.96	0.97
600以上　1000未満	0.93	0.91	0.91	0.93	0.93	0.95
1000以上　1500未満	0.90	0.87	0.87	0.90	0.90	0.93
1500以上　2000未満	0.87	0.83	0.83	0.87	0.87	0.91
2000以上　2500未満	0.84	0.79	0.79	0.84	0.84	0.88
2500以上	0.80	0.75	0.75	0.80	0.80	0.85

　したがって、一定割合で算定する方法は、当該農地の状況に応じて、a高低差減価補正率とb水道工事費等補正率とを相互に乗じて算定するものとする。

（イ）　一定金額で算出する方法

　造成費相当額を各画地から直接的に控除する方法であり、本節2（5）《造成費の内訳》を簡易にした方法である。同一の市町村単位で分析すれば、実際に必要な造成費はほぼ一定の水準であることが一般的であり、格差が発生するとすれば、高低差の個別性に起因する場合が多い。

　したがって、高低差ごとに補正率を求め適用するものとする。

例を挙げれば、次のとおりである。

市街化区域農地等補正率表

(単位：円／m²)

高低差（m）＼地区区分	住宅地区
3.0以上高	25,000
2.0以上　3.0未満高い	15,000
1.0以上　2.0未満高い	8,000
0.5以上　1.0未満高い	4,000
等高から0.5未満高	2,000
等高から0.5未満低	3,000
0.5以上　1.0未満低	8,000
1.0以上　1.5未満低	15,000
1.5以上　2.0未満低	25,000
2.0以上　2.5未満低	35,000
2.5以上　3.0未満低	45,000
3.0以上低	55,000

なお、市街化区域農地等補正率表における造成費は、整地費、水道工事費等も含むすべてをいう。

(ウ)　通知による例示

総務省の通知によれば、次のとおり例示されている。

第6章 固定資産税に係る近代農地の評価

総税評第46号
平成12年10月14日

各道府県総務部長
（市町村税担当課扱い）
東京都総務・主税局長 殿
（市町村課・固定資産評価課扱い）

総務省自治税務局資産評価室長

市街化区域農地の評価に用いる「通常必要と認められる造成費に相当する額」について

　市街化区域農地の評価に用いる「通常必要と認められる造成費に相当する額」につきまして、別紙のとおり算定しましたので、参考までに通知いたします。
　当該造成費につきましては、地域、地形、土質又は面積の大小等によりその額が異なるものと考えられますので、別紙積算条件等を参考に、地域の実情を反映した適正な造成費の算出に努めるよう、また、農業用施設用地等の評価に用いる「当該宅地を農地から転用するために通常必要と認められる造成費に相当する額」の算定に当たって、本通知における標準的造成費を参考とする場合は、当該市町村の地域の実情に応じ、擁壁の有無等を考慮した上で、適正な造成費を算出するよう、併せて貴都道府県内市町村に御連絡願います。

別紙

農地を宅地に転用するために要する標準的造成費

1　平坦地の場合

盛土の高さ	土砂購入費 土盛整地費 （A）	擁壁費 （B）	法止・土止費 （C）	合　計 （A+B+C）	18.1.1 ――― 15.1.1	1平方メートル 当たり
	千円	千円	千円	千円	倍	円
30cm	257 (28)	797	24	1,078	0.95	2,200
50	416 (46)	1,006	39	1,461	0.95	3,000
70	572 (64)	1,216	55	1,843	0.95	3,700
100	756 (84)	1,533	79	2,368	0.93	4,800
150	1,087 (121)	2,057	118	3,262	0.93	6,600
200	1,385 (154)	2,584	157	4,126	0.92	8,300

注1：(A)の（　）は、整地費（内数）のみの数値である。

注2：上記数値の積算条件
　　　(1)　積　算　時　点　………　平成18年1月1日現在（見込）
　　　(2)　所　　在　　地　………　東京都23区内
　　　(3)　規　　　　　模　………　495㎡（150坪）
　　　(4)　形　　　　　状　………　一面が道路に面した間口27.27m（15間）奥行18.18m
　　　　　　　　　　　　　　　　　　（10間）の矩形の土地
　　　(5)　擁壁の種類等　………　コンクリートブロックによる道路面を除いた三面施工
　　　(6)　土　　　　　質　………　普通土質（宅地造成等規制法施行令別表第四に定める
　　　　　　　　　　　　　　　　　　第二種の土質、真砂土、関東ローム、硬質粘土その他
　　　　　　　　　　　　　　　　　　これらに類するもの）
　　　(7)　土の運搬距離等　……　8km、稼働率1日8時間で往復6回

第6章　固定資産税に係る近代農地の評価

第3節　一般農地の評価方法

1　一般農地の評価方法の概要

固定資産評価基準では、一般農地の評価方法について、次のとおり定められている。

一　田及び畑の評価
　田及び畑（第2節の2に定めるものを除く。）の評価は、各筆の田及び畑について評点数を付設し、当該評点数を評点一点当たりの価額に乗じて各筆の田及び畑の価額を求める方法によるものとする。（ただし書省略）
二　評点数の付設
　1　評点数の付設の順序
　各筆の田及び畑の評点数は、次によつて付設するものとする。
　　（1）　田又は畑の別に状況類似地区を区分するものとする。
　　（2）　状況類似地区ごとに標準田又は標準畑を選定するものとする。
　　（3）　標準田又は標準畑について、売買実例価額から評定する適正な時価に基づいて評点数を付設するものとする。
　　（4）　標準田又は標準畑の評点数に比準して、状況類似地区内の各筆の田又は畑の評点数を付設するものとする。

（第1章第2節）

一般農地である田及び畑の評価方法の概要は、次のとおりである。

(1)　「状況類似地区」の区分
　「状況類似地区」とは、固定資産評価基準に定められる地域の名称であり、不動産鑑定評価基準における近隣地域及び公共用地の取得に係る土地評価の同一状況地域と同意語である。状況類似地区の具体的な区分方法は、第4章第1節3（1）「近隣地域の範囲」で述べた方法と同様の方法によりそれぞれ区分する。

(2)　「標準田又は標準畑」の選定
　「標準田又は標準畑」とは、「状況類似地区」の中にある標準的な画地をいい、鑑定評価の実務上で用いられる標準画地のことをいう。標準画地の選定方法は、第5章第3節第1項における「標準画地の選定」で述べた方法と同様の方法により行われる。

(3)　「適正な時価」の算定
　「適正な時価」とは、固定資産評価基準に定められる評価額をいうが、上記で選定された標準田又は標準畑の評価額（田又は畑として利用する場合における当該田畑の売買価額を基準）に「農地の限界収益修正率」を乗じて求める。

(4)　「各筆の田又は畑の評点数」の付設
　「各筆の田又は畑の評点数」の付設は、「状況類地地区」内に存する各農地の評点数（鑑定評価上では個別的要因格差率）をそれぞれ求め、標準田又は標準畑の「適正な時価」に乗じて、各農地の評価額を求めることにより行う。
　この場合、評点一点当たりの価額＝1円とされることが通常であるため、実質的に「各筆の田又は畑の評点数」が各農地の評価額となる。

第6章　固定資産税に係る近代農地の評価

2　状況類似地区の区分

　状況類似地区の具体的な区分方法は、固定資産評価基準において、次のとおり定められている。

> 2　状況類似地区の区分
> 　状況類似地区は、地勢、土性、水利等の状況を総合的に考慮し、おおむねその状況が類似していると認められる田又は畑の所在する地区ごとに区分するものとする。この場合において、状況類似地区は、小字の区域ごとに認定するものとし、相互に当該状況が類似していると認められる小字の区域は、これらを合わせ、小字の区域内において当該状況が著しく異なると認められるときは、当該状況が異なる地域ごとに区分するものとする。
> 　　　　　　　　　　　　　　　　　　　　　　　（第1章第2節二）

　状況類似地区の区分の目的は、主として標準田又は標準畑から比準が可能な各農地の存する範囲の確定を行うことであり、区分の方法は、不動産鑑定評価基準における近隣地域の区分と同様に行われている。

　農地の状況類似地区の区分は、具体的には傾斜の方向・角度といった地勢、土壌の良否等の土性、かんがいの良否等の状況を総合的に考慮して判断することとなるが、この場合、固定資産評価基準では、特に小字による区分を重視している点に留意すべきである。

3　標準田又は標準畑の選定

　標準田又は標準畑の具体的な選定方法は、固定資産評価基準において、次のとおり定められている。

> 3　標準田又は標準畑の選定
> 　標準田又は標準畑は、状況類似地区ごとに、日照、かんがい、排水、面積、

> 形状等の状況からみて比較的多数所在する田又は畑のうちから、一の田又は畑を選定するものとする。
>
> (第1章第2節二)

　標準田又は標準畑の具体的な選定方法は、公共用地の取得に係る農地評価の場合と同様であり、近隣地域内における標準画地を採用することとなる。
(第5章第3節1「標準画地の選定の意義」参照)

4　標準田又は標準畑の評点数の付設

　標準田又は標準畑の標点数の付設に係る具体的な方法は、固定資産評価基準において、次のとおり定められている。

> 4　標準田又は標準畑の評点数の付設
> 　標準田又は標準畑の評点数は、次によつて、田又は畑の売買実例価額から評定する当該標準田又は標準畑の適正な時価に基づいて付設するものとする。
> 　(1)　売買の行われた田又は畑(以下「売買田畑」という。)の売買実例価額について、その内容を検討し、正常と認められない条件がある場合においては、これを修正して、売買田畑の正常売買価格を求めるものとする。この場合における正常売買価格は、田又は畑として利用する場合における田又は畑の正常売買価格であるので、売買田畑が市街地の近郊に所在するため、売買田畑の売買実例価額が田又は畑として利用する場合における当該田又は畑の売買価額を超える額であると認められる場合における当該売買田畑の正常売買価格は、田又は畑として利用する場合における当該田又は畑の売買価額を基準として求めるものとする。
> 　(2)　当該売買田畑と標準田又は標準畑の地形、土性、水利、利用上の便否等の相違を考慮し、(1)によつて求められた当該売買田畑の正常売買価格から標準田又は標準畑の正常売買価格を求め、これに農地の平均

第6章　固定資産税に係る近代農地の評価

> 10アール当たり純収益額の限界収益額（面積差10アールの農業経営相互間の純収益の差額をいう。）に対する割合（0.55）を乗じて標準田又は標準畑の適正な時価を評定するものとする。
> （3）（2）によつて標準田又は標準畑の適正な時価を評定する場合においては、基準田又は基準畑（三の2の（1）によつて標準田又は標準畑のうちから選定した基準田又は基準畑をいう。）との評価の均衡及び標準田又は標準畑相互間の評価の均衡を総合的に考慮するものとする。
> 　　　　　　　　　　　　　　　　　　　　　　　（第1章第2節二）

　標準田又は標準畑の評点数の付設の方法は、公共用地の取得に係る農地評価とは異なり、（1）で定められる「田又は畑として利用する場合における当該田又は畑の売買価格を基準」として「正常売買価格」を求め、これに（2）で定められる「純収益額の限界収益額」に対する割合（0.55）を乗じて求めることとなる。

（1）　標準田又は標準畑の「適正な時価」の意義

　固定資産税土地評価によって求めるべき農地の評価額は、固定資産評価基準に定められている「適正な時価」であり、第2節で述べた宅地等介在農地及び市街化区域農地については、標準宅地から固定資産評価基準に定められる方法によって評価を行い、合理的な市場における客観的交換価値を反映して評価額を求めている。

　これに対して、一般農地の評価額は「適正な時価」を求めると定められているにもかかわらず、その評価の過程においては、「田又は畑として利用する場合における当該田又は畑の売買価格を基準として求める」と定められており、実質的には、客観的交換価値ではなく使用収益を反映して求めるものとされている。このため、宅地等介在農地及び市街化区域農地と一般農地とは、いずれも現況農地であるにもかかわらず、両農地の間には価格及びその性格に大きな開差が生ずることとなるため、本項では、まずこの点について分析するものとする。

ア　宅地の「適正な時価」
　固定資産評価基準においては、「適正な時価」(注)に関する用語の具体的な解説がない。しかし、学説、判例等で明らかなように、宅地の適正な時価の性格として、次のような特徴を有している。

　　(注)「適正な時価」に関する詳細は、自著「固定資産税宅地評価の理論と実務」
　　　　第1章を参照

(ア)　標準宅地の価格
　標準宅地の評価は、現行では地価公示価格等の活用及び不動産鑑定士の鑑定評価により行われており、ここで求められた標準宅地の正常価格が、「適正な時価」を求めるための基礎となる。

(イ)　正常価格に70%を乗ずる
　宅地の「適正な時価」は、(ア)で求めた価格に70%を乗じて求めることとなっているが、これは、評価時点と賦課期日との間に期間の開差があること、評価の安全性の考慮等を理由とするものである。また、この価格については、判例（最高裁判所平成10年（行ヒ）第41号第一小法廷及び第一審である東京地裁平成7年（行ウ）第235号）で述べられているように、客観的交換価値である。

(ウ)　求めるべき価格の性格
　以上の理由により、宅地の「適正な時価」は、一般農地の評価方法で求められる価格とは異なり、土地の収益性だけに対応する価格ではなく、土地の客観的交換価値を反映した価格であるといえる。

　　(注)　土地の客観的交換価値を反映した価格は、使用収益することによる収益性
　　　　も含んで決定されている。

第6章 固定資産税に係る近代農地の評価

イ 宅地等介在農地及び市街化区域農地の「適正な時価」

　現況農地であっても、宅地等介在農地及び市街化区域農地の評価は、標準宅地から固定資産評価基準に定められる方法によって行なわれている。そこで求められる評価額の性格は、基礎となる標準宅地の価格が客観的交換価値である「適正な時価」であるから、宅地等介在農地及び市街化区域農地の価格の性格も客観的交換価値である「適正な時価」ということとなる。

ウ 一般農地の「適正な時価」

　一般農地の「適正な時価」は、固定資産評価基準に定められているとおり、「田又は畑として利用する場合における当該田又は畑の売買価格を基準」として算定することとなる。

　固定資産評価基準においては、農地の場合も同様に「適正な時価」に関する具体的な解説がないが、宅地の場合の客観的交換価値である「適正な時価」とは異なり、「田又は畑として利用する場合における当該田又は畑の売買価額を基準」として求めるため、農地として利用することを前提に把握される使用収益に対応する価格ということとなる。

エ ア～ウの価格の関係

　固定資産評価基準では、土地の評価額について「適正な時価」を求めるものと定めているが、宅地等介在農地及び市街化区域農地では、客観的交換価値である「適正な時価」を求めることから市場価格と均衡を有するのに対し、一般農地では、農地の使用収益のみに対応した「適正な時価」を求めるため、一般農地の評価額は、市場価格と比較すれば大きく下回ることとなる。このため、現況が農地であっても、宅地等介在農地及び市街化区域農地と一般農地との価格水準は大幅に乖離するほか、異なる性格の評価額をそれぞれ求めることとなる。

オ 「現況農地の価格構造図」による分析

固定資産評価基準に定められる方法により標準田又は標準畑の評価を行う場合において、農地のどのような価格形成要因に基づいて評価しているのかを、「現況農地の価格構造図」に基づいて分析するものとする。

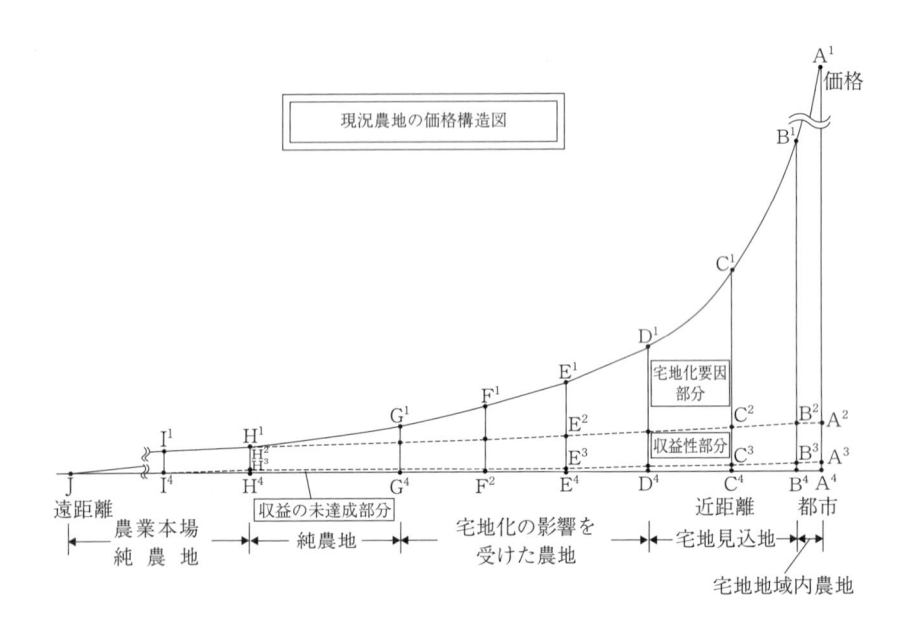

現況農地の価格構造図

（図：横軸は「遠距離」から「都市」まで、縦軸は「価格」。地点は左から J、I^1/I^4（農業本場純農地）、$H^1/H^2/H^4$、G^1/G^4（純農地）、F^1/F^2、$E^1/E^2/E^3/E^4$、D^1/D^4（宅地化の影響を受けた農地）、$C^1/C^2/C^3/C^4$（近距離、宅地見込地）、$B^1/B^2/B^3/B^4$、$A^1/A^2/A^3/A^4$（宅地地域内農地）。上方曲線が A^1～B^1～C^1～D^1～E^1～F^1～G^1～H^1～I^1～J を結び、「宅地化要因部分」「収益性部分」「収益の未達成部分」が示される。）

　農地の客観的交換価値は、「収益性部分」だけでなく「宅地化要因部分」を含んだ J～B^1（注）で表される価格である。しかし、固定資産評価基準によると、農地の「適正な時価」は、「田又は畑として利用する場合における当該田又は畑の売買価格」で求めるため、「収益性部分」である J～B^2B^3 のみに対応する評価額を求めることとなる。

　このため、「宅地化要因部分」である H^1～B^1B^2 を有しない J～H^4 地点では、「収益性部分」に対応する評価額と客観的交換価値とがほぼ一致するが、「宅地化要因部分」の発生する H^4～B^4 地点では、一般農地の「適正な時価」は、客観的交換価値を大きく下回ることとなる。

(注) B^4A^4間では、宅地等介在農地及び市街化区域農地として評価することが極めて多い。

（２） 標準田又は標準畑の評価方法の問題点

農地の鑑定評価の方法には、第4章で述べたように取引事例比較法と収益還元法とがある（原価法は、実務上では適用が困難である。）が、固定資産評価基準で定められているような一般農地の鑑定評価に当たっての「田又は畑として利用する場合における当該田又は畑の正常売買価格」を求めることが実務上可能か否かについて分析する。

（ア） 取引事例比較法の適用

取引事例比較法によって求める比準価格についても、一般農地の「適正な時価」は、「現況農地の価格構造図」における「収益性部分」のみに対応した価格を求めるのであるから、当該「収益性部分」のみに対応した試算価格を求めなければならない。したがって、取引事例比較法に採用する取引事例は、「宅地化要因部分」をまったく含まない農地の取引事例又は取引価格に含まれる「収益性部分」のみを抽出することが可能な取引事例でなければならない。

この場合、都市から遠距離にある農業本場純農地及び一部の純農地は、取引価格そのものの全部又は大部分が、農地の「収益性部分」から形成されているため、比準可能な一般農地の取引事例の収集は可能であり、取引事例比較法の適用は可能である。

しかし、地方都市及びその周辺に多く見られる宅地化の影響を受けた農地、宅地見込地等では、「宅地化要因部分」が存しない「収益性部分」のみで価格形成がなされる農地の取引事例が存することはない。仮に、取引事例に係る取引価格の中に「宅地化要因部分」が存しない場合があったとしても、それは単なる売り急ぎ等の特別な事情が存するにすぎない。さらに経済学上の観点から分析しても、このような「宅地化要因」

部分を有する農地地域で「収益性部分」のみで成立する取引事例が実際に存することは、合理的な市場経済下においては有り得ないことである。

また、固定資産評価基準では、「宅地化要因部分」を有する農地の取引事例に係る取引価格については、補修正により「田又は畑として利用する場合における当該田又は畑の売買価格」を求めることが定められているが、実際の取引事例に係る取引価格を分析して「収益性部分」のみを抽出することは、実務上は極めて困難である。

したがって、「宅地化要因部分」を有する一般農地の鑑定評価では、実質的に固定資産評価基準に定められる「田又は畑として利用する場合における当該田又は畑の売買価格」を求めるために、取引事例比較法を適用することは困難である。

(イ)　収益還元法の適用

一般農地の評価額は、農地の「収益性部分」を反映した部分の価格を求めたものであるから、理論的には、農地の収益性に着目して価格を求める収益還元法の適用は可能である。

しかし、第4章第1節7（1）で述べたように、収益還元法の実際の適用に当たっては、農地の純収益の把握が困難なこと、還元利回りが弾力性を有すること等の問題を有しており、各標準田又は標準畑ごとに適正な収益価格を求めることは、実務上困難である。

(3)　限界収益修正率について

固定資産評価基準では、標準田又は標準畑の「適正な時価」は、「田又は畑として利用する場合における当該田又は畑の売買価額」に限界収益額に対する割合（55％）を乗じて算定することが定められているが、その理由については、具体的に述べられていない。ただし、「固定資産評価基準の解説（土地篇）固定資産税務研究会編（以下、「同解説」という。）」において、次のとおり述べられているため引用する。

> 　標準田又は標準畑の適正な時価は、以上の方法によって求めた標準田又は標準畑の正常売買価格に、農地の平均10アール当たり純収益額の限界収益額に対する割合（0.55）（以下「農地の限界収益修正率」という。）を乗じて求める。
> 　一般に、農地の売買は農業経営を可能とする程度の規模の農地を単位として行われることは皆無に近く、例えば、北海道を除いて10アールないし15アール程度の農地を単位として切売り買足しの形で行われるのが通常である。したがって、小規模農業が一般的である我が国の農業経営においては、買受け農業者はこの買足しに伴う耕作面積の拡大により農業経営の効率を増進する事情（買足し前の耕作面積では十分稼動することができなかった労働力や機械力などを買足し分に投入できるので、それだけ農業経営の効率を増進する。）にあるので、農地の売買実例価額は農地の平均収益額を超える限界収益額を前提として成立していると考えられることになる。

　上記によれば、「農地の売買実例価額は農地の平均収益額を超える限界収益額を前提として成立している」とされており、これが固定資産評価基準に定められる「田又は畑として利用する場合における当該田又は畑の売買価額」に限界収益修正率を乗じて「適正な時価」を算定する理由として述べられている。

　我が国の農業経営に基づく収益性を総合的に分析すれば、理論上はこのような要因も認められ、現実の農地市場では、取引価格にこのような動機による事情を含んで成立した取引事例も存している。しかし、この理由のみで「農地の限界収益修正率」を乗じて適正な時価を求めることについて、理論的に肯定し得るものではないと考えられる。

　というのも、同解説に述べられる上記要因は、隣接地の買収、農業経営の拡大等において通常に発生している買い進みの取引事情であり、それは、本来不動産鑑定評価基準に定められる取引事例に係る買い進みの事情補正に関する事項の一つだからである。

また、実際の取引事例を調査し、分析を行ってみれば、「農地の売買実例価額」は、隣接地の買収に伴う「農地の平均収益額を超える限界収益額を前提として成立」しているのみではない。例えば、売り手側には後継者不足に伴う農地不要処分、金融逼迫による急な売却等、買い手側には単価が低い場合における余剰資産としての購入、公共用地の取得に伴う代替地の取得等の取引事情が見られるほか、売買当事者が縁故者である等多くの取引事情が見られ、必ずしも上記のような動機においてなされる取引ばかりでないことが通常である。
　前記のとおり、固定資産評価基準においては、田又は畑の売買実例価額について、「正常と認められない条件がある場合においては、これを修正して、売買田畑の正常売買価格を求める」と定められており、これから標準田又は標準畑の正常売買価格を求めることとされている。つまり、同解説にいう上記要因は、本来この正常売買価格を求める過程において補正すべき買い進み事情の一つの例ということであり、あえてこの要因のみを取り出して限界収益修正率として別途把握し乗じるべき合理的な理由はないと判断される。
　ただし、固定資産評価基準では、限界収益額に対する割合（0.55）を乗じて算定すると定められているため、実務上では、これに基づき評価すべきこととなる。

（4）　市町村における実際の評価方法

　一般農地の評価は、固定資産評価基準に定められているため、これに沿った方法で行われるべきである。しかし、各市町村における一般農地の評価は、固定資産評価基準に定められる方法によって評価を行っていることは少なく、実務上では、過去の固定資産評価額を基準に、適宜に変動率を加減して評価額を決定していることが多い。
　このため、高知県を例に実際の評価額を見ても、固定資産評価基準第1章第2節三2（3）に定められる基準地価格で次表のとおりとなっているほか、高知県内における一般的な田で、10アール当たり30,000円〜

180,000円程度であり、第2章で分析した農地の「収益性部分」から見ても、極めて低い価格で推移している。

固定資産（土地）に係る平成18年度基準地価格

	指定市町村名	H18年度基準地価格
田	窪川町	174,700円／千m²
畑	窪川町	81,600円／千m²
宅地	高知市	（路線価）　367,500円／千m² （343,000）
山林	仁淀川町	22,700円／千m²

（注）宅地の路線価については、平成17年1月1日の価格です。
　　また、（　）書きは、平成17年1月1日から平成17年7月1日までの修正率を含んだ価格です。

（5）　一般農地評価に対する批判的私見

　固定資産評価基準で定められる「適正な時価」の基本的な理念から考えれば、本来求められるべき価格は、客観的交換価値である「適正な時価」である。

　これに対し、現行の一般農地の評価では、価格形成要因の一部である「収益性部分」のみに対応した「田又は畑として利用する場合における当該田又は畑の売買価格」とされているうえ、実際の田又は畑の評価額は、「収益性部分」から対比してみても、極めて低い評価額であるのが実態である。

　何故このような状況にあるのか理由は不明であるが、仮に農業経営者の保護のために低い税額を求める必要性があるのであれば、課税の段階で税を軽減する等の方法を講じれば良いだけである。固定資産税土地評価における「適正な時価」は、すべての土地について客観的交換価値と同じ概念で評価を行うべきであり、現行の固定資産評価基準に定められ

るように、一般農地及び山林に限って異なる概念とし、あえて実質的に適正な算定が困難な「適正な時価」とする合理的な根拠はないと判断される。

5　各画地の評点数の付設

（1）　各画地の評点数の付設の概要

各画地の評点数の付設の方法は、固定資産評価基準により、次のとおり定められている。

> 5　各筆の田又は畑の評点数は、標準田又は標準畑の単位地積当たり評点数に「田の比準表」（別表第1の1）又は「畑の比準表」（別表第1の2）により求めた各筆の田又は畑の比準割合を乗じ、これに各筆の田又は畑の地積を乗じて付設するものとする。この場合において、市町村長は、田又は畑の状況に応じ、必要があるときは、「田の比準表」又は「畑の比準表」について、所要の補正をして、これを適用するものとする。
>
> 市町村長は、田又は畑の状況からみて、「田の比準表」又は「畑の比準表」によって各筆の田又は畑の比準割合を求めることが困難なものがあるときは、「田の比準表」又は「畑の比準表」の例によって、当該田又は畑の比準表を作成して、これを適用するものとする。

各画地の評点数の付設とは、第5章で述べた公共用地の取得に係る土地評価における比準と同意語である。

具体的な評価の概要については、「固定資産評価基準の解説（土地篇）固定資産税務研究会編」において、次のとおり述べられている。

> ア　田（畑）の比準表の適用
> 　（ア）　田
> 　$(1.00 + 日照の状況 + 田面の乾湿) \times (1.00 + 面積 + 耕うんの難易) \times 災害 = 比準割合$

（イ）畑

$$(1.00 + \text{日照の状況} + \text{農地の傾斜} + \text{保水・排水の良否}) \times (1.00 + \text{面積} + \text{耕うんの難易}) \times \text{災害} = \text{比準割合}$$

（ウ）比準表の補正

　市町村長は、田又は畑の状況に応じ必要があるときは、比準表について所要の補正をして、これを適用することができる。

イ　比準田（畑）の評点数

$$\boxed{\text{標準田（畑）のm}^2\text{当たり評点数}} \times \boxed{\text{各筆ごとの比準割合}} = \boxed{\text{比準田（畑）各筆ごとのm}^2\text{当たり評点数}}$$

$$\boxed{\text{比準田（畑）各筆ごとのm}^2\text{当たり評点数}} \times \boxed{\text{当該筆の地積}} = \boxed{\text{当該比準田（畑）の評点数}}$$

（2）比準割合

　各画地の評点数の付設に必要となる比準割合は、固定資産評価基準で次のとおり定められている。

別表第1の1　田の比準表

1　各筆の田の比準割合は、次の算式によつて求めるものとする。この場合において、各筆の田の各項目の数値は、該当する「標準田の状況」欄に対応する「比準田の状況」欄の数値によるものとする。

〔算式〕　比準割合＝（1.00＋日照の状況＋田面の乾湿）×（1.00＋面積＋耕うんの難易）×災害

2　比準割合は、一枚の田（耕作の単位となつている一枚の田をいう。以下同様とする。）ごとに、この比準表を適用して求めるものとする。この場合において、一筆の田を二枚以上に区分して利用しているときは、原則として、一枚ごとに求めた比準割合をそれぞれの面積によつて加重平均して、当該筆の田の比準割合を求めるものとするが、中庸と認められる一枚の田が得られる場合には、当該一枚の田について求めた比準割合によることができるものとする。

項目	比準田の状況＼標準田の状況	よく日があたる	多少日かげになる	かなり日かげになる	はなはだしく日かげになる	判定基準
日照の状況	よく日があたる	0	－0.03	－0.06	－0.09	日照の状況は田の中央部において、山、樹木、建物等のひ蔭物によつて太陽光線が遮へいされる状況により、おおむね次の基準によつて判定するものとする。よく日があたる…夏期における日照時間がおおむね9時間以上のとき 多少日かげになる…夏期における日照時間がおおむね5時間以上9時間未満のとき かなり日かげになる…夏期における日照時間がおおむね3時間以上5時間未満のとき はなはだしく日かげになる…夏期における日照時間がおおむね3時間未満のとき
	多少日かげになる	＋0.03	0	－0.03	－0.06	
	かなり日かげになる	＋0.06	＋0.03	0	－0.03	
	はなはだしく日かげになる	＋0.10	＋0.07	＋0.03	0	

第6章　固定資産税に係る近代農地の評価

項目	標準田の状況 \ 比準田の状況	地下水位の低い乾田	地下水位の高い乾田	半湿田	湿田	たん水田	沼田	備考
田面の乾湿	地下水位の低い乾田	0	－0.02	－0.05	－0.08	－0.11	－0.15	田面の乾湿は、おおむね次の基準によって判定するものとする。地下水位の低い乾田…地下水が地表からおおむね50センチメートル以内にない田　地下水位の高い乾田…地下水が地表からおおむね50センチメートル以内にある田　半湿田…乾田と湿田の中間の状況の田　湿田…年間を通じて常に湿潤な田　たん水田…年間を通じて常に地表に水のある田　なお、地下水とは、地表に極めて近い部分に常時停滞している水（いわゆる宙水）をいう。
	地下水位の高い乾田	＋0.02	0	－0.03	－0.06	－0.09	－0.13	
	半湿田	＋0.05	＋0.03	0	－0.03	－0.06	－0.10	
	湿田	＋0.09	＋0.06	＋0.03	0	－0.03	－0.07	
	たん水田	＋0.12	＋0.10	＋0.07	＋0.03	0	－0.04	
	沼田	＋0.17	＋0.15	＋0.11	＋0.08	＋0.05	0	

項目	標準田の状況 \ 比準田の状況	694㎡以上	297㎡以上694㎡未満	99㎡以上297㎡未満	99㎡未満
面積	694㎡以上	0	－0.03	－0.10	－0.20
	297㎡以上694㎡未満	＋0.03	0	－0.07	－0.18
	99㎡以上297㎡未満	＋0.11	＋0.08	0	－0.11
	99㎡未満	＋0.25	＋0.21	＋0.13	0

項目	標準田の状況 \ 比準田の状況	機械耕、畜力耕が容易にできる	機械耕、畜力耕ができる	人力耕であればできる	人力耕によってようやくできる	備考
耕うんの難易	機械耕、畜力耕が容易にできる	0	－0.07	－0.16	－0.22	耕うんの難易は、農道の状態、田の形状、障害物の有無、土性の状態等を総合的に考慮して判定するものとする。
	機械耕、畜力耕ができる	＋0.07	0	－0.10	－0.17	
	人力耕であればできる	＋0.19	＋0.11	0	－0.08	
	人力耕によってようやくできる	＋0.29	＋0.20	＋0.08	0	

項目	標準田の状況 \ 比準田の状況	な　い	ややある	相当にある	はなはだしい	備考
災害	な　　　　い	1.00	0.90	0.80	0.70	災害の程度は、おおむね、過去5年間の災害の回数、災害による減収の状況等を考慮して判定するものとする。
	や　や　あ　る	1.11	1.00	0.89	0.78	
	相　当　に　あ　る	1.25	1.13	1.00	0.88	
	は　な　は　だ　し　い	1.43	1.29	1.14	1.00	

別表第1の2　畑の比準表

1　各筆の畑の比準割合は、次の算式によつて求めるものとする。この場合において、各筆の畑の各項目の数値は、該当する「標準畑の状況」欄に対応する「比準畑の状況」欄の数値によるものとする。

〔算式〕比準割合＝（1.00＋日照の状況＋農地の傾斜＋保水・排水の良否）×（1.00＋面積＋耕うんの難易）×災害

2　比準割合は、一枚の畑（耕作の単位となつている一枚の畑をいう。以下同様とする。）ごとに、この比準表を適用して求めるものとする。この場合において、一筆の畑を二枚以上に区分して利用しているときは、原則として、一枚ごとに求めた比準割合をそれぞれの面積によつて加重平均して、当該筆の畑の比準割合を求めるものとするが、中庸と認められる一枚の畑が得られる場合には、当該一枚の畑について求めた比準割合によることができるものとする。

項目	比準畑の状況／標準畑の状況	よく日があたる	多少日かげになる	かなり日かげになる	はなはだしく日かげになる	判定基準
日照の状況	よく日があたる	0	−0.04	−0.08	−0.12	日照の状況は、畑の中央部において、山、樹木、建物等のひ蔭物によつて太陽光線が遮へいされる状況により、おおむね、次の基準によつて判定するものとする。よく日があたる…夏期における日照時間がおおむね9時間以上のとき　多少日かげになる…夏期における日照時間がおおむね5時間以上9時間未満のとき　かなり日かげになる…夏期における日照時間がおおむね3時間以上5時間未満のとき　はなはだしく日かげになる…夏期における日照時間がおおむね3時間未満のとき
	多少日かげになる	＋0.04	0	−0.04	−0.08	
	かなり日かげになる	＋0.09	＋0.04	0	−0.04	
	はなはだしく日かげになる	＋0.14	＋0.09	＋0.05	0	

第6章　固定資産税に係る近代農地の評価

項目	比準畑の状況＼標準畑の状況	な い	緩やかな傾斜	急な傾斜	はなはだしく急な傾斜	農地の傾斜は、農地自体の傾斜の程度により判定するものとする。この場合において、傾斜角度が5度程度までは傾斜がないものとし、はなはだしく急な傾斜とは、傾斜角度が20度程度をこえる場合をいうものとする。
農地の傾斜	な い	0	－0.05	－0.09	－0.14	
	緩やかな傾斜	＋0.05	0	－0.04	－0.09	
	急な傾斜	＋0.10	＋0.04	0	－0.05	
	はなはだしく急な傾斜	＋0.16	＋0.10	＋0.06	0	

項目	比準畑の状況＼標準畑の状況	極めて良好	普通	やや不良	極めて不良	保水・排水の良否は、乾湿の状況、作付可能な作物の種類の多寡を考慮して判定するものとする。
保水・排水の良否	極めて良好	0	－0.05	－0.11	－0.18	
	普通	＋0.05	0	－0.07	－0.14	
	やや不良	＋0.13	＋0.08	0	－0.08	
	極めて不良	＋0.22	＋0.16	＋0.08	0	

項目	比準畑の状況＼標準畑の状況	694m² 以上	297m² 以上 694m² 未満	99m² 以上 297m² 未満	99m² 未満	
面積	694m² 以上	0	－0.03	－0.10	－0.20	
	297m² 以上 694m² 未満	＋0.03	0	－0.07	－0.18	
	99m² 以上 297m² 未満	＋0.11	＋0.08	0	－0.11	
	99m² 未満	＋0.25	＋0.21	＋0.13	0	

項目	比準畑の状況＼標準畑の状況	機械耕、畜力耕が容易にできる	機械耕、畜力耕ができる	人力耕であればできる	人力耕によってようやくできる	耕うんの難易は、農道の状態、畑の形状、障害物の有無、土性の状態等を総合的に考慮して判定するものとする。
耕うんの難易	機械耕、畜力耕が容易にできる	0	－0.07	－0.16	－0.22	
	機械耕、畜力耕ができる	＋0.07	0	－0.10	－0.17	
	人力耕であればできる	＋0.19	＋0.11	0	－0.08	
	人力耕によってようやくできる	＋0.29	＋0.20	＋0.08	0	

項目	比準畑の状況＼標準畑の状況	な い	ややある	相当にある	はなはだしい	災害の程度は、おおむね、過去5年間の災害の回数、災害による減収の状況等を考慮して判定するものとする。
災害	な　　い	1.00	0.90	0.80	0.75	
	や　や　あ　る	1.11	1.00	0.89	0.83	
	相　当　に　あ　る	1.25	1.13	1.00	0.94	
	はなはだしい	1.33	1.20	1.07	1.00	

（第1章　別表第1の1、第1の2）

(3) 比準割合の補正

比準割合とは、第3章で述べた農地の価格形成要因のうち個別的要因に係る土地価格比準表をいい、これを表示したものが固定資産評価基準別表第1の1田の比準表及び別表第1の2畑の比準表である。

この比準表は、一般的な農地の価格形成要因を分析して作成しているため、状況類似地区の性格によっては適用が困難な場合又は補正が必要な場合がある。比準表の補正又は新たな作成が適宜必要であるが、このような場合において追加補正すべき項目を表にすれば、次のとおりである。

田の補正項目

	項目	細項目	固定資産評価基準に定められている項目	追加補正すべき項目
農地の価格形成要因（収益性部分）	交通・接近条件	集落との接近性		○
		農道の幅員の状態		○
		農道の舗装の状態		○
	自然的条件	日照の良否	○	
		土壌の良否		○
		保水の良否		○
		礫の多少		○
		かんがいの良否		○
		排水の良否	○	
		水害の危険性	○	
		その他の災害の危険性	○	
	画地条件	地積	○	
		形状		○
		障害物による障害度	○	
		有効耕作面積		○
	行政的条件	行政上の規制の程度		○
	その他	保守管理の状態		○
		現況での利用方法		○
		その他		○

畑の補正率項目

	項目	細項目	固定資産評価基準に例示	追加補正すべき項目
農地の価格形成要因（収益性部分）	交通・接近条件	集落との接近性		○
		農道の幅員の状態		○
		農道の舗装の状態		○
	自然的条件	日照の良否	○	
		土壌の良否		○
		礫の多少		○
		作土の深さ		○
		排水の良否	○	
		水害の危険性	○	
		その他の災害の危険性	○	
	画地条件	地積	○	
		形状		○
		障害物による障害度	○	
		有効耕作面積		○
		傾斜の角度		○
	行政的条件	行政上の規制の程度		○
	その他	保守管理の状態		○
		現況での利用方法		○
		その他		○

　この中で、固定資産評価基準に定められる比準項目は、自然的条件及び画地条件の一部のみが表示されているに過ぎず、農道の状態、集落との接近性、形状等の価格形成要因に大きく影響を与える項目が存していない。

　したがって、比準項目については、かなりの部分の比準割合の作成及び補正が必要であるが、実務上は、第3章「農地の価格形成要因」で述べた格差率表を採用することで対応できるため、状況類似地区の状況を分析したうえで作成すべきである。

なお、この場合においては、「収益性部分」のみに対応した価格を求めるものであるため、「宅地化要因部分」に係る補正は行わない。

6　各画地の評点数の付設例

第5章公共用地の取得に係る比準例と同様であるため、本章では省略するものとする。

参考文献

「固定資産評価基準解説（土地篇）」固定資産税務研究会　財団法人地方財務協会

「六次改訂　土地価格比準表の手引き」地価調査研究会編著　住宅新報社

「土地価格比準表［六次改訂］」監修：国土交通省土地・水資源局地価調査課　編著：地価調査研究会　住宅新報社

「平成20年版　国土交通六法（国土編）」国土交通省大臣官房総務課監修　新日本法規出版

「不動産鑑定実務論」社団法人日本不動産鑑定協会著　住宅新報社

「要説　不動産鑑定評価基準」鑑定評価理論研究会編著　住宅新報社

「明解　不動産用語辞典」遠藤浩・田中啓一編集　第一法規出版

「農地法の実務解説［改訂補正二版］」弁護士宮﨑直己著　新日本法規出版

「全訂（改訂八版）開発許可制度の解説」監修：国土交通省総合政策局民間宅地指導室　(社)日本宅地開発協会

「Q&A　改訂都市計画法のポイント」編著：坂和章平　著：中井康之・岡村泰郎・岡本雅伸　新日本法規出版

「都市計画法令要覧（平成19年度版）」監修：国土交通省都市・地域整備局都市計画課　編集：都市計画法制研究会　(株)ぎょうせい

「不動産学事典」編者：(社)日本不動産学会　住宅新報社

「用地取得評価基準の解説」監修：建設省建設経済局調整課　著：補償実務研究会　東京出版(株)

あとがき

　私には、学問における師がいない。また、大学も夜間の短期大学であったため、基礎学力にも乏しい。このため、執筆に当たっては、多くの時間を使い調査し、分析し、結論を導き出すこととなるが、文章もつたないことが多いし、論理的にも弱い部分がある。

　しかし、幸いなことに、私には学問を通じての多くの仲間がいる。本書で土地の価格及び評価に関する書物の出版は四冊目であるが、今回も公的土地評価研究会の方々に検証作業を手伝っていただいた。

　会長である飯田浩二氏には、私の出版したすべての本にご協力をいただいている。

　今回の執筆に当たっては、本書が従来の農地の価格形成要因とは異なる理論構成を行っているほか、学問たる経済学の分野まで言及しているため、多くの不安と躊躇とがあった。しかし、飯田氏から「あなたが土地価格評価の実務家の立場から価格を分析し理論づけているのだから、堂々とそのスタンスで本を書くべきだ」との意見をいただいた。揺れ動く私の気持ちを勇気づける言葉であった。

　阿部祐一郎氏は、徳島県の新進の不動産鑑定士であり、若手ながらも土地評価に関する理論的な面において特に優れており、私の相談相手として、常に細やかな点でご協力をいただいた。

　公文一聡氏は、用地買収の経験が豊富な方であり、本書のいろいろな部分において、用地買収の実務担当者の立場からご意見をいただいた。

　澤嶋鉄哉氏は、福岡出身、徳島在住の不動産鑑定士であり、今回私の出版に関して初めて参加をしていただいた。温厚な性格であるが、実務及び理論いずれの部分でも自らの主張を的確に述べることができる実務家である。

　竹崎義清氏は、20年来の親しい友人である。公的土地評価研究会には初めての参加であるが、私が弱気になった時など、個人的な部分を含め多くの場面で叱責と励ましをいただいた。

このほかにも、研究会のメンバーとして参加しながらも職務上の理由により名前を挙げることが出来なかった諸氏、当社の社員等多くの方々のご協力をいただいた。この場を借りてお礼を申し上げる次第である。
　私は、学問としての経済学とは縁の薄い不動産鑑定士であるが、土地の価格の評価を通じて経済に係わりを持つ実務家である。このため、本書の内容については、全般的に実務家のスタンスから執筆を行った。したがって、学問としての経済学の観点から見れば、疑問符のつく箇所や理論の整合性に欠ける部分があるかもしれない。
　このようなことから、本書を出版することに不安も有るが、読者の方々に、実務家の意見としての書籍であるという事情を踏まえたうえで寛容に読んでいただければ幸いと思っている。

山本　一清

《著者紹介》
　　山本　一清
　　1954年　高知県宿毛市出身
　　1978年　県立高知短期大学卒業
　　現在　　（有）高知不動産鑑定事務所
　　　　　　不動産鑑定士

著書
　「公的土地評価の理論と実務」　新日本法規出版　平成12年11月
　「固定資産税宅地評価の理論と実務」上下巻　（有）高知不動産鑑定事務所　平成18年5月
　「公共用地の取得に係る土地評価の実務」上下巻　高新企業出版　平成19年12月
　論文
　「公共用地の取得に係る土地評価の問題点」
　　　『不動産鑑定』住宅新報社
　「近代農地の価格形成理論」
　　　『不動産鑑定』住宅新報社
　「Q&A　固定資産税宅地評価のポイント」（共同執筆）
　　　『税』ぎょうせい
　　　　　　　　ほか

きんだいのうち　かかくけいせいりろん　ひょうか
近代農地の価格形成理論と評価

平成20年11月25日　初版発行

著　者　山　本　一　清
発行者　中　野　博　義
発行所　㈱住宅新報社

編　集　部　〒105-0003　東京都港区西新橋1-4-9　（TAMビル）
（本社）　　　　　　　　　　　　　　　　　　　　（03）3504-0361
出版販売部　〒105-0003　東京都港区西新橋1-4-9　（TAMビル）
　　　　　　　　　　　　　　　　　　　　　　　　（03）3502-4151

大阪支社　〒530-0005　大阪市北区中之島3-2-4（大阪朝日ビル）　電話（06）6202-8541㈹

＊印刷・製本／藤原印刷㈱　　　　　　　　　　　　　　　　　Ⓒ Printed in Japan
　落丁本・乱丁本はお取り替えいたします。　　　　ISBN 978-4-7892-2887-9　C2030